Office办公无忧

Excel
动态图表与看板可视化

李锐 著

机械工业出版社
CHINA MACHINE PRESS

图书在版编目（CIP）数据

Excel 动态图表与看板可视化 / 李锐著. -- 北京：机械工业出版社，2025.9. --（Office 办公无忧）.
ISBN 978-7-111-79170-6

Ⅰ. TP391.13

中国国家版本馆 CIP 数据核字第 20252QX422 号

机械工业出版社（北京市百万庄大街 22 号　邮政编码 100037）
策划编辑：高婧雅　　　　　　　　　责任编辑：高婧雅
责任校对：王文凭　马荣华　景飞　　责任印制：单爱军
保定市中画美凯印刷有限公司印刷
2025 年 9 月第 1 版第 1 次印刷
186mm×240mm・16.25 印张・372 千字
标准书号：ISBN 978-7-111-79170-6
定价：79.00 元

电话服务　　　　　　　　　　网络服务
客服电话：010-88361066　　　机　工　官　网：www.cmpbook.com
　　　　　010-88379833　　　机　工　官　博：weibo.com/cmp1952
　　　　　010-68326294　　　金　书　网：www.golden-book.com
封底无防伪标均为盗版　　　　机工教育服务网：www.cmpedu.com

Preface 前言

在数据驱动决策的时代，Excel 不仅是数据处理工具，更是业务洞察的桥梁。随着企业对数据可视化的需求日益增长，动态图表与看板已成为传递信息、驱动决策的核心载体。然而，许多用户虽能制作基础图表，却在面对多维数据融合、交互设计以及动态看板搭建时力不从心，常陷入"图表堆砌无重点、看板静态无灵魂"的困境。

为何要写作本书

本书的诞生源于对数据可视化领域痛点的深刻洞察。目前，市面上多数资源往往存在两大局限。

1）局限 1：**重工具操作，轻场景思维**。这类资源往往孤立地讲解图表制作技巧，缺乏从业务需求到可视化落地的全链路设计过程。

2）局限 2：**缺动态交互，难支撑决策**。静态图表无法满足实时分析需求，看板设计缺乏体系化架构与智能交互能力，使得数据无法充分发挥其辅助决策的价值。

为此，笔者基于 23 年企业数据可视化实战经验与 16 年培训教学的沉淀，以"业务驱动、动态赋能"为核心，通过 10 章结构化内容与全行业实景案例，系统拆解了 Excel 动态图表与看板可视化的核心技术。从 AI 智能数据清洗到交互控件设计，从仪表盘制作到看板系统集成，助力读者打通"数据－图表－决策"的闭环，真正实现从"展示数据"到"激活数据"的跨越。

正如信息设计大师爱德华·塔夫特所言："优秀的可视化能帮助人们看到未知。"在数据可视化领域，本书将助力读者实现"鱼与熊掌兼得"：既掌握高效呈现数据的"术"，更习得以业务为导向的"道"。

读者对象

本书适合所有渴望通过 Excel 实现数据动态可视化与智能决策分析的职场人士，尤其推荐以下人群阅读。

1）**数据分析师**：需快速搭建交互式分析看板，提升数据洞察效率。
2）**财务/运营人员**：希望自动化生成动态报表，实现多维度实时监控。
3）**企业管理者**：需通过可视化看板直观掌握业务动态，驱动敏捷决策。
4）**Excel 进阶用户**：已掌握基础图表，亟待突破动态交互与看板设计的瓶颈。
5）**学生与自学者**：欲构建企业级可视化能力，增强职场竞争力。

无论你是希望告别呆板的静态报表，还是追求用可视化赋能业务，本书都将成为你的实战指南。

本书特色

特色 1：从场景出发，直击业务痛点

围绕"数据杂乱、图表静态、看板僵化"三大痛点，提供完整解决方案。例如，通过 AI 智能清洗快速修正异常数据（第 2 章）、用动态参考线与动态误差线实现数据自解释（第 3 章）、开发省市区三级联动选择器（第 6 章），让可视化直击业务核心需求。

特色 2：体系化架构，强化交互思维

以"数据准备→图表设计→交互开发→看板集成"为主线，层层递进。例如，从解析动态图表底层数据流模型（第 4 章），剖析看板架构设计三要素（第 7 章），进阶至智能指标体系构建与组件标准化（第 9 章），帮助读者建立系统化思维。

特色 3：技术对比延伸，解锁最优方案

在关键环节横向对比不同技术路径。例如，INDEX+MATCH 与 OFFSET 函数的适用场景（第 5 章）、下拉菜单与切片器的交互优劣（第 6 章）、指针仪表盘的构建原理与优化策略（第 8 章），助力读者灵活选型。

特色 4：全行业案例，拒绝纸上谈兵

配备企业级实战案例，如销售分析看板（10.1 节）、财务分析看板（10.2 节）、运营分析看板（10.3 节）、项目分析看板（10.4 节）。提供分步注释，配套素材即为可复用模板，确保读者"学完即用，用即生效"。

特色 5：AI 赋能，拥抱技术前沿

深度融合 AI 技术提升效率，如 DeepSeek 智能推荐图表类型（1.2 节）、豆包 AI 批量修正异常数据（2.1.1 节）、基于 DeepSeek 的 AI 智能数据分析和转换（2.1.2 节和 2.1.3 节），

技术兼容 WPS、Excel 2024 与 Office 365 多软件生态。

如何阅读本书

本书内容分为三大部分，逐层攻克数据可视化与看板设计的核心挑战。

第一部分：图表基础与动态交互（第 1～6 章），内容涵盖图表选择方法与思维进阶（第 1 章）、图表智能制作与专业优化（第 2 章）、图表组合与动态标注技术（第 3 章），并解析动态图表核心架构、函数公式（基于 DeepSeek）与交互设计（第 4～6 章），奠定可视化基础。

第二部分：看板设计与系统集成（第 7～9 章），从数据看板设计基础（第 7 章）到仪表盘动态图表制作（第 8 章），进阶至看板体系构建、开发与系统集成（第 9 章），打造可复用的看板系统。

第三部分：多行业实战案例（第 10 章），通过销售、财务、运营、项目分析四大场景案例，串联数据整理、动态图表开发、看板组装与美化，完整呈现从原始数据到决策支持的落地闭环。

本书学习建议如下。
1）建议按章节顺序学习，逐步构建知识体系。
2）实操时可同步使用配套素材，通过案例深化理解。
3）掌握核心逻辑后，可根据业务需求跳读相关章节，快速解决问题。

翻开本书，你将告别机械的图表堆砌，开启从"数据搬运工"到"可视化架构师"的蜕变之旅。让我们携手同行，用 Excel 点亮数据的智慧之光。

配套资源与支持

1. 素材获取

关注微信服务号"跟李锐学 Excel"，回复关键词"2506"，即可下载本书所有案例文件与模板资源。

2. 视频课程

可通过网易云课堂搜索"跟李锐学 Excel"，也可通过服务号底部菜单进入"知识店铺"，系统学习涵盖函数公式、数据管理、行业应用、商务图表、数据透视等方向的视频课程。

3. 百万让利（限时福利）

为庆祝新书上市，特推出"百万让利"计划。前 2 万名购书读者凭付款截图联系小助手，即可领取价值 50 元无门槛代金券（可叠加使用），从李锐主讲的 36 套视频课程中任选一套学习（部分课程券后 0 元）。仅需一本书的价格，即可获得"纸质教材 + 案例文件 + 视频课程"三重知识礼包，性价比爆表。（百万让利 =50 元 ×20000 人，手慢无。）

> **注意** 所有视频均为永久有效的高清录播课，含配套课件，支持手机 / 计算机等多终端学习，购课后可随时回看复习。

4. 勘误与支持

在学习过程中，如有任何建议或问题，可发送邮件至 7484201@qq.com，也可通过服务号菜单"已购课程→联系小助手"进行一对一咨询。

致谢

本书的顺利完成离不开众多支持者的无私帮助。首先，我要向 10 万余名付费学员致以最诚挚的感谢，是他们提供的宝贵的实践反馈和真实痛点，为本书案例的设计提供了清晰的方向，使内容更加贴近实际需求。其次，我要感谢机械工业出版社相关工作人员的辛勤付出。他们以专业、细致的建议让本书的结构得以优化，使行文更加清晰易懂，让读者能够轻松获取知识。

此外，我还要感谢家人的包容与陪伴。在枯燥的编写过程中，是他们的理解与支持让我能够专注于总结经验并倾注心血打磨每一处细节。此外，我还要向数据可视化领域的探索者表达诚挚的敬意，愿本书能为更多人的事业增添一份助力，共同推动数据行业的发展。

愿本书助你在数据的海洋中绘就洞察价值的航图！

李　锐

Contents 目录

前言

第一部分 图表基础与动态交互

第1章 图表选择方法与思维进阶 ························ 2

1.1 图表适用场景的特性：直观性与精确性 ················· 2
    1.1.1 直观为主示例：预算执行率对比 ············· 2
    1.1.2 精确为主示例：术后体征监测 ················ 4
    1.1.3 二者兼顾示例：企业运营分析 ················ 5
1.2 图表选择方法：巧用 AI 提供精准建议 ················· 6
    1.2.1 使用 DeepSeek 提供图表选择建议 ············· 6
    1.2.2 对比分析：绝对差异与相对比率 ············· 7

1.2.3 趋势分析：周期波动与轨迹预测 ············· 10
1.2.4 构成分析：份额占比与层级拆解 ············· 17
1.2.5 分布分析：数据分布与异常检测 ············· 23
1.2.6 相关分析：相关性统计与分布规律 ············· 31
1.3 图表误用陷阱：商业汇报的七大"致命"误区 ············· 37
    1.3.1 类型陷阱 ············· 37
    1.3.2 逆序陷阱 ············· 37
    1.3.3 方向陷阱 ············· 38
    1.3.4 视觉陷阱 ············· 39
    1.3.5 比例陷阱 ············· 41
    1.3.6 三维陷阱 ············· 42
    1.3.7 极简陷阱 ············· 43

第 2 章　图表智能制作与专业优化 ⋯⋯ 45

2.1　数据管理：使用 AI 进行智能清洗与重构 ⋯⋯⋯⋯⋯⋯⋯⋯ 45
- 2.1.1　AI 智能清洗：使用豆包 AI 批量修正异常数据 ⋯⋯⋯⋯⋯⋯ 45
- 2.1.2　AI 智能分析：使用 NLP 技术进行情感分析 ⋯⋯⋯⋯⋯⋯⋯ 48
- 2.1.3　AI 智能转换：使用 DeepSeek 智能转换数据格式 ⋯⋯⋯⋯⋯ 50

2.2　布局优化 ⋯⋯⋯⋯⋯⋯⋯⋯ 52
- 2.2.1　呼吸法则 ⋯⋯⋯⋯⋯⋯⋯ 52
- 2.2.2　占位法则 ⋯⋯⋯⋯⋯⋯⋯ 54

2.3　配色美化 ⋯⋯⋯⋯⋯⋯⋯⋯ 57
- 2.3.1　配色陷阱 ⋯⋯⋯⋯⋯⋯⋯ 58
- 2.3.2　商务图表的配色方案 ⋯⋯ 62

第 3 章　图表组合与动态标注 ⋯ 66

3.1　复合图表组合 ⋯⋯⋯⋯⋯⋯ 66
- 3.1.1　柱线组合图 ⋯⋯⋯⋯⋯⋯ 66
- 3.1.2　双柱嵌套图 ⋯⋯⋯⋯⋯⋯ 68
- 3.1.3　面积折线图 ⋯⋯⋯⋯⋯⋯ 72

3.2　多维信息叠加 ⋯⋯⋯⋯⋯⋯ 76
- 3.2.1　动态参考线 ⋯⋯⋯⋯⋯⋯ 76
- 3.2.2　动态误差线 ⋯⋯⋯⋯⋯⋯ 79

3.3　智能标注信息 ⋯⋯⋯⋯⋯⋯ 86
- 3.3.1　标记极值 ⋯⋯⋯⋯⋯⋯⋯ 86
- 3.3.2　情景注释 ⋯⋯⋯⋯⋯⋯⋯ 91

第 4 章　动态图表的核心架构 ⋯ 96

4.1　数据底层架构逻辑 ⋯⋯⋯⋯ 96
- 4.1.1　数据流模型 ⋯⋯⋯⋯⋯⋯ 96
- 4.1.2　4 个关键节点对应的处理阶段 ⋯⋯⋯⋯⋯⋯⋯⋯ 97

4.2　数据转换器的 3 类场景 ⋯⋯ 98
- 4.2.1　公式动态转换 ⋯⋯⋯⋯⋯ 98
- 4.2.2　数据透视分析 ⋯⋯⋯⋯ 100
- 4.2.3　结构化数据调用 ⋯⋯⋯ 103

4.3　交互选择器 ⋯⋯⋯⋯⋯⋯ 107
- 4.3.1　下拉菜单 ⋯⋯⋯⋯⋯⋯ 108
- 4.3.2　切片透视 ⋯⋯⋯⋯⋯⋯ 110
- 4.3.3　控件驱动 ⋯⋯⋯⋯⋯⋯ 114

第 5 章　使用 DeepSeek 智能解析函数公式 ⋯⋯⋯⋯⋯ 121

5.1　逻辑判断 ⋯⋯⋯⋯⋯⋯⋯ 121
- 5.1.1　IFS 函数 ⋯⋯⋯⋯⋯⋯⋯ 121
- 5.1.2　SWITCH 函数 ⋯⋯⋯⋯⋯ 123

5.2　查找引用 ⋯⋯⋯⋯⋯⋯⋯ 127
- 5.2.1　INDEX+MATCH 组合函数 ⋯ 127
- 5.2.2　OFFSET 函数 ⋯⋯⋯⋯⋯ 129
- 5.2.3　INDIRECT 函数 ⋯⋯⋯⋯ 131

5.3　聚合计算 ⋯⋯⋯⋯⋯⋯⋯ 133
- 5.3.1　SUMIFS 函数 ⋯⋯⋯⋯⋯ 134
- 5.3.2　COUNTIFS 函数 ⋯⋯⋯⋯ 136

5.4　条件筛选 ⋯⋯⋯⋯⋯⋯⋯ 138
- 5.4.1　UNIQUE 函数 ⋯⋯⋯⋯⋯ 138
- 5.4.2　FILTER 函数 ⋯⋯⋯⋯⋯ 141

第 6 章　动态图表交互设计 ⋯ 144

6.1　切片器 ⋯⋯⋯⋯⋯⋯⋯⋯ 144
- 6.1.1　单切片筛选透视 ⋯⋯⋯ 144
- 6.1.2　多切片联动透视 ⋯⋯⋯ 148

6.2　三级联动下拉菜单 ⋯⋯⋯ 149

        6.2.1　树状数据验证的层级构建……149
        6.2.2　动态引用与定义名称……150
        6.2.3　省市区三级联动选择器……153
    6.3　开发工具控件……156
        6.3.1　组合框……157
        6.3.2　复选框……161
        6.3.3　数值调节钮……166

第二部分　看板设计与系统集成

第7章　数据看板设计基础……172
    7.1　看板架构设计三要素……172
        7.1.1　业务需求设计……172
        7.1.2　布局框架设计……173
        7.1.3　场景适配设计……175
    7.2　专业化视觉设计……176
        7.2.1　风格适配……176
        7.2.2　科学配色……178
        7.2.3　字体规范……179
    7.3　看板类型设计……180
        7.3.1　大字 KPI 看板……180
        7.3.2　多图组合看板……180
        7.3.3　指针仪表盘看板……181

第8章　仪表盘动态图表制作……183
    8.1　制作原理……183
        8.1.1　仪表盘组合图拆解……183
        8.1.2　表盘构建原理解析……184
        8.1.3　指针构建原理解析……185
    8.2　表盘制作……186
        8.2.1　构建表盘数据源……186
        8.2.2　创建圆环图……187
        8.2.3　制作内圈圆环……188
        8.2.4　制作中圈圆环……189
        8.2.5　制作外圈圆环……191
    8.3　指针控制……192
        8.3.1　构建指针数据源……193
        8.3.2　创建散点图……193
        8.3.3　设置指针的颜色与线条……197
        8.3.4　设置指针轴心……197
        8.3.5　设置指针箭头……198

第9章　看板体系构建、开发与系统集成……201
    9.1　智能指标体系构建……201
        9.1.1　基于业务场景筛选核心指标……201
        9.1.2　构建多维条件触发的动态计算体系……202
        9.1.3　实现公式与数据源的动态关联架构……203
    9.2　智能可视化组件开发……205
        9.2.1　构建基于公式的自动化逻辑判断体系……205
        9.2.2　构建数据驱动条件格式的可视化方案……205
        9.2.3　构建智能标识动态生成与预警系统……208
    9.3　动态图表组件标准化……209
        9.3.1　构建动态数据驱动的图表模型……210

  9.3.2 标准化图表组件的设计原则与规范……213
  9.3.3 高效复用与格式批量应用技术……214
 9.4 看板组装与系统集成……216
  9.4.1 可配置化动态表头架构设计……216
  9.4.2 交互控件与数据源的智能联动机制……218
  9.4.3 系统化组件布局与精准对齐方案……219

第三部分 多行业实战案例

第 10 章 数据看板可视化实战案例……224

 10.1 销售分析看板……224
  10.1.1 数据结构扩展及图表数据源构建……225
  10.1.2 标准化图表的批量生成及格式化……227
  10.1.3 看板布局框架的设计、组装及美化……229
 10.2 财务分析看板……230
  10.2.1 业务需求概述……230
  10.2.2 数据整理、排序及结构转换……231
  10.2.3 颜色填充及图标集可视化……234
  10.2.4 看板动态锚定……235
 10.3 运营分析看板……238
  10.3.1 构建动态指标及KPI 计算体系……239
  10.3.2 构建复合图表系统开发及多维可视化……241
  10.3.3 决策看板的空间规划、组装及美化……242
 10.4 项目分析看板……244
  10.4.1 效能指标计算和图表数据源构建……244
  10.4.2 指针仪表盘动态图表的制作及美化……246
  10.4.3 仪表盘数据看板的组装及美化……247
 10.5 获取更多学习资料的方法……248

第一部分 *Part 1*

图表基础与动态交互

- 第 1 章　图表选择方法与思维进阶
- 第 2 章　图表智能制作与专业优化
- 第 3 章　图表组合与动态标注
- 第 4 章　动态图表的核心架构
- 第 5 章　使用 DeepSeek 智能解析函数公式
- 第 6 章　动态图表交互设计

第 1 章
图表选择方法与思维进阶

在数据驱动决策的时代,图表是传递信息最高效的"视觉语言工具"。本章将系统解析图表应用的底层逻辑:从场景匹配的核心原则出发,通过典型商业案例对比不同场景下的图表适配策略,帮助读者突破"只会作图,不懂选图"的思维瓶颈;深入探讨数据呈现过程中直观性与精确性的平衡之道,揭示 AI 辅助决策如何将图表选择从经验判断升级为科学决策,最终建立数据可视化的系统性思维框架。

1.1 图表适用场景的特性:直观性与精确性

数据可视化的本质是服务信息表达需求,图表与表格并非非此即彼的对立关系,关键在于根据场景特征选择主次呈现方式。

1.1.1 直观为主示例:预算执行率对比

当在工作中需要根据庞杂的数值表格进行快速决策时,推荐采用以图表直观展示为主、表格精确呈现为辅的数据可视化方式。这是因为,仅靠肉眼识别表格中的大量数据时,不仅处理速度慢,而且吸收效率低,短时间内很难定位关键问题并进行决策,所以需要借助图表的直观性优势增强视觉效应,提高反应速度,从而实现快速决策。下面来看一个示例。

某企业的项目预算费用表中包含预算费用、实际费用和预算执行率等数据,如图 1-1 所示。

现需要快速对比各项目的预算执行率差异,并定位执行率中最高和最低的项目名称,以便后期有针对性地追溯原因。但面对超过 10 行的数值表格时,仅凭肉眼去逐行查看,信息吸收效率会非常低,难以直观找出问题所在的项目。这时可以使用图表进行直观展示,各项目预算执行率对比图如图 1-2 所示。

	A	B	C	D
1	项目	预算费用（万元）	实际费用（万元）	预算执行率(%)
2	项目A	855.75	713.63	83%
3	项目B	701.87	614.42	88%
4	项目C	967.61	637.96	66%
5	项目D	335.78	324.71	97%
6	项目E	630.42	563.79	89%
7	项目F	414.51	360	87%
8	项目G	405.84	342.5	84%
9	项目H	359.89	121.04	34%
10	项目I	970.39	634.64	65%
11	项目J	515.02	388.32	75%
12	项目K	357.9	308.89	86%
13	项目L	852.62	392.42	46%
14	项目M	60	50	83%
15	项目N	434.63	175.21	40%

图 1-1　某企业的项目预算费用表

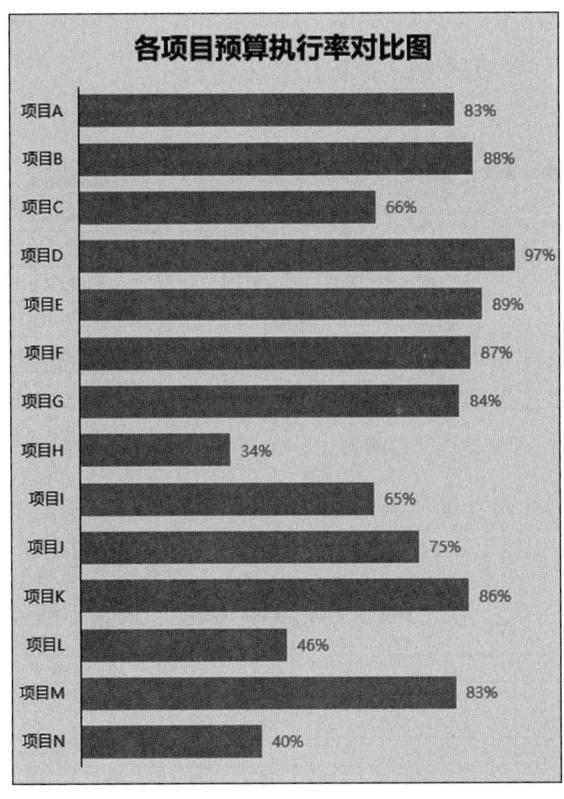

图 1-2　各项目预算执行率对比图

借助图表直观展示数据，视觉锚定效应强，能够迅速传递执行率差异信息，有效避免了人们对纯表格数据处理速度慢、读取效率低的问题。

在实际工作中,当面临需要快速决策或直观演示的需求时,应选择以图表为主、表格为辅的展示方式。这样不仅可以最大化发挥图表的优势,还能有效弥补纯表格的两大核心缺陷。

1)信息过载:纯表格中密集数字的堆砌会迫使人们反复进行横向或纵向比对,重复且易错。

2)定位迟滞:在纯表格中,关键数据淹没在数据海洋中,无法实现准确定位,影响快速决策。

1.1.2 精确为主示例:术后体征监测

当在工作中需要根据精准数值进行判断和决策时,仅使用图表展示数据,可能会掩盖关键数值的细节信息,增加误判风险。下面来看一个示例。

某医院的术后患者生命体征监测表中包含不同时间点下术后患者的体温、心率、血氧、收缩压、舒张压、呼吸频率等数据,如图 1-3 所示。

现需要根据各项监测指标的合理范围,对术后患者生命体征监测表中的数值进行判断,从而快速定位超出合理范围的数据,以便针对性地制定该患者的治疗方案。各项监测指标的合理范围如图 1-4 所示。

时间	体温(℃)	心率(bpm)	血氧(%)	收缩压(mmHg)	舒张压(mmHg)	呼吸频率(次/分)
2025/4/15 8:00	35.9	59	98	122	78	9
2025/4/15 10:30	37.5	102	95	135	82	22
2025/4/15 12:15	37.1	98	93	128	80	24
2025/4/15 14:00	37.3	112	91	118	75	26
2025/4/15 16:20	37.6	96	94	125	79	20
2025/4/15 18:45	37.2	88	96	130	83	18
2025/4/15 22:30	37	78	97	115	72	14

图 1-3 术后患者生命体征监测表

监测指标	合理范围
体温(℃)	36~37.5
心率(bpm)	60~100
血氧(%)	>90
收缩压(mmHg)	90~150
舒张压(mmHg)	60~90
呼吸频率(次/分)	10~25

图 1-4 各项监测指标的合理范围

此时,可以单击"开始"选项卡下的"条件格式"按钮,并选择"图标集"选项,在表格基础上添加动态图标指示,以突出显示超出合理范围的监测指标,如图 1-5 所示。

时间	体温(℃)	心率(bpm)	血氧(%)	收缩压(mmHg)	舒张压(mmHg)	呼吸频率(次/分)
2025/4/15 8:00	↓35.9	↓59	98	122	78	↓9
2025/4/15 10:30	37.5	↑102	95	135	82	22
2025/4/15 12:15	37.1	98	93	128	80	24
2025/4/15 14:00	37.3	↑112	91	118	75	↑26
2025/4/15 16:20	↑37.6	96	94	125	79	20
2025/4/15 18:45	37.2	88	96	130	83	18
2025/4/15 22:30	37	78	97	115	72	14

图 1-5 突出显示超出合理范围的监测指标

借助条件格式来完善表格的可视化效果，不仅能够保证数值精准，还杜绝了纯图表可能掩盖关键数据细节差异的风险。

在实际工作中，当面临需要精准比对数据或对细节进行标记的需求时，应选择以表格为主、条件格式等图形可视化手段为辅的展示方式。这样不仅可以保障表格记录数据的精确性，还能通过自动标记关键数据增强视觉效果。

1.1.3　二者兼顾示例：企业运营分析

当在工作中遇到需要可视化展示多维数据与满足多层级人员的信息诉求时，单一的展示方式难以覆盖全部需求，因此推荐采用图表 + 表格的方式进行综合展示。下面来看一个示例。

某企业的运营数据表中包含各月份的目标销售额、实际销售额和目标达成率等数据，如图 1-6 所示。

	A	B	C	D
1	月份	目标销售额(万元)	实际销售额(万元)	目标达成率
2	1月	120	125.95	105%
3	2月	130	119.06	92%
4	3月	150	176.19	117%
5	4月	130	133.53	103%
6	5月	130	122.61	94%
7	6月	180	188.6	105%
8	7月	150	114.38	76%
9	8月	150	133.14	89%
10	9月	140	154.09	110%
11	10月	120	80.29	67%
12	11月	200	190.2	95%
13	12月	190	180.67	95%

图 1-6　某企业的运营数据表

现需要进行全年运营分析，同时满足高管层的战略洞察需求与执行层的细节追溯需求，直观展示全年各月份的目标达成率趋势变化，并对每月的目标销售额和实际销售额进行快速对比。此时，可以使用柱线组合图 + 表格进行综合展示。各月份销售目标达成率趋势及对比图如图 1-7 所示。

在图 1-7 中，高管层可以根据图表中的折线图直观查看各月份目标达成率的趋势变动情况，并快速定位达成率最高和最低的目标月份或拐点月份，以便对执行层进行问询；执行层可以根据图表中的柱形图直观查看每月的目标销售额和实际销售额的对比情况，并锁定目标月份后从表格中查看精确数值。

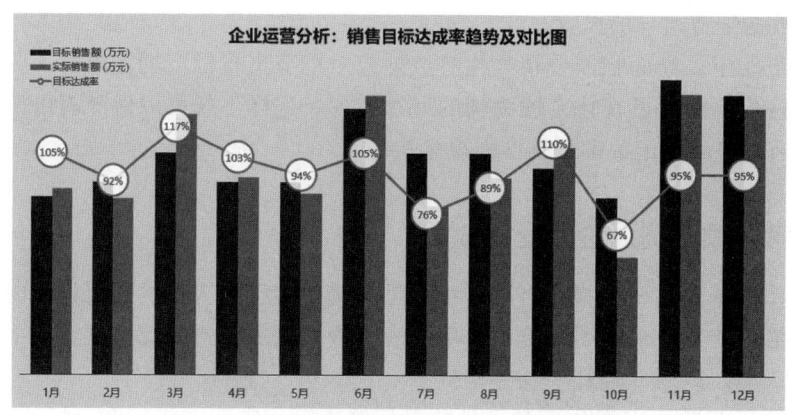

图 1-7　各月份销售目标达成率趋势及对比图

采用图表直观性与表格精确性相结合的方式进行综合展示，不仅可以可视化展示多维度数据，满足不同层级角色的业务需求，还能充分发挥图表直观性与表格精确性的优势，做到二者兼顾。

1.2　图表选择方法：巧用 AI 提供精准建议

正确选择图表类型是数据可视化的首要关键环节，恰当的图表能显著提升信息传达效率。根据需求选择正确的图表类型，不仅能确保分析结果有效传达，还是后续图表制作与优化的基础和前提。

1.2.1　使用 DeepSeek 提供图表选择建议

使用 DeepSeek 提供图表选择建议，不仅可以快速匹配合适的图表类型，还可以帮助新手规避常见错误。DeepSeek 是一个强大的对话式 AI 助手，支持文本理解、代码生成、逻辑推理、知识问答等任务，它能够基于用户描述的数据特征和分析目标智能推荐最适合的 Excel 图表类型。下面来看一个示例。

登录 DeepSeek 官网（https://chat.deepseek.com），在聊天框输入提问内容："我要使用 Excel 2024 制作图表来进行数据分析，请根据我的需求选择适合的图表类型。如果我提供的信息不足可以向我提问，明白吗？"。

DeepSeek 的回答内容如下。

明白！我会根据你的数据分析需求推荐最适合的 Excel 图表类型。为了给你精准的建议，请你提供以下信息（可补充或选择性回答）。

1. **数据内容**：你分析的数据是什么？（如销售趋势、比例分布、项目进度等。）

2. **分析目的**：你想展示什么结论？（如比较数据/显示趋势/突出占比/关联性等。）

3. **数据结构**：有多少个变量？是否有时间序列？（如月度销售额、不同产品的销量对比等。）

4. **特殊需求**：是否需要动态交互、多维度展示或特定的视觉效果？

常见场景快速参考（供你参考）：
- 趋势分析→折线图/面积图
- 数据对比→柱状图/条形图
- 占比展示→饼图/环形图/树状图
- 关联性分析→散点图/气泡图
- 分布情况→直方图/箱形图
- 进度跟踪→甘特图/瀑布图

请提供更多细节，我会为你定制方案！

用户可以按照提示继续向 DeepSeek 提供相关信息（如数据内容、分析目的、数据结构和特殊需求等），以便获取更加精准的建议。

以下是几点关于 DeepSeek 对话助手的说明。

1）首次使用 DeepSeek 对话助手时需要通过手机发送验证码进行登录。

2）DeepSeek 对话助手目前是免费使用的，请认准官网，谨防上当受骗。

3）DeepSeek 支持网页端和 App 端同时使用，且计算机端和手机端的信息能够实时共享。

4）DeepSeek 支持超长上下文（128KB），可开展多轮对话追问。

5）系统默认使用 DeepSeek-V3 大语言模型进行回答。当用户单击"深度思考（R1）"按钮时，系统将切换至 DeepSeek-R1 大语言模型，进行复杂推理式回答。

6）默认情况下，DeepSeek 的知识库数据截至 2024 年 7 月。如果用户需要获取更新的实时信息，可以单击"联网搜索"按钮，以获取最新结果。

1.2.2 对比分析：绝对差异与相对比率

当需要对数据进行对比分析时，可选择柱形图或条形图。

1）对比数据的绝对差异：选择簇状柱形图或簇状条形图。

2）对比累计值的绝对差异：选择堆积柱形图或堆积条形图。

3）对比数据的相对比率：选择百分比堆积柱形图或百分比堆积条形图。

下面结合几个示例分别进行说明。

1. 示例 1：使用柱形图或条形图展示数据的绝对差异

某企业的商品销量表如图 1-8 所示。

现需要对比各商品的销量情况。使用簇状柱形图展示的商品销量对比如图 1-9 所示。

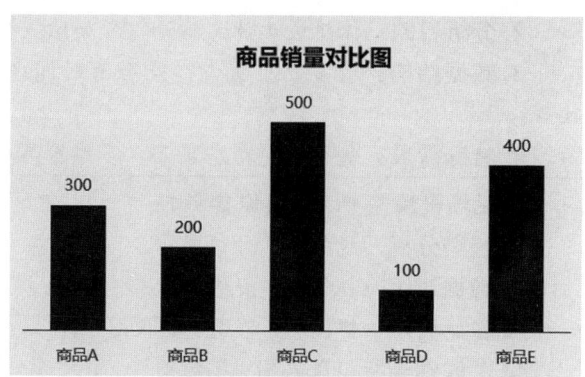

	A	B
1	商品名称	销量
2	商品A	300
3	商品B	200
4	商品C	500
5	商品D	100
6	商品E	400

图 1-8　某企业的商品销量表　　　　图 1-9　使用簇状柱形图展示商品销量对比图

使用簇状条形图展示的商品销量对比图如图 1-10 所示。

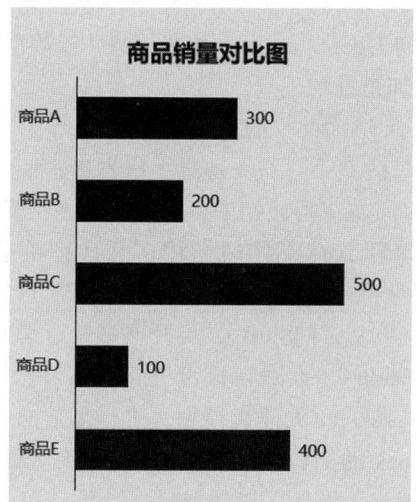

图 1-10　使用簇状条形图展示商品销量对比图

2. 示例 2：使用堆积柱形图或堆积条形图展示累计值的绝对差异

某企业各商品 4 个季度的销量表如图 1-11 所示。

	A	B	C	D	E
1	商品名称	1季度	2季度	3季度	4季度
2	商品A	300	200	160	230
3	商品B	200	100	80	140
4	商品C	500	200	230	300
5	商品D	100	180	200	260
6	商品E	400	100	200	300

图 1-11　某企业各商品 4 个季度的销量表

现需要对比各商品的全年累计销量。使用堆积柱形图展示的商品累计销量对比图如图 1-12 所示。

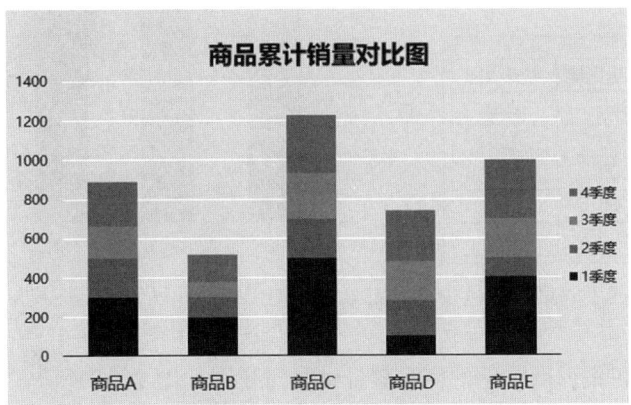

图 1-12　使用堆积柱形图展示商品累计销量对比图

使用堆积条形图展示的商品累计销量对比图如图 1-13 所示。

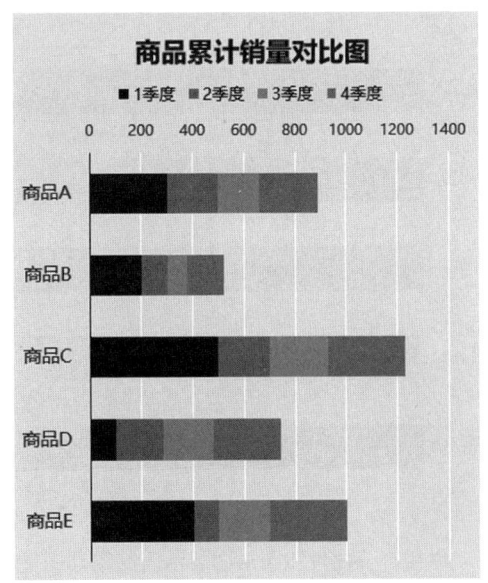

图 1-13　使用堆积条形图展示商品累计销量对比图

3. 示例 3：使用百分比堆积柱形图或百分比堆积条形图展示数据的相对比率

某企业各商品不同渠道的销量表如图 1-14 所示。

现需要对比每种商品的各渠道销量占比。使用百分比堆积柱形图展示的商品累计销量对比图如图 1-15 所示。

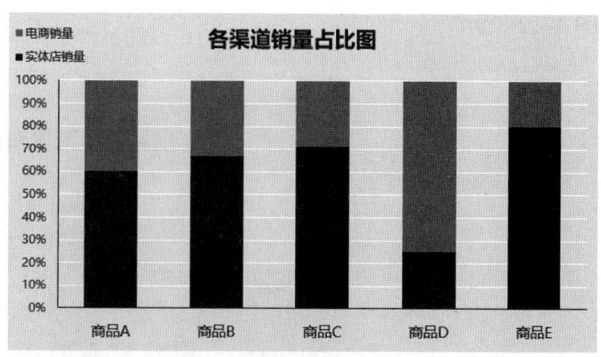

图 1-14　某企业各商品不同渠道的销量表　　图 1-15　使用百分比堆积柱形图展示商品累计销量对比图

使用百分比堆积条形图展示的商品累计销量对比图如图 1-16 所示。

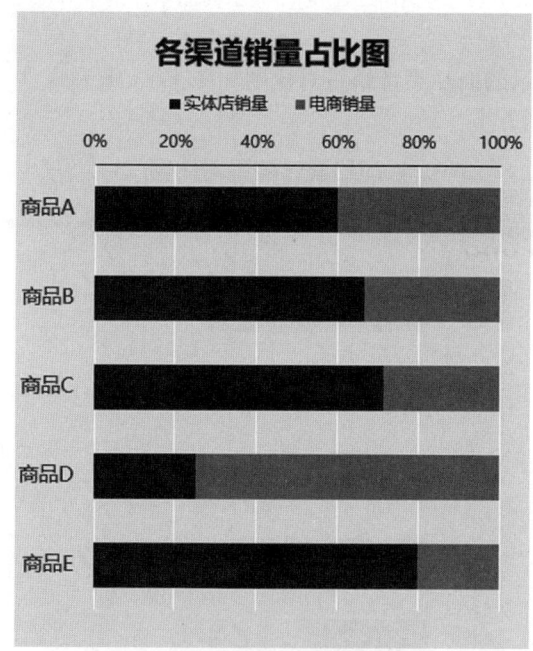

图 1-16　使用百分比堆积条形图展示商品累计销量对比图

1.2.3　趋势分析：周期波动与轨迹预测

当需要对数据进行趋势分析时，可选择折线图或面积图。

1）展示数据在某一周期内的趋势波动变化：选择折线图或面积图。

2）对比多个系列数据的趋势变化：选择折线图。

3）展示多系列数据累积总量的趋势变化：选择堆积面积图。

4）预测未来时间段内数据趋势的变化轨迹：选择多系列折线图。

在 Excel 图表中，虽然折线图和面积图都可以展示数据随时间或类别的变化趋势，但是它们的视觉呈现方式和适用场景有所不同。

1）优先使用折线图的情况：

❑ 精确对比趋势：需要清晰地显示每个时间点/类别的具体值（如月度销售额对比）。

❑ 多系列独立对比：要比较多列数据指标（如多种产品的销量随时间的变化）。

❑ 关键数据点较少：12 个月的销售数据（如年度报告）趋势用折线图展示更简洁。

2）优先使用面积图的情况：

❑ 展示累积总量：体现部分对整体的贡献（如各产品线对总收入的占比）。

❑ 强调数量规模：突出数据量的变化（如网站流量随时间累积）。

❑ 单一/少量系列：避免多系列重叠遮挡（可通过透明度调整解决）。

下面结合几个示例分别进行说明。

1. 示例 1：展示全年各月销售额及变化趋势

某企业全年各月份的销售记录表如图 1-17 所示。

现需要展示全年各月销售额及变化趋势。这种需求可使用带数据标记的折线图轻松实现，如图 1-18 所示。

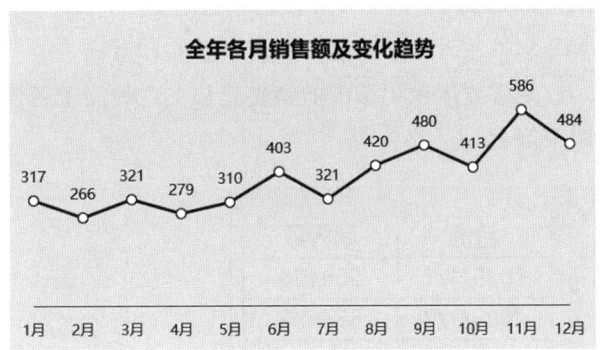

图 1-17　某企业全年各月份的销售记录表　　图 1-18　使用带数据标记的折线图展示
全年各月销售额及变化趋势

每个月份的销售额是关键数据，需要重点展示，可以通过设置数据标记来实现，具体操作方法为：在图表中右键单击数据标记，在弹出的快捷菜单中选中"设置数据系列格式"选项，如图 1-19a 所示；在工作表界面右侧弹出的"设置数据系列格式"边栏中选中"填充与线条"按钮，单击"标记"选项，选择内置类型并设置"大小"为 8，在"填充"选项中勾选"纯色填充",将"颜色"设置为"白色",如图 1-19b 所示。

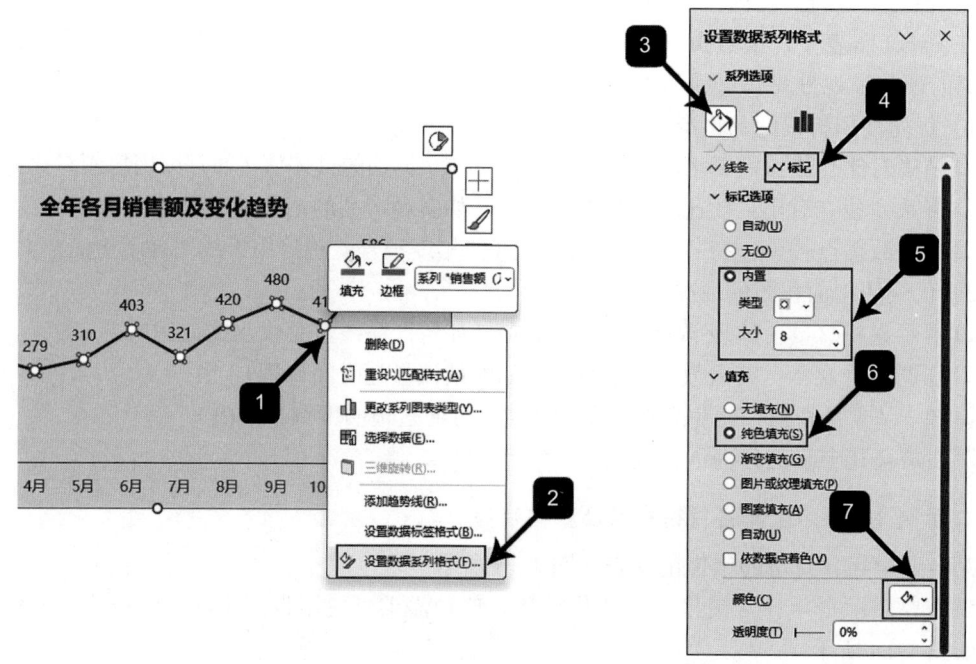

a)选中"设置数据系列格式"选项　　b)在"设置数据系列格式"边栏中进行设置

图 1-19　在折线图中设置数据标记

2. 示例 2:展示 1 季度的销售趋势

某企业 1 季度的销售记录表如图 1-20 所示。

现需要展示 1 季度的销售趋势。这种需求可使用不带数据标记的折线图轻松实现,如图 1-21 所示。

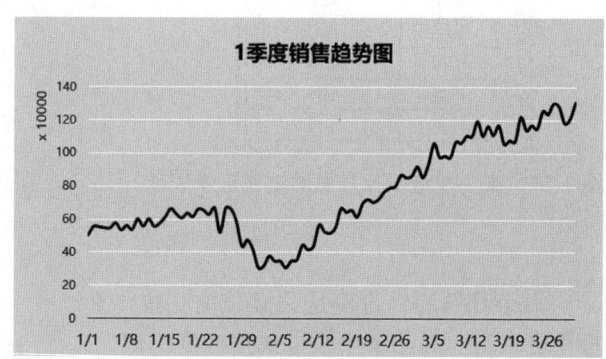

图 1-20　某企业 1 季度的销售记录表　　　图 1-21　选择不带数据标记的折线图
　　　　　　　　　　　　　　　　　　　　　　　　　展示 1 季度的销售趋势

因为 1 季度每天的数据标记点较多（包含 90 天），所以选择不带数据标记的折线图。为更好地展示变化趋势，可将折线图设置为"平滑线"，具体操作方法为：在折线图中右键单击折线，在弹出的"设置数据系列格式"边栏中单击"填充与线条"按钮，勾选"平滑线"复选框，如图 1-22 所示。

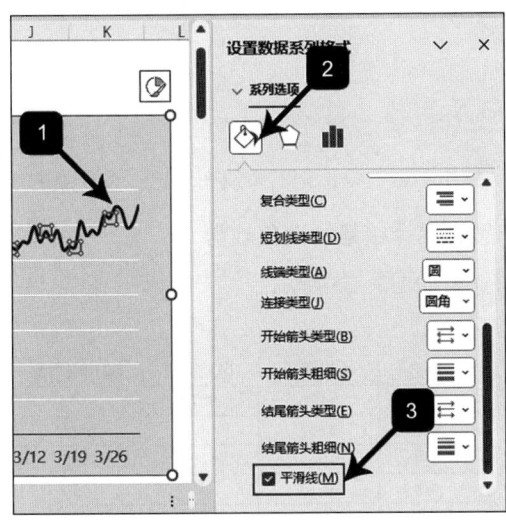

图 1-22　将折线图设置为"平滑线"

3. 示例 3：对比多种产品的销售趋势

某企业 3 种主要产品的销售表如图 1-23 所示。

月份	A产品销售额	B产品销售额	C产品销售额
1月	59271	49837	66806
2月	45189	47123	69756
3月	47979	52221	59358
4月	50877	65793	58869
5月	68950	78177	59989
6月	82403	85310	40279
7月	90577	70281	56849
8月	30770	64664	55489
9月	24314	67536	59880
10月	55976	62002	54259
11月	86138	74097	63508
12月	78073	87141	72094

图 1-23　某企业 3 种主要产品的销售表

现需要对比这 3 种产品的销售趋势。这种需求可使用不带数据标记的折线图轻松实现，如图 1-24 所示。

因为折线图中没有数据标记，无法显示每个月的销售额，所以需要设置垂直坐标轴和横向网格线，便于观众准确读图。

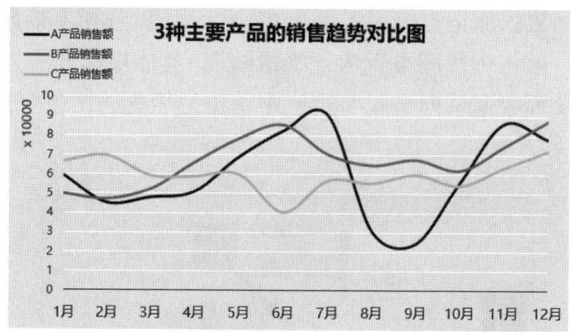

图 1-24 使用不带数据标记的折线图对比 3 种产品的销售趋势

4．示例 4：展示各产品线累计销量的变化趋势

某企业各产品线的销量表如图 1-25 所示。

月份	手机销量	电脑销量	复印机销量
1月	5118	4879	2733
2月	3767	4877	2899
3月	4064	5195	3302
4月	4638	3353	1414
5月	5955	5414	2605
6月	6700	4336	2699
7月	3441	4289	2033
8月	8668	5156	2664
9月	8403	3361	2028
10月	6677	3989	2314
11月	8845	5442	4252
12月	8761	5049	3117

图 1-25 某企业各产品线的销量表

现需要展示各产品线累计销量的变化趋势。这种需求可使用堆积面积图轻松实现，如图 1-26 所示。

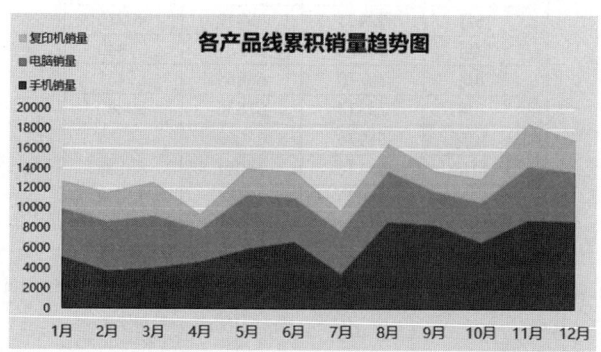

图 1-26 使用堆积面积图展示各产品线累计销量的变化趋势

在图表中设置纯色填充后，默认会遮盖网格线，影响观众准确读图，所以需要设置填充透明度，具体操作方法为：在堆积面积图中右键单击需要设置的数据系列，在弹出的"设置数据系列格式"边栏中，将"填充"选项中的"透明度"设置为30%，如图1-27所示。

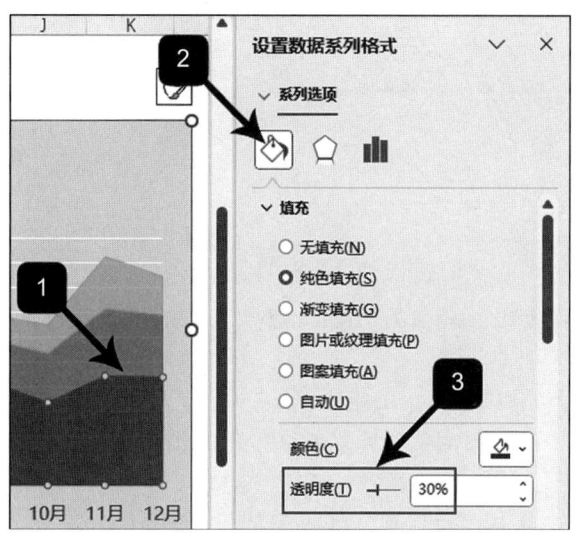

图1-27 在堆积面积图中设置填充透明度

5. 示例5：展示历史销售趋势并预测未来销售轨迹

某企业全年的销售实际值及预测值如图1-28所示。

月份	实际值	预测值
1月	465	
2月	294	
3月	629	
4月	604	
5月	553	
6月	698	
7月	595	
8月	620	
9月		475
10月		579
11月		802
12月		710

图1-28 某企业全年的销售实际值及预测值

现需要展示历史销售趋势并预测未来销售轨迹。这种需求可使用多数据系列的折线图轻松实现，如图1-29所示。

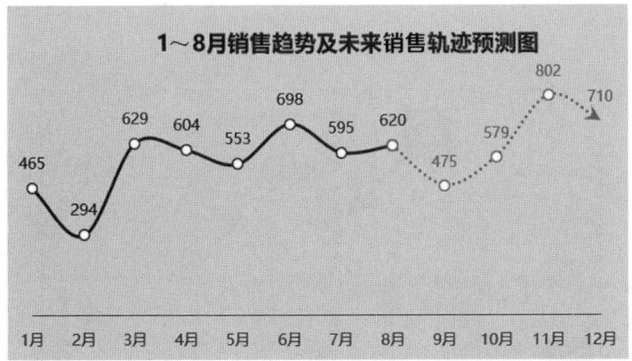

图1-29　1～8月的销售趋势及未来销售轨迹预测图

该图表的制作过程包含以下3个关键点。

1）在图表数据源中的"预测值"列复制8月份的销售额实际值，避免折线图中间出现断点，如图1-30所示。

2）在折线图中右键单击"预测值"数据系列，在弹出的"设置数据系列格式"边栏中单击"填充与线条"按钮，然后单击"短划线类型"按钮，在弹出的快捷列表中选中"圆点虚线"，如图1-31所示。

3）在折线图中单击数据标记，然后单击最后一个数据标记，以便单独选中这一个标记点；在弹出的"设置数据点格式"边栏中单击"填充与线条"按钮，然后单击"结尾箭头类型"按钮，在弹出的快捷列表中选中"燕尾箭头"，如图1-32所示。

	A	B	C
1	月份	实际值	预测值
2	1月	465	
3	2月	294	
4	3月	629	
5	4月	604	
6	5月	553	
7	6月	698	
8	7月	595	
9	8月	620	620
10	9月		475
11	10月		579
12	11月		802
13	12月		710

图1-30　调整图表数据源

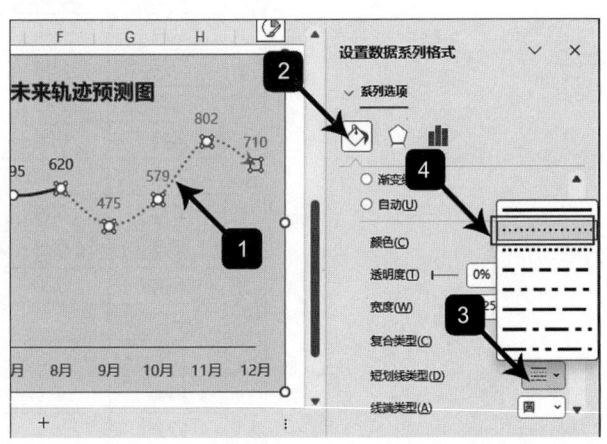

图1-31　将"预测值"线条设置为"圆点虚线"

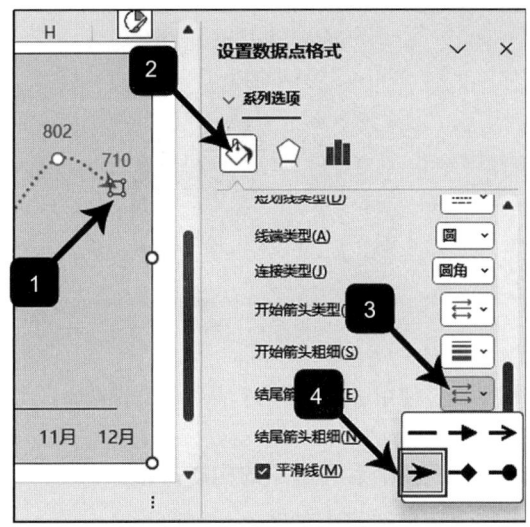

图 1-32　在折线图中设置结尾箭头类型

1.2.4　构成分析：份额占比与层级拆解

当需要对数据进行构成分析时，可根据具体情况选择饼图、圆环图、子母饼图/复合条饼图、旭日图或树状图。

1）展示单个系列数据的构成占比：选择饼图。
2）展示多个系列数据的构成占比：选择圆环图。
3）展示超过 7 个类别的数据构成占比：选择子母饼图或复合条饼图。
4）展示多层级数据的构成占比：选择旭日图。
5）展示大量数据类别的构成占比：选择树状图。
下面结合几个示例分别进行说明。

1. 示例 1：使用饼图展示单个系列数据的构成占比

某企业各产品线的销售记录表如图 1-33 所示。

产品线	销售额（万元）
手机	500
笔记本电脑	400
台式电脑	300
复印机	200
扫描仪	100

图 1-33　某企业各产品线的销售记录表

现需要展示各产品线的销售构成占比。这种需求可使用饼图轻松实现，如图 1-34 所示。

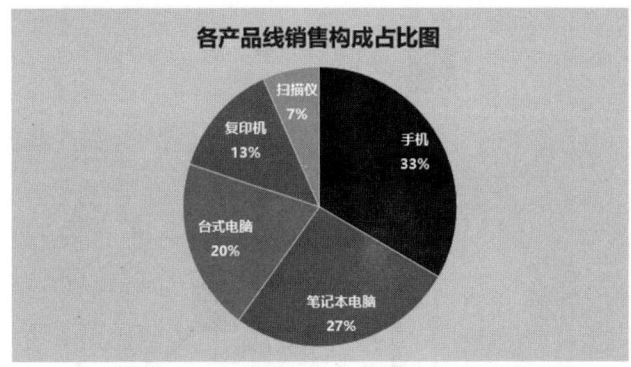

图 1-34　使用饼图展示各产品线的销售构成占比

2. 示例 2：使用圆环图展示多个系列数据的构成占比

某企业各产品线近 3 年的销售记录表如图 1-35 所示。

	A	B	C	D
1	产品线	2023年销售额	2024年销售额	2025年销售额
2	手机	500	600	700
3	笔记本电脑	400	500	600
4	台式电脑	300	400	500
5	复印机	200	300	400
6	扫描仪	100	200	300

图 1-35　某企业各产品线近 3 年的销售记录表

现需要展示近 3 年各产品线的销售构成占比。这种需求可使用圆环图轻松实现，如图 1-36 所示。

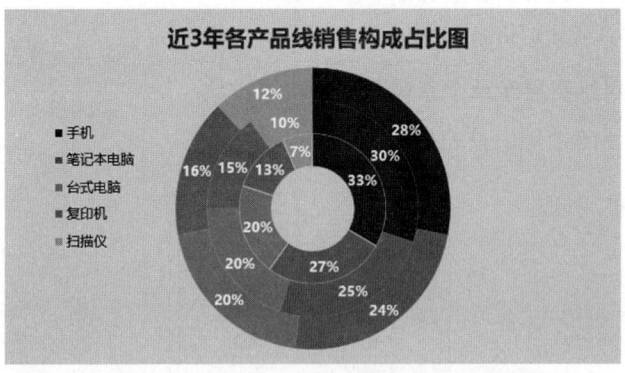

图 1-36　使用圆环图展示近 3 年各产品线的销售构成占比

3. 示例 3：使用子母饼图或复合条饼图展示超过 7 个类别的数据构成占比

某企业 9 种主要产品的销售额如图 1-37 所示。

第 1 章　图表选择方法与思维进阶　◆　19

	A	B
1	产品	销售额（万元）
2	产品A	900
3	产品B	800
4	产品C	700
5	产品D	600
6	产品E	500
7	产品F	400
8	产品G	300
9	产品H	200
10	产品I	100

图 1-37　某企业 9 种主要产品的销售额

现需要展示 9 种主要产品的销售额构成占比情况。如果使用普通饼图，会因扇形分区数量过多导致细小扇区的数据无法清晰查看，如图 1-38 中方框处所示。

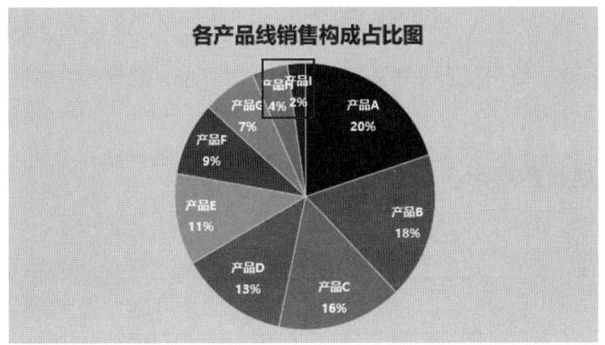

图 1-38　饼图中细小扇区的数据无法清晰查看

遇到超过 7 种类别的数据构成占比展示需求时，可以选择子母饼图或复合条饼图。使用子母饼图展示 9 种主要产品的销售额构成占比，如图 1-39 所示。

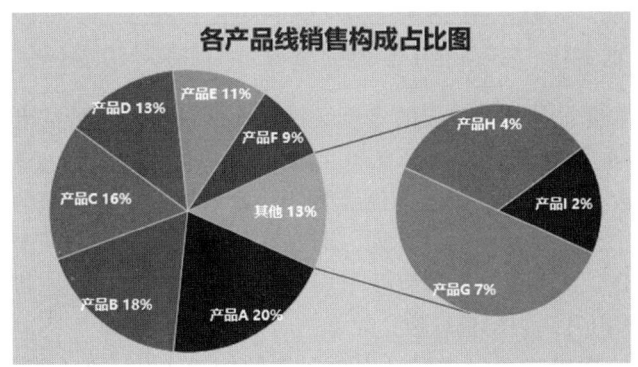

图 1-39　使用子母饼图展示 9 种主要产品的销售额构成占比

使用复合条饼图展示 9 种主要产品的销售额构成占比，如图 1-40 所示。

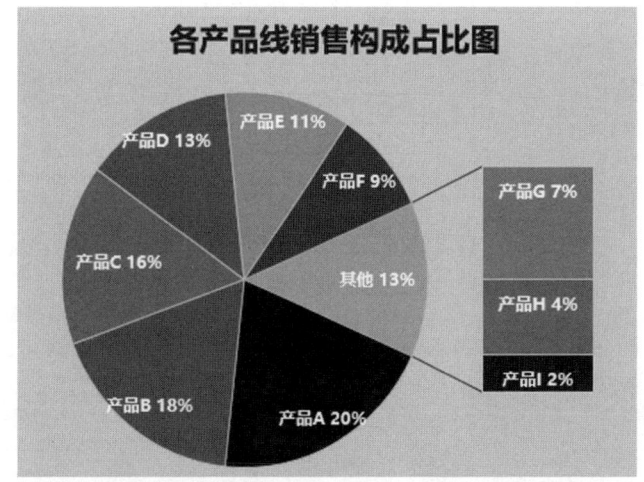

图 1-40　使用复合条饼图展示 9 种主要产品的销售额构成占比

4. 示例 4：使用旭日图展示多层级数据的构成占比

某企业全年各季度、各月、各周的多层级销量表如图 1-41 所示。

	A	B	C	D
1	季度	月份	周	销量
2	1季度	1月	第1周	1995
3	1季度	1月	第2周	3677
4	1季度	1月	第3周	4215
59	4季度	12月	第3周	8376
60	4季度	12月	第4周	7779
61	4季度	12月	第5周	5316

图 1-41　某企业全年各季度、各月、各周的多层级销量表

现需要展示各季度、各月、各周的多层级销量构成占比。这种需求可使用旭日图轻松实现，如图 1-42 所示。

在旭日图中，数据从内到外按层级逐级展开，清晰展示了各层级的构成占比。在每个层级中，类别按占比从高到低顺时针排列，形成直观的视觉排序，便于读者快速识别核心类别或关键组成部分。这种设计不仅强化了层级间的逻辑关系，还能帮助用户高效定位占比较高的重点数据，提升图表的信息传达效率。

除了旭日图，使用树状图也能展示大量数据的构成占比，但是树状图仅能展示顶级分类（季度）和末级分类（周）的构成占比，中间层级（月份）的占比无法清晰展示，如图 1-43 所示。

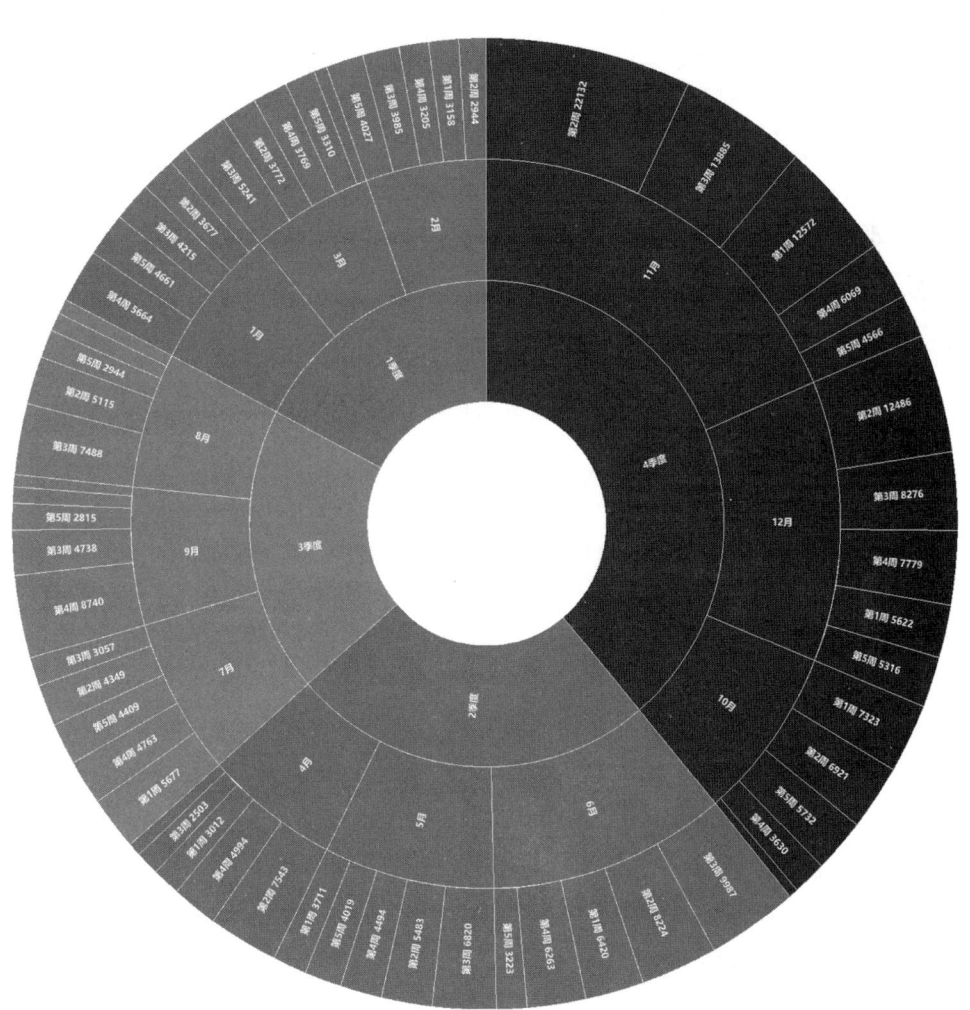

图 1-42　使用旭日图展示各季度、各月、各周的多层级销量构成占比

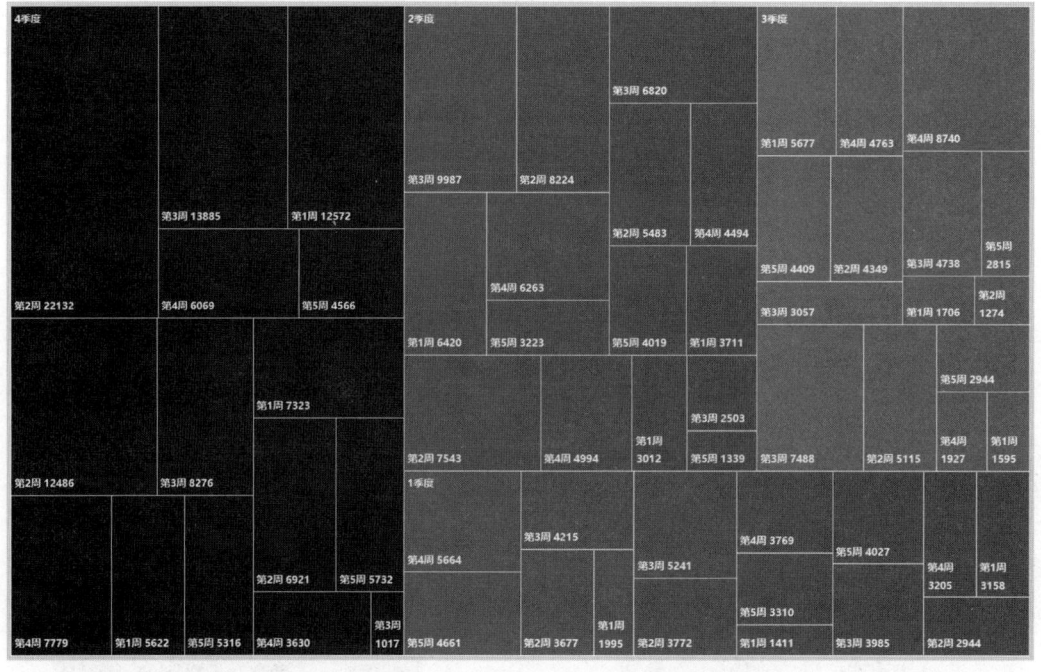

图 1-43 使用树状图展示各季度下每周的销量构成占比

5. 示例 5：使用树状图展示大量数据类别的构成占比

某企业 50 名业务员的销售业绩表如图 1-44 所示。

现需要展示 50 名业务员的销售业绩构成占比情况。这种需求可使用树状图轻松实现，如图 1-45 所示。

在树状图中，数据占比可通过矩形面积直观呈现，并按照从左到右、从上到下的顺序自动排列，确保占比最高的类别优先显示在显著位置。这种布局方式能够帮助用户快速锁定关键贡献项，从而高效识别主要数据的分布特征。

6. 旭日图和树状图的对比

在 Excel 图表中，旭日图和树状图均能展示大量数据的构成占比，但两者的数据呈现方式和适用场景有显著区别。

（1）数据呈现方式的区别

旭日图的数据呈现方式如下。

❑ 采用同心圆环结构，从内到外每一层代表一个数据层级。

❑ 每个扇区的角度大小反映了代表数据的占比情况，通过颜色来区分类别。

树状图的数据呈现方式如下。

❑ 采用矩形嵌套结构，通过矩形面积表示数据占比情况，通过颜色来区分类别或数值大小。

❑ 无固定层级方向，依赖矩形的排列和分组来展示数据。

	A	D
1	业务员	业绩（万元）
2	李锐01	300
3	李锐02	78
4	李锐03	84
49	李锐48	47
50	李锐49	25
51	李锐50	159

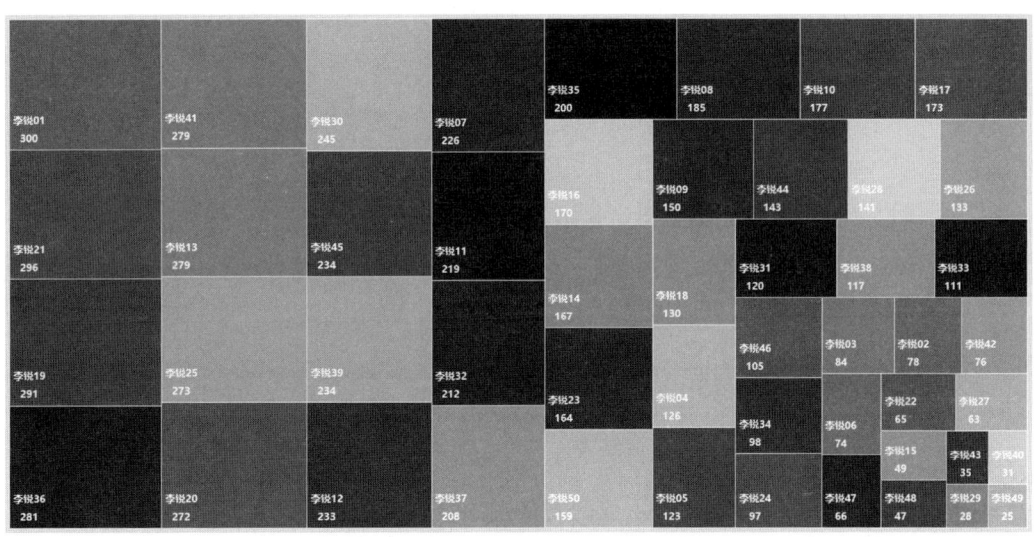

图 1-44　某企业 50 名业务员的销售业绩表

图 1-45　使用树状图展示 50 名业务员的销售业绩构成占比

（2）适用场景的区别

优先选择旭日图的场景如下。

- 数据有明确的多级分层。
- 需要直观查看每一层的占比累积情况。

优先选择树状图的场景如下。

- 数据层级较少（通常为 1 ～ 2 层），或需快速比较终端节点的占比。
- 数据类别较多且需紧凑展示（因为矩形空间的利用率较高）。

1.2.5　分布分析：数据分布与异常检测

当需要对数据进行分布分析时，可根据具体情况选择直方图、排列图、箱形图或瀑布图。

1）直方图：展示数据的频率分布，识别数据的集中趋势。

2）排列图：识别影响最大的关键因素，对不同分类的贡献度进行对比。

3）箱形图：比较多个组别的数据分布，识别数据的波动情况和异常值。

4）瀑布图：展示数据的累积变化过程，清晰呈现正负贡献因素的分布和占比。

下面结合几个示例分别进行说明。

1. 示例1：使用直方图展示数据频率分布及集中趋势

某班级50名学生的数学成绩表如图1-46所示。

现需要展示所有学生数学成绩的频率分布及集中趋势。这种需求可使用直方图轻松实现，如图1-47所示。

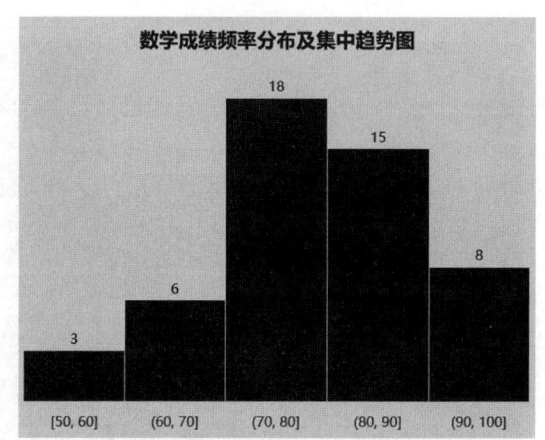

图1-46 某班级50名学生的数学成绩表　　图1-47 数学成绩的频率分布及集中趋势

直方图通过柱形的高度直观展示数据的分布特征，具体说明如下。

❑ 柱形数量对应数据分区的设置，反映了分析粒度。

❑ 柱形高度表示对应数值区间内数据点的频数。高度越高，该区间的数据密度越大。

❑ 直方图的整体形态揭示了数据集的集中趋势和离散程度。

直方图的数据展现方式能够帮助用户快速读图，具体体现在如下几个方面。

❑ 快速识别主要数据的分布区间，即峰值区域。

❑ 判断数据的集中趋势，如正态分布、偏态分布等。

❑ 发现可能的异常值或数据缺口。

该直方图的制作过程包含以下两个关键点。

1）设置各区间柱形的间隙宽度为0%，具体方法为：在图表中用右键单击直方图中的任意柱形，在弹出的快捷菜单中选中"设置数据系列格式"选项；在工作表界面右侧弹出的"设置数据系列格式"边栏中，单击"系列选项"按钮，将"间隙宽度"设置为0%，如图1-48所示。

2）设置坐标轴格式的箱宽度为10，具体方法为：在图表中用右键单击横向坐标轴，在弹出的快捷菜单中选中"设置坐标轴格式"选项；在工作表界面右侧弹出的"设置坐标轴格式”边栏中，单击“坐标轴选项”按钮，将“箱宽度”设置为 10，如图 1-49 所示。

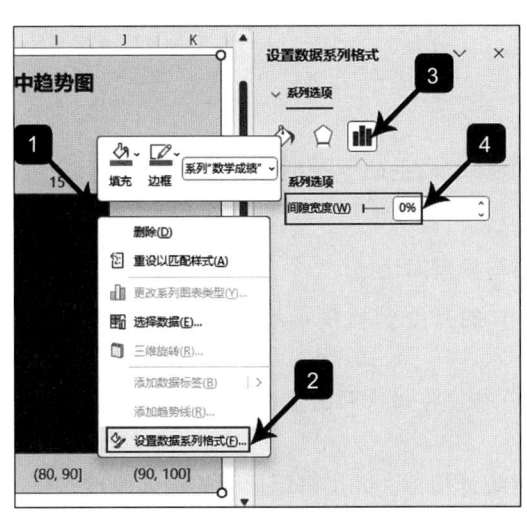

图 1-48　设置各区间柱形的间隙宽度为 0%

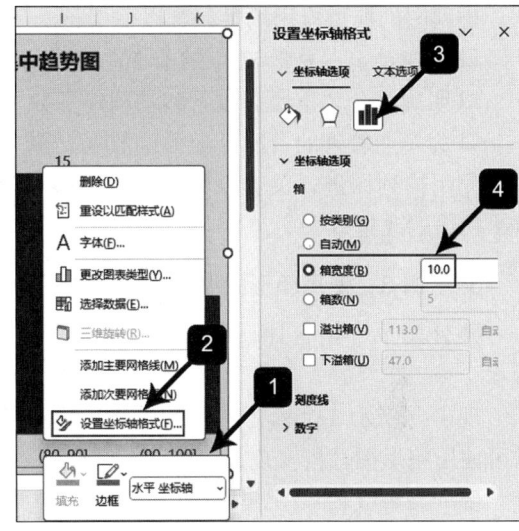

图 1-49　设置坐标轴格式的箱宽度为 10

2. 示例 2：使用排列图展示关键因素排序及累积占比

某电商企业的客户投诉统计表如图 1-50 所示。

现需要找出导致客户投诉的关键原因，展示各原因的排序及累积占比。这种需求可使用排列图轻松实现，如图 1-51 所示。

	A	B
1	投诉类型	投诉次数
2	物流延迟	150
3	价格问题	95
4	质量问题	60
5	客服服务	36
6	虚假宣传	20
7	其他	5

图 1-50　某电商企业的客户投诉统计表

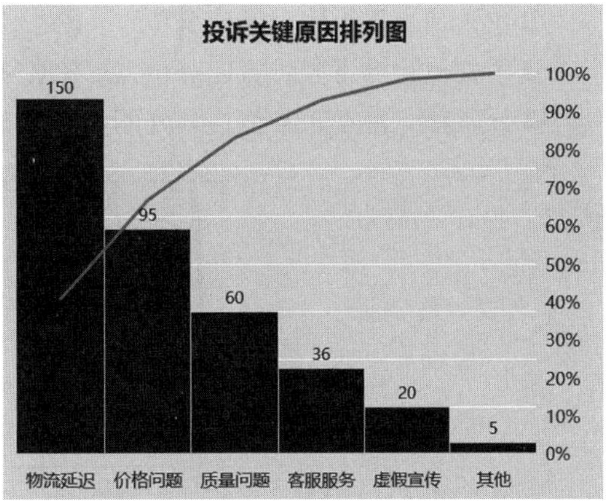

图 1-51　投诉关键原因排序图及累积占比

排列图（也叫帕累托图）是识别关键影响因素的强效分析工具，其核心价值体现为以下 3 点。

- ❑ 严格遵循帕累托法则，即 80/20 定律。

- 通过降序排列直观呈现各因素的相对重要性。
- 结合累积百分比曲线精准定位关键少数因素。

排列图的典型应用场景包含以下 3 种。

- 快速锁定占总量 80% 的前 20% 问题类型。
- 明确区分"重要多数"和"琐碎少数"。
- 为企业管理的资源分配提供数据支撑。

使用排列图进行关键原因分析,能够有效避免"眉毛胡子一把抓"的管理困境,实现事半功倍的改进效果。

3. 示例 3:使用箱形图展示多组数据的分布与异常对比

某公司 3 个销售团队(A 组、B 组和 C 组)的月度销售额(万元)统计表如图 1-52 所示。

现需要展示 3 个销售团队的月度销售业绩分布,并对这些数据进行统计分析。这种需求可使用箱形图轻松实现,如图 1-53 所示。

要准确解读箱形图,需要了解以下 7 个关键统计指标,并了解箱形图的构成原理。

7 个关键统计指标说明如下。

- 上四分位点:将数据从大到小排序,位于第 25% 位置处的数据。
- 中值:中位数,也叫中四分位点,是数据排序后位于中间位置的数据,在箱体图中作为箱体的内部分割线。
- 下四分位点:将数据从大到小排序,位于第 75% 位置处的数据。
- 四分位距(IQR):反映了箱体中间 50% 数据的范围,计算方式为上四分位点 − 下四分位点。
- 正常值边界上限:上四分位点 +IQR*1.5。
- 正常值边界下限:下四分位点 −IQR*1.5。
- 异常值:落在正常值边界外的点。

	A	B	C
1	A组	B组	C组
2	28	35	56
3	31	38	45
4	30	40	50
5	25	36	48
6	29	42	55
7	20	33	60
8	27	48	36
9	20	28	40
10	26	40	58
11	42	22	65

图 1-52 某公司 3 个销售团队的月度销售额统计表

第 1 章　图表选择方法与思维进阶　❖　27

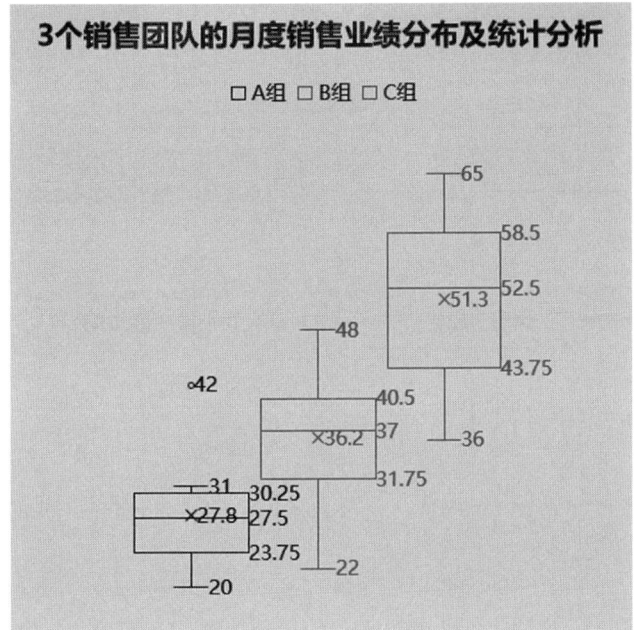

图 1-53　3 个销售团队的月度销售业绩分布及统计分析

> **注意**　为什么是 1.5 倍？ 1.5 倍是通用标准，但并非完全固定不变。按照统计学惯例，1.5 IQR 可覆盖约 99.3% 的正态分布数据，超出此范围的值出现的概率极低（<0.7%）。因此，将 1.5 IQR 作为异常阈值是较为合适的。实际工作中如需更严格筛选，可以调高此倍数。

为了帮助读者快速了解箱形图的构成原理，下面将箱形图中的重点位置和构成要素逐一标注。以 C 组为例，标注后的箱形图如图 1-54 所示。

了解必要的关键统计指标和箱形图的构成原理后，再来看图 1-54 所示的箱形图，可以快速得到以下信息。

1）根据中值（箱内横线）判断：C 组整体销售能力最强，C 组（52.5）>B 组（37）>A 组（27.5）。组间差距较大，需检查配给资源是否平衡。

2）根据波动性（箱体高度）判断：C 组箱体最高，业绩较分散，需进行针对性辅导；A 组箱体最矮，业绩均衡，整体销售能力弱，需加强培训。

3）根据异常值（离群点）判断：A 组存在异常值 42，可能是明星销售，也可能是数据录入错误。如为前者，可及时总结成功经验并进行推广。

本示例箱形图的制作过程包含以下两个关键点。

1）将箱形图设置为无填充，边框线条选择实线，如图 1-55 所示。

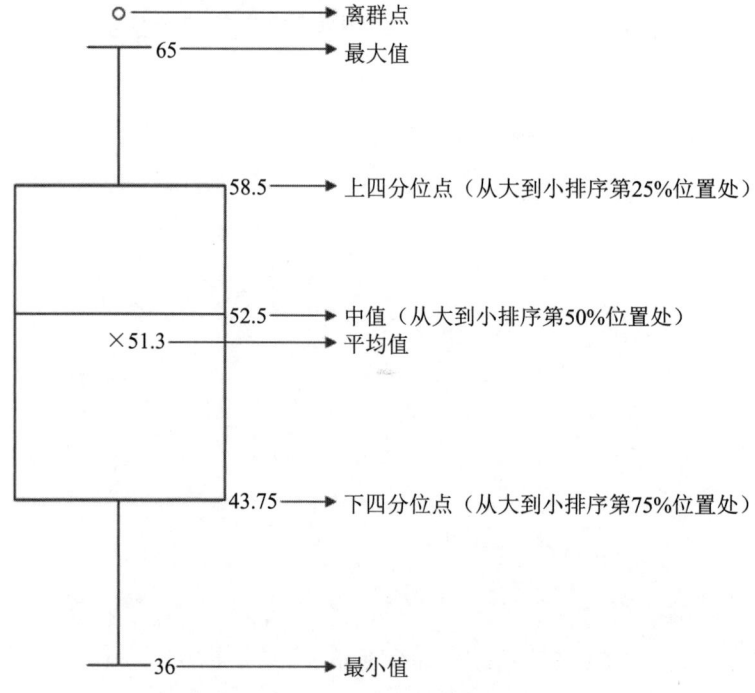

图 1-54　箱形图中的重点位置和构成要素

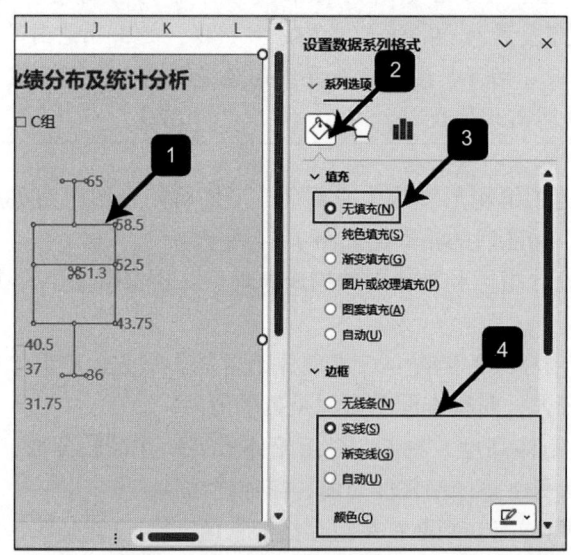

图 1-55　将箱形图设置为无填充，边框线条选择实线

2）将箱形图"系列选项"的"间隙宽度"设置为100%，不勾选"显示内部值点"选项，方法如图 1-56 所示。

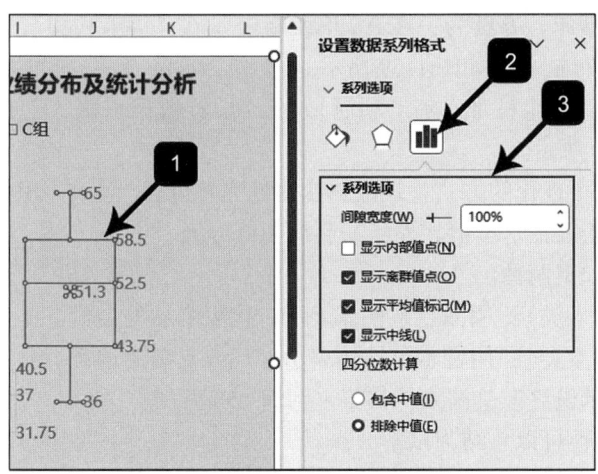

图 1-56　设置箱形图的数据系列格式

在实际工作中，箱形图的适用场景有以下 3 种。

1）比较多个组别的数据分布：适用于展示多组数据的集中趋势、离散程度和异常值对比。

2）识别数据偏态和异常值：通过四分位数和箱体范围直观展示数据波动情况。

3）简化大数据集的分布展示：借助极值、中位数、均值等指标快速概括数据特征。

4. 示例 4：使用瀑布图展示收入、费用分布及利润变化

公司 A 在 2025 年的营运状况表如图 1-57 所示。

现需要展示公司 A 在 2025 年的收入、费用分布及利润累积变化情况。这种需求可使用瀑布图轻松实现，如图 1-58 所示。

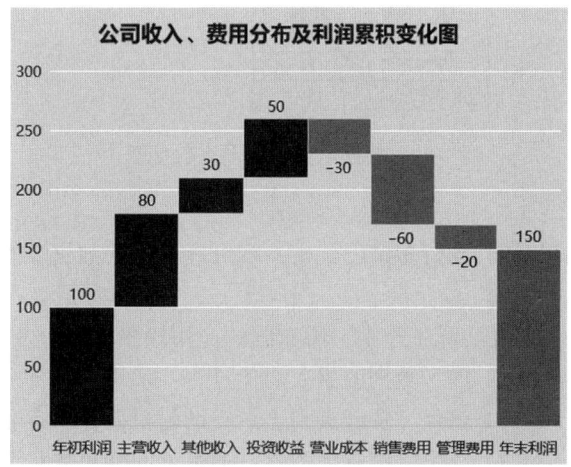

图 1-57　公司 A 在 2025 年的营运状况表　　图 1-58　公司收入、费用分布及利润累积变化图

该图表的制作过程包含以下两个关键点。

1）完善图表数据源，方法为：在 A9 单元格中输入"年末利润"，在 B9 单元格中输入公式，对全年数据进行汇总，如图 1-59 所示。

2）单独选中最后一个柱形（年末利润），在"设置数据点格式"页面勾选"设置为汇总"选项，如图 1-60 所示。

瀑布图以递进式可视化的方式呈现数据变化的完整过程，其结构由以下 3 部分组成。

1）起始柱：用于表征基准值，如年初利润 100 万元。

2）过程柱包括如下两种。

❑ 正向变化（收入类）：用深色系柱体表示，代表增加的金额。

❑ 负向变化（成本类）：用警示色柱体表示，代表支出的金额。

3）终止柱：表示最终汇总结果，如年末利润 150 万。

瀑布图的功能特性可以总结为以下 3 点。

1）动态呈现累计效应：通过柱形高度的叠加直观展示从"初始值→中间调整→最终结果"的全链路变化过程。

2）突出关键驱动因素：通过颜色对比强调利润构成中的主要增收项与成本项。

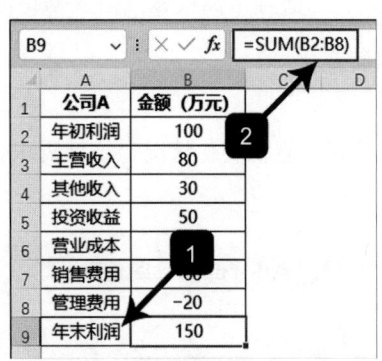
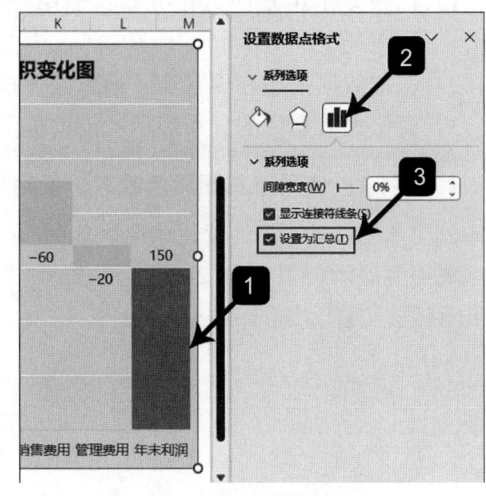

图 1-59　根据需要完善图表数据源　　图 1-60　在瀑布图中单独选中最后一个柱形并将其设置为汇总

3）支持多维度分析：既可展示财务数据（如利润表），也可用于项目预算、库存变动等场景。

在实际工作中，瀑布图的应用场景有以下 3 种。

1）展示数据的累积变化过程：适用于财务分析、成本结构分解或盈亏追踪等场景。

2）解释"从起点到终点"的增量变化：逐步显示影响最终结果的正负贡献因素。

3）突出关键驱动因素：通过不同颜色来区分增加项和减少项。

1.2.6 相关分析：相关性统计与分布规律

当需要对数据进行相关分析时，可根据具体情况选择散点图、气泡图或雷达图。

1）展示两个变量的相关性和分布规律：选择散点图。
2）展示 3 个变量的相关性和分布规律：选择气泡图。
3）展示多个维度数据的相关性或进行对比评测：选择雷达图。

下面结合几个示例分别进行说明。

1. 示例 1：使用散点图展示两个变量的相关性和分布规律

某班级 50 名学生（前 30 名为男生，后 20 名为女生）的身高体重表如图 1-61 所示。

现需要展示男女生身高、体重的相关性和分布规律。这种需求可使用散点图轻松解决，如图 1-62 所示。

姓名	性别	身高(cm)	体重(kg)
李锐01	男	172	65
李锐02	男	185	78
李锐03	男	168	70
李锐29	男	178	74
李锐30	男	168	61
李锐31	女	174	59
李锐32	女	151	40
李锐33	女	156	48
李锐34	女	175	60
李锐49	女	170	60
李锐50	女	155	45

图 1-61 某班级 50 名学生的身高体重表

该图表的制作过程包含以下 3 个关键点。

1）在图表中添加两个数据系列，分别引用男生、女生的数据，具体操作步骤如下。

① 选中散点图，单击"图表设计"选项卡下的"选择数据"按钮，在弹出的"选择数据源"页面中选中"男"系列，单击"编辑"按钮，如图 1-63 所示。

② 在弹出的"编辑数据系列"页面中，将"X 轴系列值"设置为图表数据源中的男生身高数据区域，将"Y 轴系列值"设置为图表数据源中的男生体重数据区域；完成"男"系列设置后，采用同样的方法设置"女"系列的 X 轴和 Y 轴系列值，如图 1-64 所示。实际显示结果会对男女数据值进行颜色区分，请读者以实际操作为准。

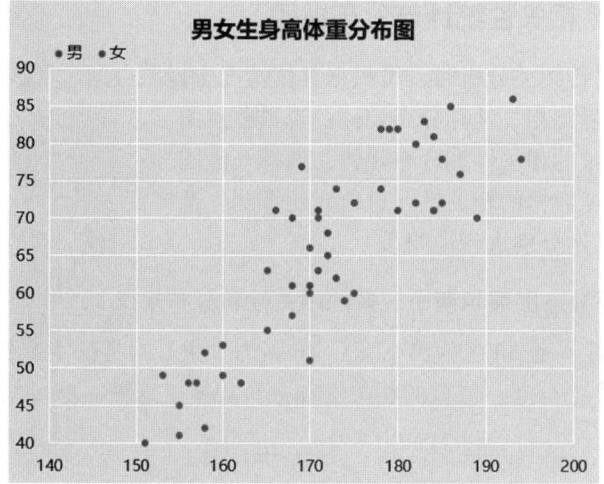

图 1-62 男女生身高体重分布图

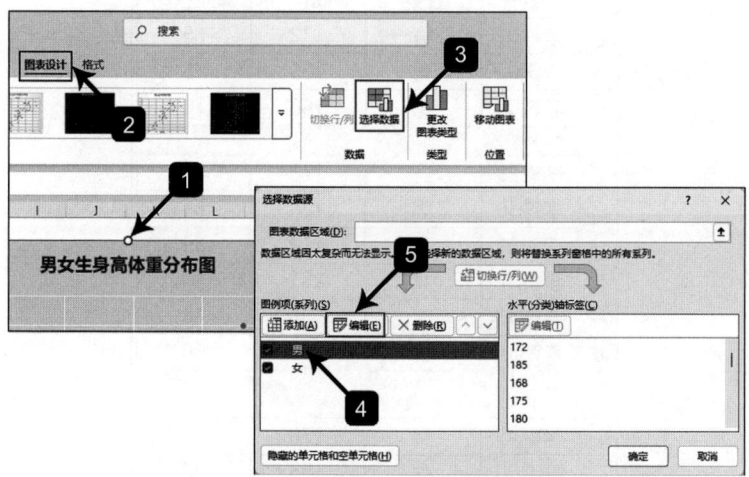

图 1-63 设置散点图数据系列的数据源

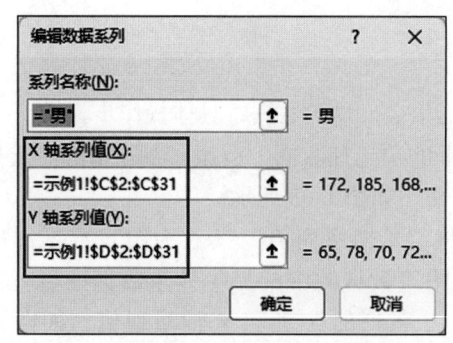 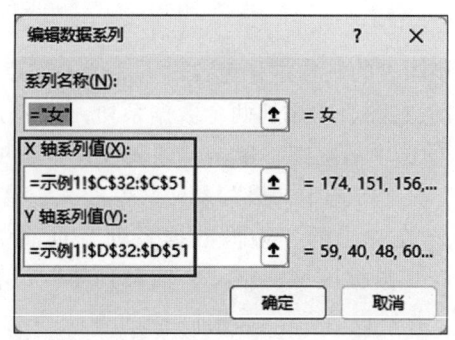

a) 设置"男"系列的X轴和Y轴系列值　　b) 设置"女"系列的X轴和Y轴系列值

图 1-64 设置男女系列的 X 轴和 Y 轴系列值

2）双击散点图的横坐标轴，在"坐标轴选项"中设置"边界"最小值为140，最大值为200，如图1-65所示。

3）双击散点图的纵坐标轴，在"坐标轴选项"中设置"边界"最小值为40，最大值为90，如图1-66所示。

从散点图中两个系列的数据分布情况可以看出，男生和女生的身高与体重指标呈现正相关关系，并且男女生的数据在分布区间上存在明显的差异。具体而言，男生的身体形态指标普遍高于女生：在身高方面，男生的数据主要集中在170～180cm区间，而女生则集中在155～165cm区间；体重分布同样显示出性别差异，男生的体重多集中在70～80kg区间，女生则集中在45～55kg区间。这种分布特征清晰地反映了不同性别在身体形态指标上的典型差异。

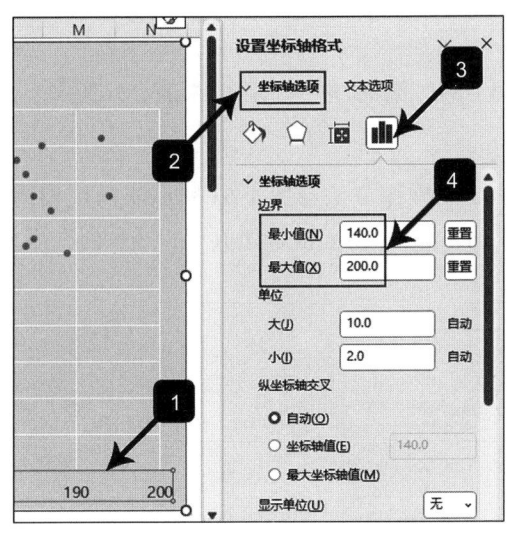 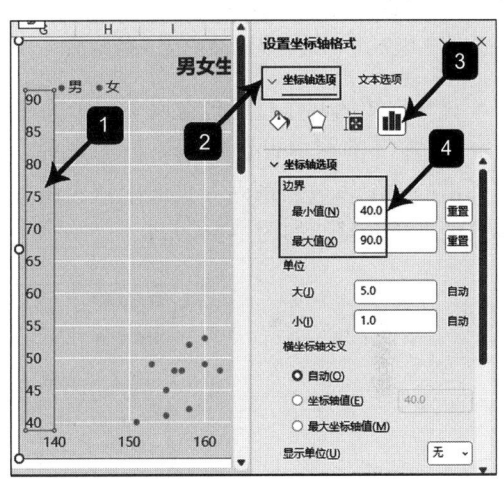

图1-65 设置散点图横坐标轴的边界　　图1-66 设置散点图纵坐标轴的边界

散点图在工作中的实际应用有以下3点。

1）分析变量间的相关性：判断两个变量之间是否存在线性关系、非线性关系，或无明显关系，例如判断是正相关、负相关还是无相关。

2）观察数据的分布模式：识别数据是集中分布、离散分布，还是存在特定趋势，如增长、下降或周期性变化等。

3）比较不同组别的数据差异：通过不同颜色或形状的散点对比不同类别（如不同性别、不同地区）的数据分布情况。

2. 示例2：使用气泡图展示3个变量的相关性和分布规律

某公司8种主要商品的信息（价格、好评率和销量）统计表如图1-67所示。

现需要展示这些商品的价格、好评率和销量的相关性和分布规律。这种需求可使用气泡图轻松解决，如图1-68所示。

	A	B	C	D
1	商品名称	价格	好评率	销量
2	商品A	19	86%	6801
3	商品B	29	89%	5524
4	商品C	39	96%	8975
5	商品D	49	93%	4568
6	商品E	69	90%	3301
7	商品F	99	95%	7802
8	商品G	149	98%	2533
9	商品H	169	95%	1919

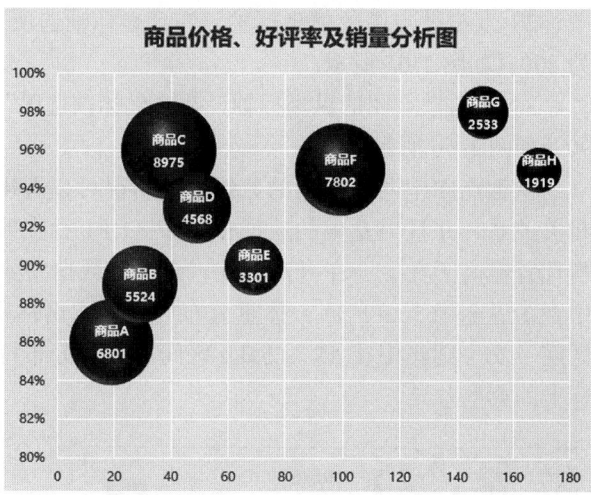

图 1-67　某公司 8 种主要商品的信息统计表　　图 1-68　商品价格、好评率及销量分析图

该气泡图的制作过程包含以下两个关键点。

1）在气泡图中设置数据系列的来源，前 5 步的操作方法与图 1-63 展示的操作相同，在弹出的"编辑数据系列"页面中依次设置"X 轴系列值""Y 轴系列值"和"系列气泡大小"的来源区域，如图 1-69 所示。

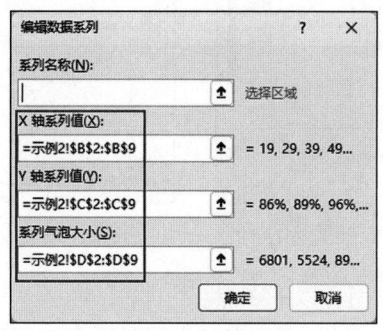

图 1-69　设置气泡图数据系列的来源

2）设置气泡图的数据标签格式并选择范围，如图 1-70 所示。

该气泡图通过三维可视化方式直观呈现了价格、好评率与销量之间的关联规律，具体说明如下。

❑ 横轴（X 轴）表示商品价格，数值从左至右递增，反映价格的梯度变化。
❑ 纵轴（Y 轴）代表用户好评率，数值由下至上逐步提升，体现商品质量被认可的程度。
❑ 气泡面积与销量数据直接相关，面积越大，说明销量越高。

通过综合解析气泡的空间分布（坐标位置）及尺寸特征，可快速得出以下结论。

❑ 高价高好评区域：气泡较大，说明存在"高溢价高销量"的优质商品。
❑ 低价低好评区域：气泡较小，反映出低价低质商品在市场上表现疲软。

第 1 章 图表选择方法与思维进阶 ❖ 35

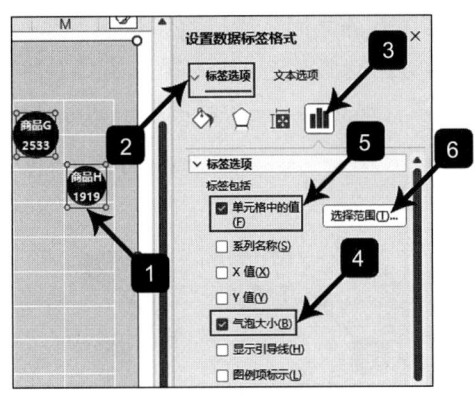

a）设置数据标签格式 b）选择范围

图 1-70 设置气泡图的数据标签格式并选择范围

❏ 特殊离群点：非常规位置的气泡可能揭示了特殊市场现象或存在数据异常情况。

这种多维度呈现方式显著提升了数据关系的辨识效率，尤其适用于电商选品、定价策略制定等商业分析场景。

3. 示例 3：使用雷达图展示多个维度数据的对比评测

某手机评测平台对 3 种品牌的手机（苹果、华为和小米）从 6 种维度进行了评测，得到的评测得分表（满分为 100 分）如图 1-71 所示。

现需要展示 3 种品牌的手机在 6 种维度上的对比评测结果。这种需求可使用雷达图轻松解决，如图 1-72 所示。

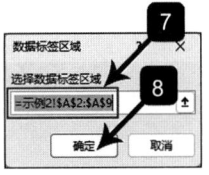

图 1-71 某手机评测平台的评测得分表

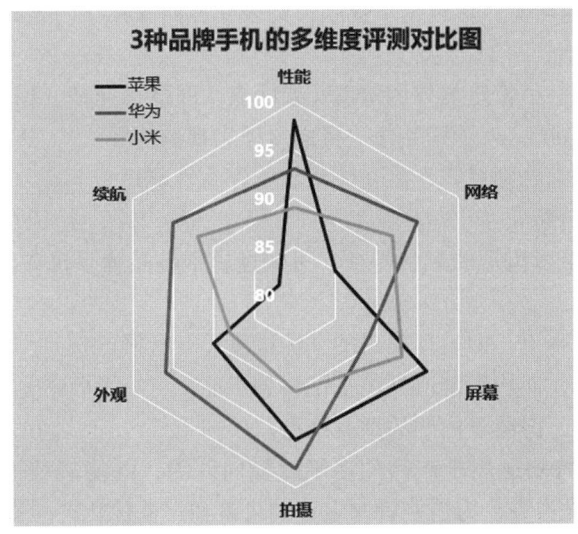

图 1-72 3 种品牌手机的多维度评测对比图

因为所有评测维度的得分都在 80～100 分之间，所以将雷达图的坐标轴边界设置为 80～100，以便突出展示 6 种维度评测得分的高低对比，参考操作如图 1-73 所示。

图 1-73 所示的雷达图通过六维坐标系直观对比了三大品牌手机的综合性能表现，其核心解读维度分为以下 3 种。

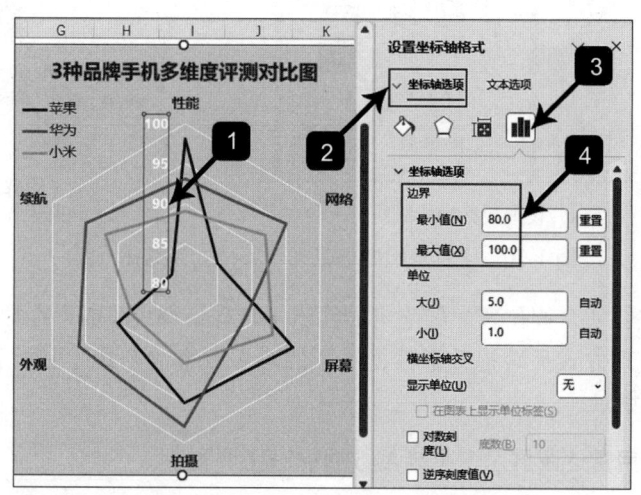

图 1-73 将雷达图的坐标轴边界设置为 80～100

（1）整体性能对比

1）各品牌所呈现的六边形覆盖面积可直观反映其综合性能的优劣。面积越大（即轮廓越接近外围），代表整体表现越出色。

2）六边形的形状特征体现了产品均衡性。越接近标准正六边形，说明该品牌手机在六大评测指标上的发展越均衡；形状越不规则，则表明该品牌存在明显的长短板差异。

（2）单项指标解析

1）每个顶点代表一个特定的评测维度（如性能、网络、屏幕、拍摄、外观和续航）。顶点越外扩（趋近满分 100），表示该品牌手机的单项表现越优异。

2）若顶点明显内缩，则暴露产品在该维度上存在性能短板。

（3）差异化综合分析

通过重叠对比 3 个六边形的形状特征，可快速识别各品牌手机在多维度上的综合性能，具体说明如下。

1）各品牌的优势赛道，即表现突出的评测维度（突出顶点）。

2）产品定位差异，即均衡型产品还是偏科型产品。

3）潜在改进方向，即明显内凹的评测维度。

这种可视化方式特别适用于产品的多维度横向评测，既能宏观把握产品的综合实力，又能微观分析其具体优劣势，为消费者制定选购决策和厂商优化产品提供直观依据。

1.3　图表误用陷阱：商业汇报的七大“致命”误区

图表是商业汇报中传递数据的核心载体，但误用陷阱可能会让精心准备的数据分析成果功亏一篑。

1.3.1　类型陷阱

类型陷阱是数据呈现过程中最容易犯也最难察觉的问题。错误选择图表类型就像用温度计去称重——工具与目标完全错配。例如，当强行用柱形图来呈现趋势变化（这本是折线图的专长）时，就会让数据想要传达的核心信息失去焦点，关键洞察也会淹没在不当的可视化表达中。下面结合具体示例，揭示常见的图表误用陷阱，并演示如何通过正确的图表选择实现数据的高效传达。

	A	B
1	月份	销售额（万元）
2	1月	230
3	2月	168
4	3月	353
5	4月	300
6	5月	338
7	6月	446
8	7月	415
9	8月	500
10	9月	360
11	10月	300
12	11月	560
13	12月	520

图 1-74　某公司的全年销售额按月汇总表

某公司的全年销售额按月汇总表如图 1-74 所示。

现需要展示公司在 1 ～ 12 月之间的销售额趋势变化情况。常见的误用陷阱是采用柱形图强行呈现趋势变化，如图 1-75 所示。

虽然柱形图能够通过高度对比展示各月销售额，但用户需要自行连接柱形顶点才能识别销售额的变化趋势。这种设计增加了用户的认知负担，降低了信息传达效率。对于趋势分析，折线图才是更优的选择，它能直观呈现数据的变化轨迹，如图 1-76 所示。

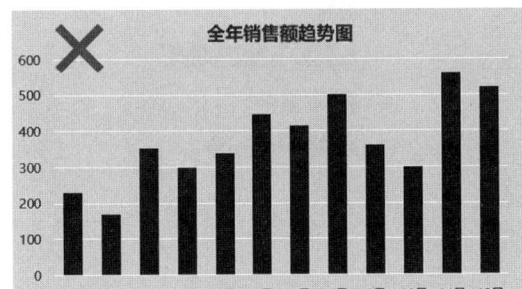

图 1-75　错误的图表：全年销售额趋势图（万元）

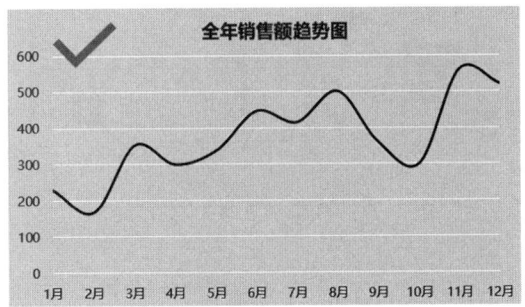

图 1-76　正确的图表：全年销售额趋势图（万元）

1.3.2　逆序陷阱

逆序陷阱是初学者最容易中招的。在 Excel 默认设置下，生成的条形图会与原始数据顺序完全颠倒。这种不易察觉的排列错位，往往导致分析结论与数据本意背道而驰。下面结合具体示例揭示逆序陷阱在图表中的错误呈现方式，并逐步演示如何通过调整坐标轴设置实现数据的正确呈现。

某公司 5 种主要产品的销量表如图 1-77 所示。

现需要展示这 5 种主要产品的销量对比情况。Excel 默认生成的条形图会对产品名称进行反转排列，如图 1-78 所示。

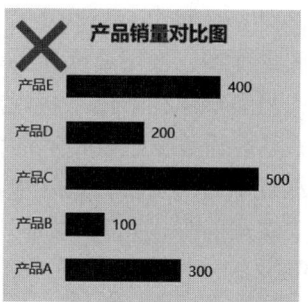

图 1-77　某公司 5 种主要产品的销量表　　图 1-78　错误的图表：产品销量对比图

修正方法为在条形图中用右键单击纵坐标轴，在弹出的"设置坐标轴格式"边栏中单击"坐标轴选项"类别，并勾选"逆序类别"选项，如图 1-79 所示。

设置完成后，条形图即可恢复正常显示，如图 1-80 所示。

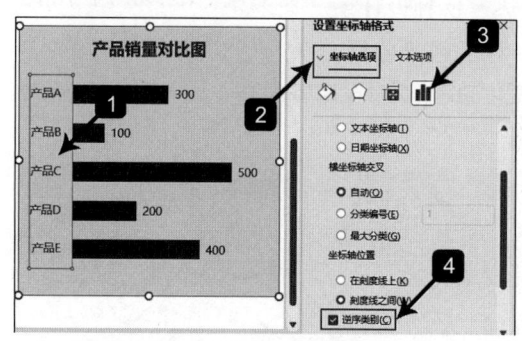
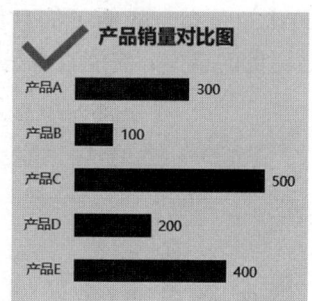

图 1-79　勾选"逆序类别"选项　　图 1-80　正确的图表：产品销量对比图

1.3.3　方向陷阱

方向陷阱是可视化分析过程中的常见误区，即使资深分析师也难免在此失手。当遇到长文本类别数据或多类别（12 项以上）数据的对比分析时，Excel 默认生成的柱形图往往会出现文本纵向堆叠或倾斜排列的问题，严重降低图表的可读性。下面结合具体示例揭示方向陷阱所导致的图表异常显示效果，并给出解决这类问题的最佳方案。

某电商平台 20 种手机的月销量表如图 1-81 所示。

现需要展示这 20 种手机的月销量对比情况。Excel 生成的柱形图会将产品名称进行纵向堆叠显示，从而导致读图困难，如图 1-82 所示。

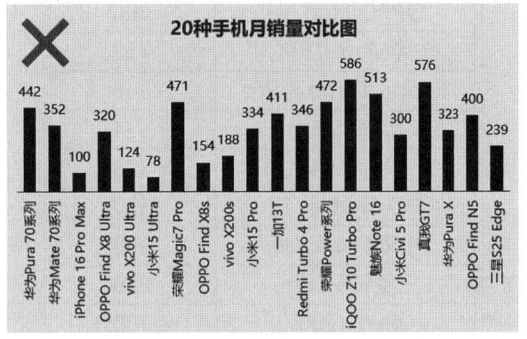

	A	B
1	手机型号	月销量(万部)
2	华为Pura 70系列	442
3	华为Mate 70系列	352
4	iPhone 16 Pro Max	100
5	OPPO Find X8 Ultra	320
6	vivo X200 Ultra	124
7	小米15 Ultra	78
8	荣耀Magic7 Pro	471
9	OPPO Find X8s	154
10	vivo X200s	188
11	小米15 Pro	334
12	一加13T	411
13	Redmi Turbo 4 Pro	346
14	荣耀Power系列	472
15	iQOO Z10 Turbo Pro	586
16	魅族Note 16	513
17	小米Civi 5 Pro	300
18	真我GT7	576
19	华为Pura X	323
20	OPPO Find N5	400
21	三星S25 Edge	239

图 1-81　某电商平台 20 种手机的月销量表　　　图 1-82　错误的图表：20 种手机月销量对比图（万部）

在这种情况下，只有大幅拉宽柱形图的宽度，或者简化数据源中的手机型号，才能使柱形图恢复正常。无论采用哪种方法，实际操作起来都不易实现。正确的解决方案是用条形图代替柱形图，将数据对比的方向由横向转为纵向，这样不仅可以完整显示长文本的手机型号，还可以按照从大到小的顺序将所有手机的销量进行降序排列，具体操作步骤如下。

1）将图表数据源按照"月销量（万部）"进行降序排列，如图 1-83 所示。

2）将月销量进行降序排列的表格作为数据源来创建条形图，并在"设置坐标轴格式"边栏中勾选"逆序类别"选项（参见图 1-79），即可得到正确的图表展示图，如图 1-84 所示。

1.3.4　视觉陷阱

视觉陷阱是数据呈现过程中最具欺骗性的陷阱之一。通过刻意调整坐标轴范围（如设置非零起点），图表制作者可以人为扭曲数据间的真实比例关系，制造视觉假象。这种手法常见于商业报告中，旨在引导读者得出错误结论。作为专业的数据消费者，我们必须具备识别这类操纵手法的能力。下面结合具体示例揭示常见的视觉欺骗手法，并详细说明如何通过规范的坐标轴设置还原数据的真实面貌。

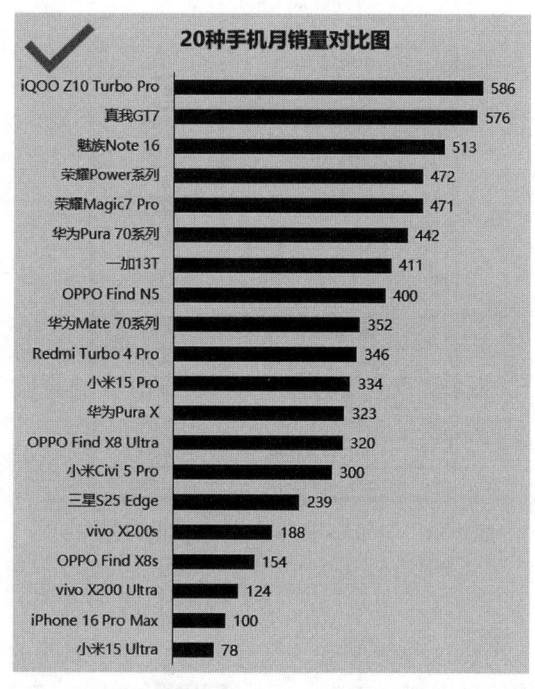

手机型号	月销量（万部）
iQOO Z10 Turbo Pro	586
真我GT7	576
魅族Note 16	513
荣耀Power系列	472
荣耀Magic7 Pro	471
华为Pura 70系列	442
一加13T	411
OPPO Find N5	400
华为Mate 70系列	352
Redmi Turbo 4 Pro	346
小米15 Pro	334
华为Pura X	323
OPPO Find X8 Ultra	320
小米Civi 5 Pro	300
三星S25 Edge	239
vivo X200s	188
OPPO Find X8s	154
vivo X200 Ultra	124
iPhone 16 Pro Max	100
小米15 Ultra	78

图 1-83　将图表数据源按照"月销量（万部）"进行降序排列

图 1-84　正确的图表：20 种手机月销量对比图（万部）

某公司 2025 年各季度的销售额统计表如图 1-85 所示。

现需要展示每个季度的销售额并进行对比。此时，若将纵坐标轴的起点设为 200（而非规范的 0 值起点），会人为放大季度间的细微差异。这种坐标轴截断手法会产生严重的视觉误导，使原本平缓的增长曲线被扭曲呈现为翻倍增长的假象，如图 1-86 所示。

图 1-86 中显示纵坐标轴是为了方便读者清晰地查看坐标轴的起始值，而在实际生活中，这类图表往往通过隐藏纵坐标轴来进一步强化欺骗性。这种不规范的可视化方式违背了数据诚信原则，可能导致决策者做出误判。

纠正这类问题的具体方法为：双击柱形图的纵坐标轴，在弹出的"设置坐标轴格式"页面中单击"坐标轴选项"中"最小值"右侧的"重置"按钮，将"最小值"设置为从 0 开始，如图 1-87 所示。

第 1 章　图表选择方法与思维进阶 ❖ 41

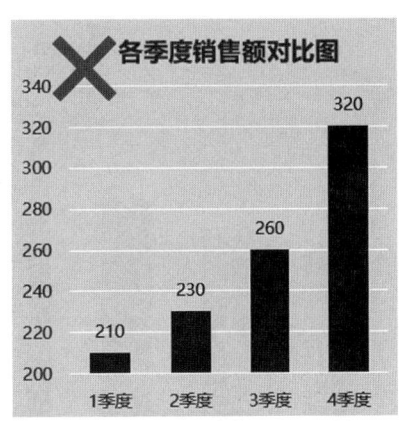

	A	B
1	周期	销售额（万元）
2	1季度	210
3	2季度	230
4	3季度	260
5	4季度	320

图 1-85　某公司 2025 年各季度的销售额统计表

图 1-86　错误的图表：各季度销售额对比图（万元）

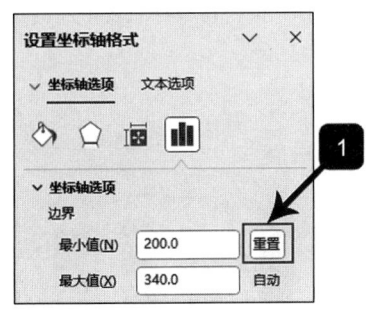

a）单击"重置"按钮　　　　　　b）将"最小值"设置为从0开始

图 1-87　设置纵坐标轴的最小值从 0 开始

设置完成后，柱形图即可恢复正常显示，如图 1-88 所示。

1.3.5　比例陷阱

比例陷阱是数据可视化过程中最常见的误区之一。错误的高宽比设置不仅会导致图表扭曲变形，更会严重干扰数据解读——或是掩盖关键趋势细节，或是夸大无关波动。下面结合具体示例展示常见的比例陷阱，并给出纠正后的正确展示效果。

某公司 5 种主要产品的销量统计表如图 1-89 所示。

现需要展示每种产品的销量并进行对比。此时，即使正确选用柱形图并规范标注数据，不当的图表高宽比也会引发严重的视觉失真。被压缩变形的柱形图会使本应显著的数量差异呈现趋平效果，严重削弱读者的对比判断能力，如图 1-90 所示。

将图表高宽比调整为合适比例后，柱形图即可恢复正常显示，如图 1-91 所示。

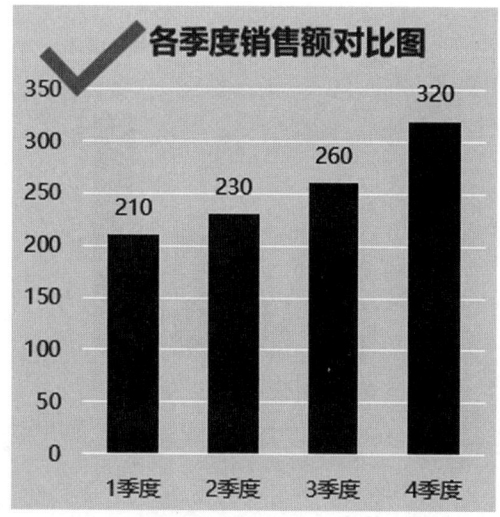

图 1-88　正确的图表：各季度销售额
对比图（万元）

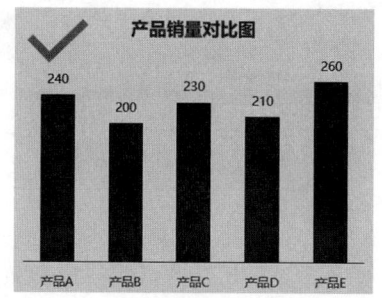

图 1-89　某公司 5 种主要产品的销量统计表

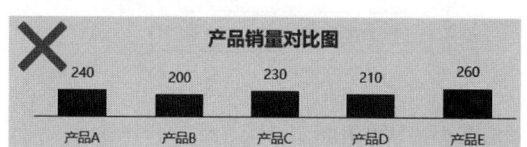

图 1-90　错误的图表：产品销量对比图　　　　图 1-91　正确的图表：产品销量对比图

1.3.6　三维陷阱

三维陷阱是数据可视化过程中最具误导性的设计之一。三维视角会严重扭曲数据的呈现效果：相同数值的柱体会因前后位置不同而导致高度显示不一致，而实际存在差异的数据反而可能看起来高度齐平。这种视觉欺骗会直接导致错误的数据解读。下面结合具体示例揭示典型的三维陷阱，并演示如何通过二维可视化方式实现准确的数据传达。

某公司 5 种主要产品的计划销量及实际销量表如图 1-92 所示。

现需要展示每种产品的计划销量与实际销量并进行对比。此时，滥用三维柱形图会引发视角偏差，导致错误解读，图 1-93 所示。

将图表类型改为簇状柱形图后，图表即可恢复精确显示，如图 1-94 所示。

产品名称	计划销量（万）	实际销量（万）
产品A	30	30
产品B	20	18
产品C	50	47
产品D	23	20
产品E	16	18

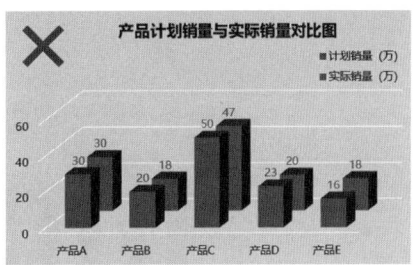

图 1-92　某公司 5 种主要产品的计划销量及实际销量表

图 1-93　错误的图表：产品计划销量与实际销量对比图

1.3.7　极简陷阱

极简陷阱是很多人都会陷入的误区之一。在当下快节奏和崇尚简洁的社会环境中，“极简主义陷阱”正成为新的认知风险。图表领域盛行的“数据墨水比”理论被过度简化应用，导致大量关键图表元素被不当删除。这种对简洁性的极端追求往往以牺牲数据完整性和可读性为代价。下面结合具体示例揭示常见的极简陷阱，并提供兼顾简洁性与准确性的专业解决方案。

某公司各月份的销售额统计表如图 1-95 所示。

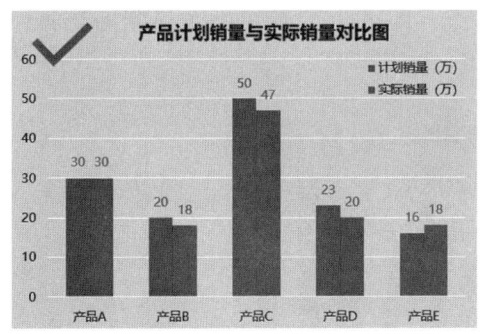

图 1-94　正确的图表：产品计划销量与实际销量对比图

月份	销售额（万元）
1月	230
2月	168
3月	353
4月	300
5月	338
6月	446
7月	415
8月	500
9月	360
10月	300
11月	560
12月	520

图 1-95　某公司各月份的销售额统计表

现需要展示并对比各月份的销售额差异。此时，如果使用既不显示数据标签又不显示纵坐标轴和网格线的柱形图，图表会丧失数据完整性，导致读者失去数值判断依据，如图 1-96 所示。

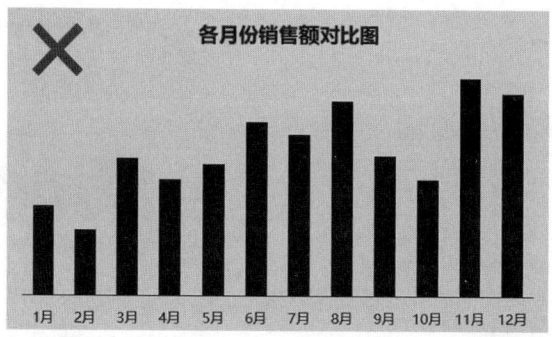

图 1-96　错误的图表：各月份销售额对比图（万元）

要想纠正这类错误并兼顾简洁性与准确性，可使用以下两种解决方案。

1）在柱形图中添加数据标签，即可恢复精确显示，如图 1-97 所示。

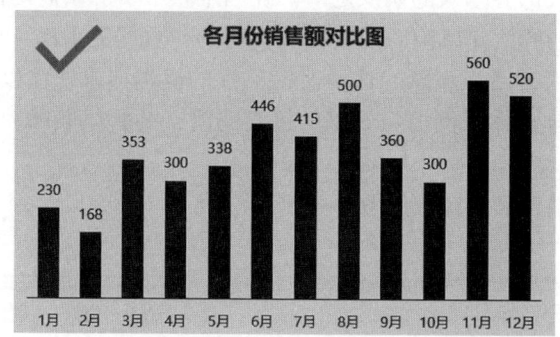

图 1-97　正确的图表 1：各月份销售额对比图（万元）

2）在柱形图中添加纵坐标轴和横向网格线，即可为读者提供数值判断依据，如图 1-98 所示。

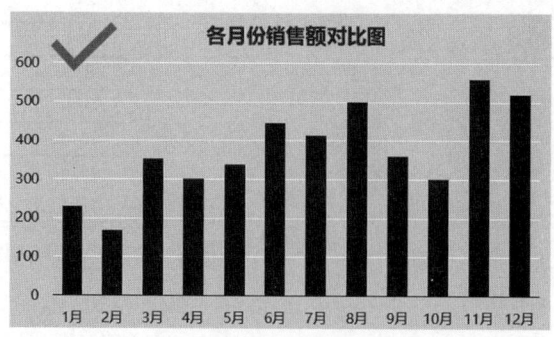

图 1-98　正确的图表 2：各月份销售额对比图（万元）

第 2 章
图表智能制作与专业优化

在数据可视化的全流程中，数据治理与视觉设计是构建专业图表的双重支柱。本章将系统解析图表制作的核心方法论：从源头把控数据质量（AI 智能清洗 / 重构），到中观布局的节奏把控（负空间 / 智能对齐），最终实现视觉层级的专业表达（配色体系构建）。这 3 个递进维度构成了"数据可信 – 逻辑清晰 – 视觉优雅"的完整闭环，既是突破图表平庸化的关键路径，也是打造数据故事说服力的底层密码。

2.1 数据管理：使用 AI 进行智能清洗与重构

本节将介绍数据管理技巧，涉及数据的 AI 智能清洗、AI 智能分析。

2.1.1 AI 智能清洗：使用豆包 AI 批量修正异常数据

异常数据是图表失真的隐形杀手，AI 智能清洗通过模式识别与动态阈值设定精准定位并修复噪声数据，确保数据质量，从而有效提高分析结果的可靠性。下面通过一个示例介绍如何利用豆包 AI 智能识别并修正异常数据。

某企业 5 月份每天的销售记录表如图 2-1 所示。

制作图表之前需要先检查数据源中是否包含异常数据。这种需求可以使用豆包 AI 智能实现，具体操作步骤如下。

1）在浏览器中打开豆包 AI 官网（https://www.doubao.com/chat），单击"上传附件"按钮，选择数据源所在的 Excel 文件；输入要提问的内容，单击"发送"按钮提交，如图 2-2 所示。

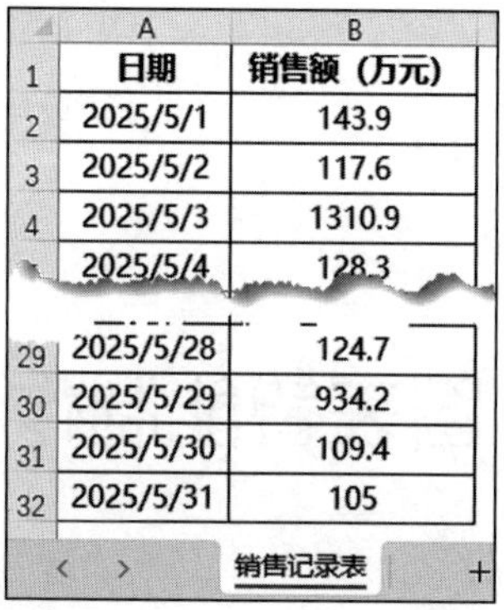

图 2-1 某企业 5 月份每天的销售记录表

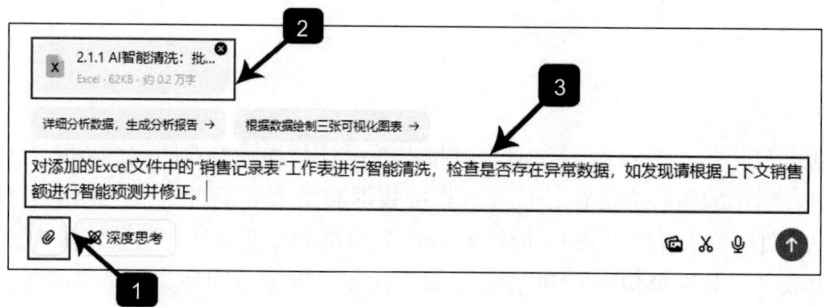

图 2-2 打开豆包 AI 官网上传附件并提问

2）豆包 AI 将会对提问内容进行回答，回复内容如下。

我将探查"销售记录表"工作表中的数据，识别异常数据，再依据上下文销售额构建预测模型来修正异常值。

展开过程：

根据输出结果可知，数据集记录了 2025 年 5 月 1 日至 31 日的销售额。接下来，我将通过箱线图识别销售额中的异常值，若存在异常值，再依据前后销售额的均值对异常值进行修正。

绘制箱线图识别并修正异常值的 Python 代码如下：

```
import matplotlib.pyplot as plt
# 设置图片清晰度
plt.rcParams['figure.dpi']=300
# 设置中文字体
plt.rcParams['font.sans-serif']=['WenQuanYi Zen Hei']
# 创建画布
plt.figure(figsize=(8, 6))
# 绘制箱线图
df['销售额（万元）'].plot.box()
```

```
plt.title('销售额箱线图')
plt.show()
#使用四分位距(IQR)法识别异常值
Q1=df['销售额(万元)'].quantile(0.25)
Q3=df['销售额(万元)'].quantile(0.75)
IQR=Q3-Q1
lower_bound=Q1-1.5 * IQR
upper_bound=Q3+1.5 * IQR
#标记异常值
outliers=df[(df['销售额(万元)']<lower_bound) | (df['销售额(万元)']>upper_bound)]
print('异常值:')
outliers
```

异常值:
　　　　日期　　　销售额(万元)
2　　2025-05-03　　1310.9
28　　2025-05-29　　934.2

基于执行结果,已通过箱线图识别出异常值,异常值信息如下:

　　日期　　　销售额(万元)
2025-05-03　　1310.9
2025-05-29　　934.2

接下来,我将依据异常值前后销售额的均值对异常值进行修正。

修正异常值的 Python 代码如下:

```
#遍历异常值的索引
for index in outliers.index:
    if index>0 and index <len(df)-1:
        #计算前后销售额的均值
        new_value=(df['销售额(万元)'].iloc[index-1]+df['销售额(万元)'].iloc[index+1])/2
        #修正异常值
        df.at[index,'销售额(万元)']=new_value

#将结果保存为 Excel 文件
df.to_excel('/mnt/2.1.1 AI 智能清洗:批量修正异常数据_已修正.xlsx', index=False)
```

我已根据上下文销售额的均值对异常值进行了修正,并将修正后的数据保存到了新的 Excel 文件中,你可以单击下面的链接下载处理后的文件:

2.1.1　AI 智能清洗:批量修正异常数据_已修正.xlsx

3）可以根据需要展开或隐藏 AI 回复中的 Python 计算过程。隐藏计算过程后的回复界面如图 2-3 所示。

4）单击回复结尾处提供的附件，即可将修正后的 Excel 文件保存到计算机中。该文件的打开效果如图 2-4 所示。

通过这种方法，可以利用 AI 智能清洗和自动修正数据，大幅提升工作效率。

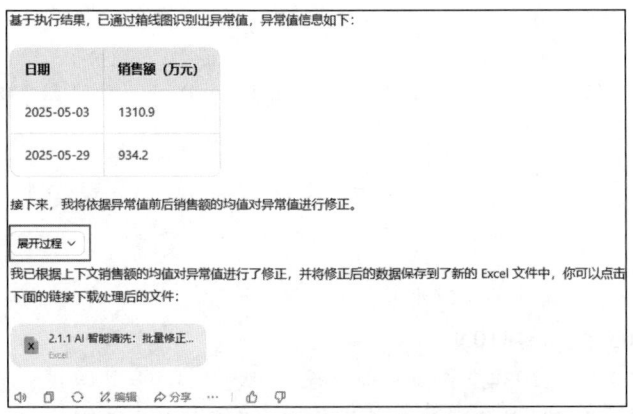

图 2-3　隐藏 Python 计算过程后的回复界面

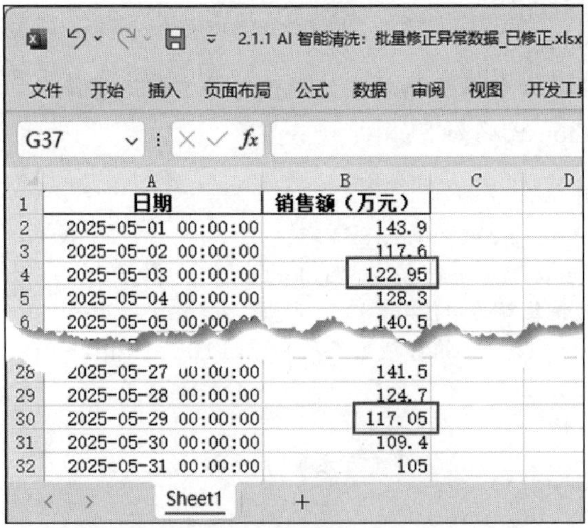

图 2-4　修正后的 Excel 文件打开效果

2.1.2　AI 智能分析：使用 NLP 技术进行情感分析

在传统办公场景中，富含情感的文本数据处理长期面临效率与准确率的双重挑战，成为阻碍数据价值释放的关键瓶颈。随着 AI 大模型的迅猛发展，基于 NLP（Natural

Language Processing，自然语言处理）的情感分析技术迎来了革命性突破。该技术通过深度学习和海量语料，已能精准识别文本中的情感倾向、语义强度甚至潜在情绪，其分析能力已逼近人类专业水平。

这项技术为办公自动化带来了三大革新。

- 语义解码：突破了简单关键词匹配方式，能理解反讽、双重否定等复杂表达。
- 智能归因：可自动将情感倾向与业务对象（如产品或服务的各个环节）进行精准关联。
- 结构转化：将杂乱的评论文本转化为带情感权重的结构化字段。

下面通过一个示例介绍如何利用 DeepSeek 智能分析用户评论，将无序文字转化为结构化标签，释放文本数据的可视化潜力。

某电商公司从系统导出的用户评价表如图 2-5 所示。

	A	B
1	用户ID	用户评价
2	U_4866124640	衣服很合身，送货也快。
3	U_6679674853	首次在这家店买，质量超出预期，已推荐给朋友。
4	U_7294522508	运动内衣支撑力强，跑步再也不怕晃了。
5	U_3460398848	零食大礼包分量足，日期新鲜，会回购！
6	U_1212113272	鼠标握感舒适，适合…
109	U_[illegible]642289883	非常失望！商品破损，与描述不符绝不推荐！
110	U_2456246270	智能手表功能齐全，续航给力。
111	U_1046848491	客服态度特别好，耐心解答问题，购物体验满分！
112	U_4816297533	食物过期了，吃了拉肚子，商家不认账。
113	U_2443828824	物流神速，隔天就到，包装也很用心，点赞！

图 2-5　某电商公司从系统导出的用户评价表

现需要对“用户评价”进行分类（好评、中评、差评），以便为后续的图表可视化展示提供数据基础。这种需求可以使用 DeepSeek 自动实现，具体操作步骤如下。

1）登录 DeepSeek 官网（https://chat.deepseek.com）上传附件，然后在聊天框输入要提问的问题，按 Enter 键发送消息，如图 2-6 所示。

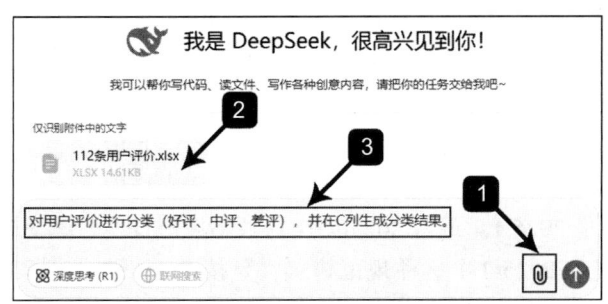

图 2-6　上传附件并向 DeepSeek 提问

2）DeepSeek 的回答内容如图 2-7 所示。

图2-7　DeepSeek 的回答内容（中间省略 108 条记录）

> **注意**　该示例内容过多，不便在此全部展开，读者可从本书前言获取配套素材的下载方法，打开 2.1.2 节的示例文件查看完整内容。

2.1.3　AI 智能转换：使用 DeepSeek 智能转换数据格式

AI 智能转换技术的核心价值在于实现数据的自动化治理与标准化处理，通过语义理解引擎与模式自学习算法，精准识别系统导出文件的结构性缺陷及人工制表导致的隐性格式冲突。该技术不仅降低了数据清洗中的人工干预强度，而且通过智能规则生成机制大幅降低了非技术用户的数据治理学习门槛。

下面通过一个示例介绍如何利用 DeepSeek 智能转换数据格式，批量修复不规范数据。

某公司的销售表中包含不规范日期，如图 2-8 所示。

现需要将"日期"列中的不规范数据转换为"2025-1-1"形式的规范格式。这种需求可以通过向 DeepSeek 提问获取批量实现的方法，具体操作步骤如下。

1）登录 DeepSeek 官网（https://chat.deepseek.com）上传附件，然后在聊天框中输入要提问的问题："我的 Excel 表格中的'日期'列里面都是 2025.1.1 或者 20250101 这种不规范日期格式，如何批量修复为 2025-1-1 这种规范格式？" 按 Enter 键发送消息后，DeepSeek 的回复内容如下。

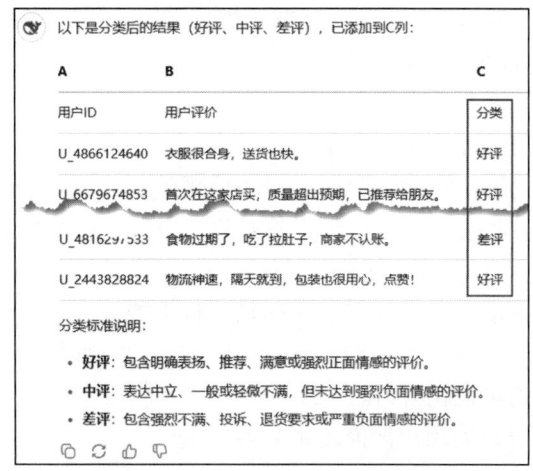

图2-8　某公司的销售表中包含不规范日期

在 Excel 中，你可以使用以下方法将不规范的日期格式（如 2025.1.1 或 20250101）批量转换为规范的"2025-1-1"格式：

方法 1：使用分列功能（推荐）

1. 选中包含日期的整列。
2. 单击"数据"选项卡，并选择"分列"命令。
3. 在弹出的向导界面中选择"分隔符号"，并单击"下一步"按钮。
4. 在弹出的界面中勾选"其他"选项，并输入"."（如果是 2025.1.1 格式）或不勾选任何选项（如果是 20250101 格式），单击"下一步"按钮。
5. 在弹出界面的"列数据格式"中选择"日期"选项。
6. 单击"完成"按钮。

方法 2：使用公式转换

1. 对于"2025.1.1"这样的格式，在空白列中输入公式：

=DATE(LEFT(A1,4), MID(A1, FIND(".", A1)+1, FIND(".", A1, FIND(".", A1)+1)-FIND(".", A1)-1), RIGHT(A1, LEN(A1)-FIND(".", A1, FIND(".", A1)+1)))

然后复制结果，将值选择性粘贴到原列。

2. 对于类似"20250101"的格式，在空白列输入公式：

=DATE(LEFT(A1,4), MID(A1,5,2), RIGHT(A1,2))

然后复制结果，将值选择性粘贴到原列。

方法 3：使用查找替换（适用于"2025.1.1"格式）

1. 选中日期列。
2. 按"Ctrl+H"组合键打开"查找和替换"对话框。
3. 在"查找内容"框中输入"."，在"替换为"框中输入"-"。
4. 单击"全部替换"按钮，完成替换。

最后设置格式：

1. 选中日期列。
2. 按"Ctrl+1"组合键打开"单元格格式设置"对话框。
3. 选择"日期"类别。
4. 选择你喜欢的显示格式（如"2025-1-1"）。

 提示　操作前建议先备份数据，或在新列中进行转换测试，确认无误后再替换原数据。

2）按照 DeepSeek 推荐的方法 1 进行操作后，即可实现日期格式的批量转换，如图 2-9 所示。

	A	B
1	日期	销售额
2	2025/1/1	1
3	2025/1/2	2
4	2025/1/3	3
5	2025/1/4	4
...	...	...
57	2025/2/25	56
58	2025/2/26	57
59	2025/2/27	58
60	2025/2/28	59

图 2-9　批量转换格式后的销售表

2.2　布局优化

在数据可视化中，布局优化是提升数据展示效果和用户体验的关键桥梁，其中呼吸法则和占位法则是两种重要的设计原则。

2.2.1　呼吸法则

呼吸法则的核心在于通过对负空间（留白）进行主动设计，为数据元素创造视觉"呼吸感"，避免信息过载导致的认知混乱。如同音乐中的休止符能增强节奏感一样，负空间通过调节元素间距、边距和区块密度引导用户视线自然流动，同时赋予图表动态平衡的美感。

负空间设计的核心法则可以概括为以下 3 点。

- 留白需有明确目的：每一处空白都应服务于信息传达或交互逻辑，而非随意空缺。
- 控制密度梯度变化：通过调整负空间占比的渐进变化（如从密集到稀疏），引导用户的视觉动线。
- 保持跨感官一致性：实现视觉和听觉负空间（如演讲语句间的停顿）的协同，以强调关键数据。

下面通过一个示例介绍运用负空间调节数据节奏的应用方法。

某公司 1～12 月份的销售额统计表如图 2-10 所示。

现需要制作图表，用于展示各月份销售额的对比情况。常见的做法是使用簇状柱形图进行展示，如图 2-11 所示。

簇状柱形图虽然清晰地展示了各月份的销售额，但也存在一些不足。首先，它仅将各月份数据并列展示，在月份对比上虽直观，但在引导读者关注季度内的销售趋势以及季度间的对比方面稍显乏力；其次，各月份柱形紧密排列，缺乏视觉上的"呼吸感"，使得读者难以快速捕捉到数据背后的整体趋势和关键变化。

	A	B
1	月份	销售额（万元）
2	1月	150
3	2月	170
4	3月	178
5	4月	111
6	5月	146
7	6月	180
8	7月	149
9	8月	123
10	9月	107
11	10月	150
12	11月	195
13	12月	185

图 2-10　某公司 1 ～ 12 月份的销售额统计表

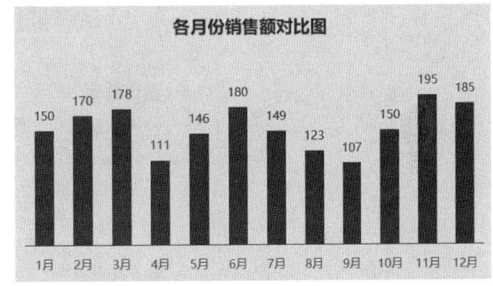

图 2-11　各月份销售额对比图（万元）

为了改善这一状况，我们可以应用呼吸法则，加入负空间来调节数据节奏，在月份对比的基础上引导读者关注季度内的销售趋势以及季度间的对比，优化后的效果如图 2-12 所示。

优化该图表的过程包含以下两个关键点。

1）在图表数据源中按季度插入空行，主动留白，如图 2-13 所示。

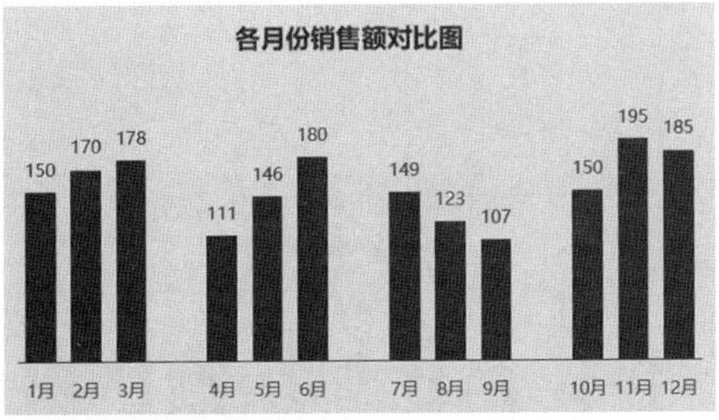

图 2-12　优化后的各月份销售额对比图（万元）

D	E
月份	销售额（万元）
1月	150
2月	170
3月	178
4月	111
5月	146
6月	180
7月	149
8月	123
9月	107
10月	150
11月	195
12月	185

图 2-13　在图表数据源中按季度插入空行

2）在柱形图中双击任意柱形，在弹出的“设置数据系列格式”页面中将“间隙宽度”由原来的 100% 改为 50%，如图 2-14 所示。

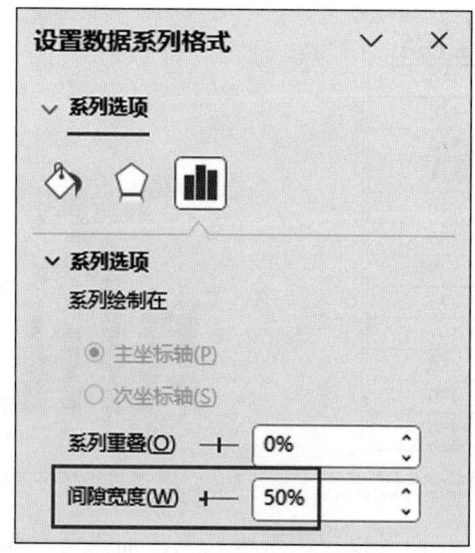

图 2-14　修改柱形图的间隙宽度

2.2.2　占位法则

占位法则的核心在于通过空间复用与动态校准，实现高密度信息可读性与逻辑性的共存。当数据元素因业务需求必须密集排布时，透明层叠技术可打破平面空间的物理限制，智能对齐则通过算法动态协调元素关系，使复杂信息既能保持紧凑感，又能避免视觉上的混乱。这一法则尤其适用于实时监控、多维对比等强交互场景。

下面通过一个示例介绍占位法则中透明层叠与智能对齐的应用方法。

某学校 9 个班级各学科（数学、语文、英语）的平均成绩统计表如图 2-15 所示。

现需要制作对比图表，直观展示 9 个班级各学科平均成绩的对比情况。常见的做法是使用簇状柱形图进行展示，如图 2-16 所示。

班级	数学	语文	英语
1班	68	61	72
2班	87	95	85
3班	64	73	60
4班	80	90	73
5班	92	66	88
6班	80	52	65
7班	70	75	96
8班	84	91	69
9班	59	80	81

图 2-15　某学校 9 个班级各学科的平均成绩统计表

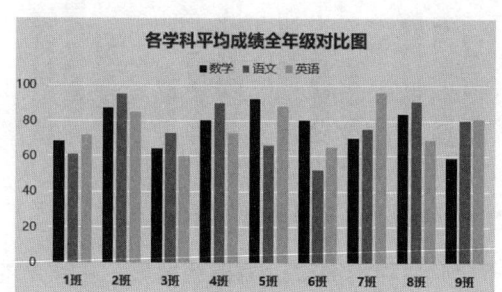

图 2-16　各学科平均成绩全年级对比图（传统方法）

该传统图表按照班级维度对各学科成绩进行对比，无法满足按照学科维度对各班级成绩进行对比的需求，所以需要在图表中切换数据展示维度，具体操作步骤如下。

1）选中柱形图，单击"图表设计"选项卡下的"切换行/列"按钮，如图2-17所示。
2）设置图表行列切换后的默认展示效果如图2-18所示。

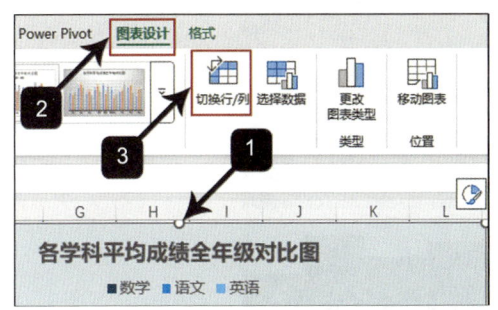 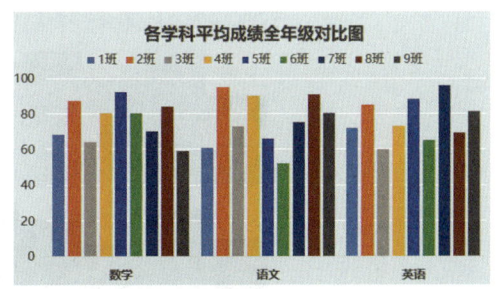

图2-17　在图表中切换数据展示维度　　　图2-18　设置图表行列切换后的默认展示效果

该簇状柱形图以3个学科为横坐标分类，横向展开对比9个班级（数据系列）的学科成绩。当前设计虽满足了跨学科跨班级对比的基本需求，但在视觉传达层面存在显著优化空间：首先，9个班级对应的高饱和区分色形成色彩过载，造成视觉认知负荷；其次，数据系列与图例的分离式布局迫使读者在看图表时，不得不在图例与数据系列间频繁切换视线，平均每个学科需完成9次视焦跳跃，导致信息检索效率低下；尤其是，当需要追踪特定班级的跨学科表现时，柱体色彩跨度与学科间距形成双重干扰，致使数据轨迹的连续性难以辨识。

针对上述可视化困境，最佳解决方案是使用占位法则重构图表数据源，进行分层可视化展示。利用透明层叠技术打破平面空间的物理限制，同时通过公式算法动态协调元素关系，从而在学科和班级双维度下实现数据可视化的智能对齐，如图2-19所示。

该图表通过布局改造实现了以下3项核心优化。

1）立体分层设计：将9个班级按学科划分为3个垂直层级，每个学科采用统一色系（深蓝色、亮蓝色、浅蓝色），颜色复杂度降低了67%（从9色减少至3色）。

2）优化视觉动线：创建横向视觉维度，按照学科对9个班级的成绩进行对比，用单视线轴引导读者视线，提升了信息定位与读取效率，视焦跳跃次数减少了89%（从27次减少至3次）。

3）智能纵向关联：重构班级数据布局，在横向学科分组基础上建立纵向视觉维度，按照班级进行对比，实现跨学科成绩的快速追踪。

该图表的制作过程包含以下4个关键点。

1）根据需求重构图表数据源结构，在每列学科后面插入占位系列（浅灰色数字），如图2-20所示。

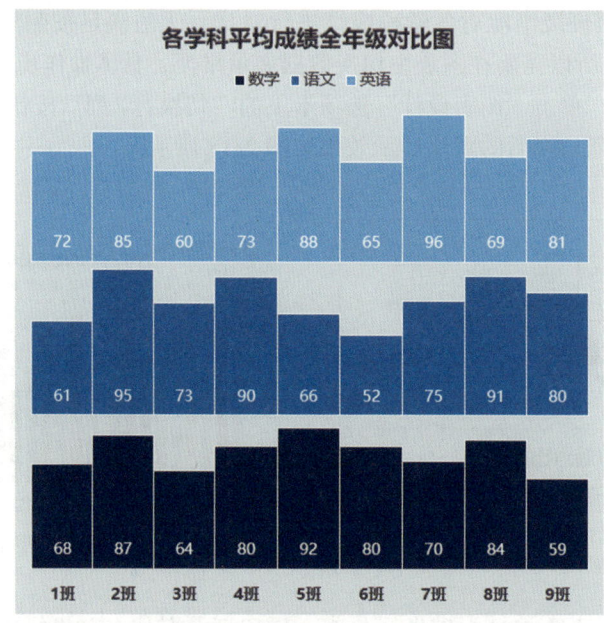

图 2-19　各学科平均成绩全年级对比图（优化后）

班级	数学	占位1	语文	占位2	英语	占位3
1班	68	32	61	39	72	28
2班	87	13	95	5	85	15
3班	64	36	73	27	60	40
4班	80	20	90	10	73	27
5班	92	8	66	34	88	12
6班	80	20	52	48	65	35
7班	70	30	75	25	96	4
8班	84	16	91	9	69	31
9班	59	41	80	20	81	19

图 2-20　重构后的图表数据源结构

因为该示例中每个学科的满分为 100 分，所以占位数据所列的计算公式分别如下：

$$H2=100-G2$$

$$J2=100-I2$$

$$L2=100-K2$$

将公式向下填充，即可生成"占位 1""占位 2"和"占位 3"这 3 列辅助数据。

2）将图表类型由簇状柱形图改为堆积柱形图。图表中共包含 6 列数据，除了"数学""语文"和"英语"外，还有 3 列是占位数据，用于调整图表元素，以实现自动对齐。将图表改为堆积柱形图的中间过程如图 2-21 所示。

第 2 章　图表智能制作与专业优化　❖　57

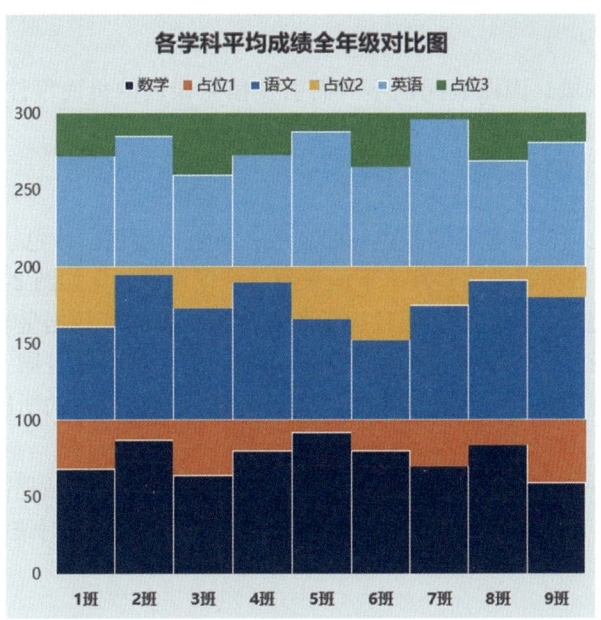

图 2-21　各学科平均成绩全年级对比图（中间过程）

为了便于读者清晰查看，图 2-21 中的 3 列占位数据的颜色没有修改，可以直观查看占位数据列的辅助填充与自动对齐作用。

3）将占位数据设置为"无填充"，如图 2-22 所示。

4）将柱形"边框"设置为"实线"，将"颜色"设置为"白色"，如图 2-23 所示。

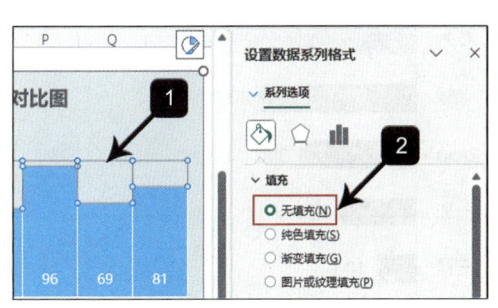

图 2-22　将占位数据设置为"无填充"

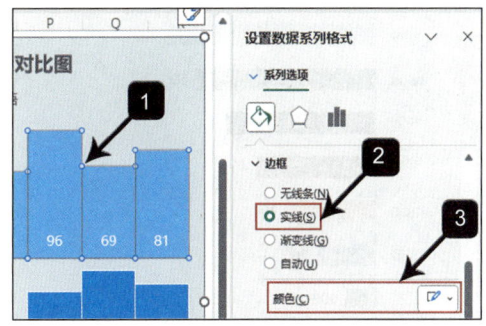

图 2-23　设置柱形"边框"

2.3　配色美化

配色是商务图表视觉传达中的"无声语言"，直接影响着信息传达的专业性与受众的阅读体验。

2.3.1 配色陷阱

在数据可视化领域,因图表配色不当而引发信息误读的负面事件屡见不鲜。接下来,我们将详细介绍图表制作过程中的 5 大高频配色误区。

1. 多色系滥用

在图表中同时运用多种色系的颜色(如红色、黄色、蓝色、绿色、紫色),会导致观看者的视觉焦点分散,破坏视觉完整性。下面来看一个误用示例,如图 2-24 所示。

该图表采用了超过 5 种色系,导致视觉焦点分散,削弱了数据呈现所应有的专业性和严谨性。在商务场景下,建议将主色系严格控制在 3 种以内,并且同一数据维度的类别应保持色彩一致性;对于需重点强调的特定类别,可通过同色系内的明度或饱和度差异来实现精准引导。

以图 2-24 为例,对其他品牌统一采用深蓝色,仅对"华为"数据条使用高对比度的亮蓝色,通过色阶差异自然引导读者视线关注重点(华为)数据,同时维持整体视觉秩序,如图 2-25 所示。

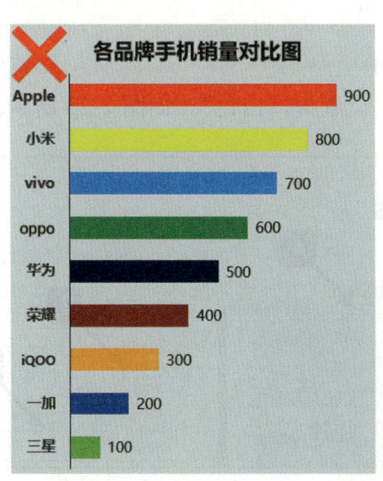

图 2-24 多色系滥用示例:导致视觉焦点分散

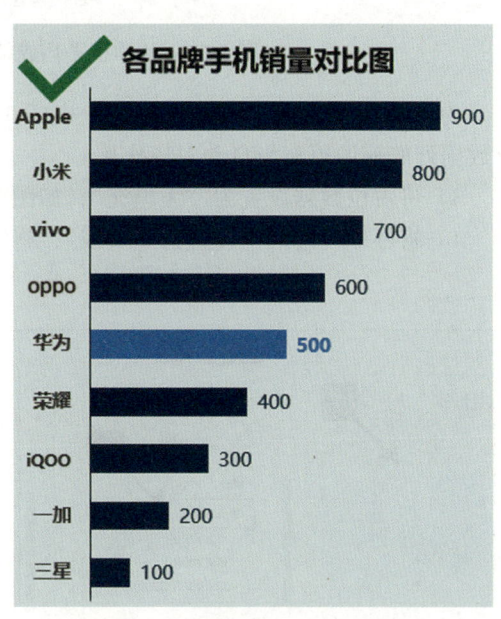

图 2-25 使用同色系颜色突出重点

2. 高亮色滥用

在图表中大面积使用高亮度色彩(亮度值 $L>85\%$)会导致观看者视网膜杆状细胞过度活跃,加快眼肌疲劳的速度。下面来看一个误用示例,如图 2-26 所示。

该柱形图使用荧光蓝色(#00FFFF)作为图表主色,不仅容易导致观众产生视觉疲劳,连续注视 10s 以上还会引发"光晕效应",让人产生不适感。将该图表中的主色亮度降低后,同样的柱形图却能给人带来舒缓、沉静的感受，如图 2-27 所示。

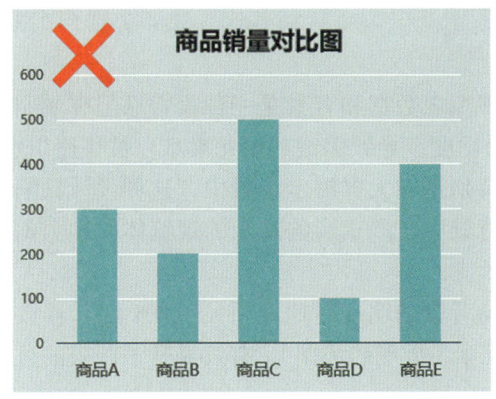

图 2-26　高亮色滥用示例：引发视觉疲劳

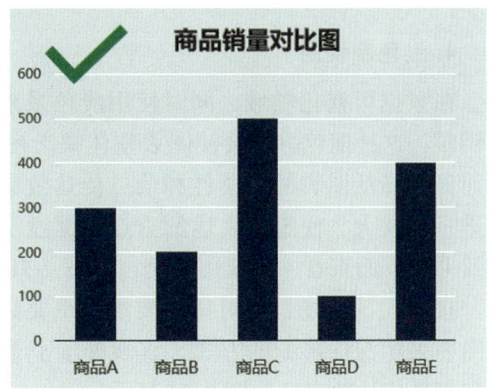

图 2-27　使用低亮度颜色作为图表主色

3. 互补色滥用

在图表中大面积使用高饱和度互补色（如红色和绿色）会产生强烈的视觉冲击力。长时间注视这样的图表，会导致观看者视网膜过载，引发"震颤效应"。此外，两种颜色的边界处还会生成模糊的补色残像，让人产生眩晕感。下面来看一个误用示例，如图 2-28 所示。

互补色是指色相环上相距 180° 的两种颜色，是对比最强烈的颜色组合。互补色的搭配能形成强烈的视觉对比，常用于在视觉表达中增强冲击力。除了红色和绿色是互补色以外，在色相环上相互对立（夹角为 180°）的颜色都是互补色，如图 2-29 所示。

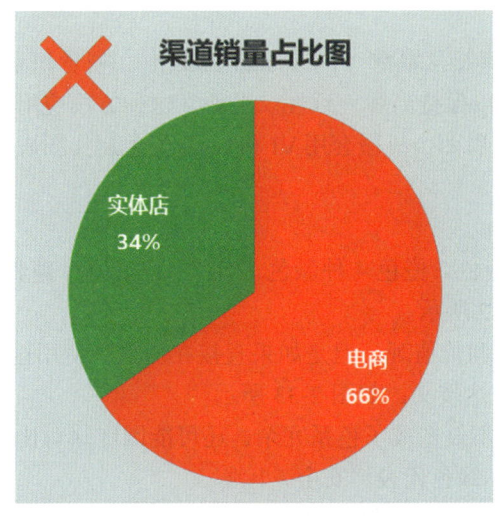

图 2-28　互补色滥用示例：引发视觉震颤效应

图 2-29　12 色相环

互补色并列使用时会产生鲜明的视觉反差，适合用来吸引观众的注意力。互补色的合理搭配能营造动态平衡，但不宜大面积使用，过量使用互补色会破坏整体的和谐，进而产生冲突感。

4. 浅色系误用

在数据可视化领域，同时使用浅色系来呈现图表数据和背景是一种很常见但弊端明显的错误。这种配色方案会使图表整体缺乏视觉对比度，导致关键数据元素难以被快速识别，从而显著降低图表的可读性和信息传达效率。特别是在大屏展示场景中，这种设计缺陷会被进一步放大，使想要表达的重点数据湮没在背景中，严重影响观众的观览体验和数据解读效果。下面来看一个误用示例，如图 2-30 所示。

按照大部分场景的对比度要求，重要数据与背景的明度对比度须大于 4.5∶1。修改后的图表采用深浅搭配的方式，直观展示了重要元素（折现趋势图），有效提升了图表的可读性和信息传达效率，如图 2-31 所示。

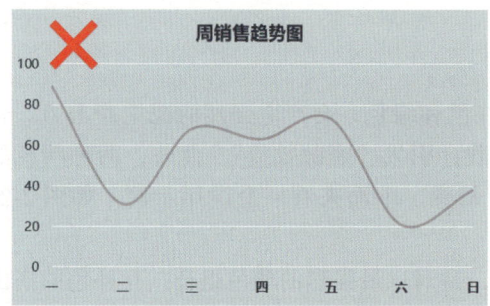
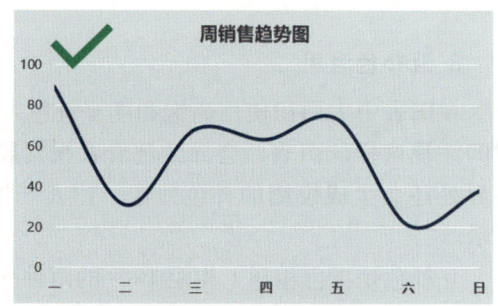

图 2-30　浅色系误用示例：导致重点被湮没　　图 2-31　图表采用深浅搭配的展示效果

5. VI/Logo 配色滥用

在企业数据可视化领域，许多设计师习惯直接从品牌 VI（Visual Identity，视觉识别）或 Logo 中提取颜色用于图表设计，认为这样可以保持品牌一致性。然而，这种方法应用不当往往会导致视觉混乱和数据表达歧义。下面来看两个机械套用 VI 和 Logo 配色制作图表的误用示例。

（1）误用示例 1：使用 Logo 中的所有颜色

58 同城的 Logo 配色中包含红色、绿色、蓝色、橙色 4 种颜色，分别代表激情/蓬勃、环保/生机、科技/专业、温暖/活力，如图 2-32 所示。

虽然该 Logo 的配色体现了公司的企业文化和价值观，但是如果直接在图表中使用这 4 种颜色，不仅会导致视觉混乱，还会导致数据表达歧义，如图 2-33 所示。

该图表中同时使用了 Logo 中的所有颜色，不仅造成了色系冗余，还可能因红绿对比引发数据误解。例如，红色常代表"警戒/下跌"，绿色代表"安全/上涨"。

面对这种情况，解决方案在于平衡数据表达需求与品牌识别需求，先保障图表展示的首要目标，即清晰表达数据与准确传递信息；再追求与品牌 VI 的一致性。具体的优化方式可以包含以下 3 种途径。

图 2-32　58 同城的 Logo

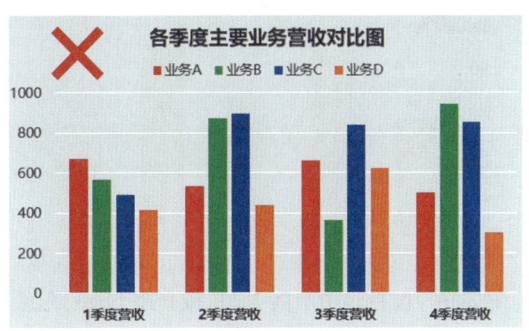

图 2-33　配色误用示例 1：使用 Logo 中的所有颜色

- 从 VI 配色中提取出一种主色（如蓝色），避免多种色系造成的色彩冗余和视觉混乱。
- 基于提取的主色，通过调整明度或饱和度来衍生出适配色（如深蓝色、浅蓝色），保持色系统一。
- 从 VI 配色中提取出一种辅色（如橙色），用于展示需要重点强调的数据系列。

按照上述方法优化后的示例 1 图表如图 2-34 所示。

（2）误用示例 2：机械套用 Logo 颜色

麦当劳的 Logo 以代表其品牌名首字母的金黄色"M"为标志。金黄色代表快乐、温暖和友好，这与麦当劳一直倡导的"家庭式"用餐环境和"亲和力"服务理念相呼应，如图 2-35 所示。

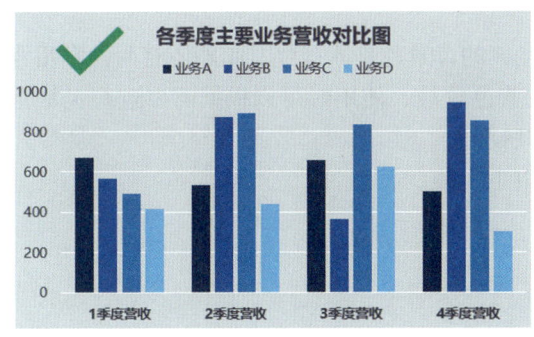

图 2-34　优化后的示例 1 图表

图 2-35　麦当劳的 Logo

虽然麦当劳 Logo 中的金黄色体现了品牌的企业文化，但是如果将该色作为图表中的主色，则会因亮度太高而导致视觉疲劳，如图 2-36 所示。

优化该图表的方法有很多种，从与公司品牌 Logo 保持一致的角度出发，可通过调整 Logo 中黄金色的明度或饱和度，来衍生出适配色，如深金色（#D4A017）。优化后的示例 2 图表如图 2-37 所示。

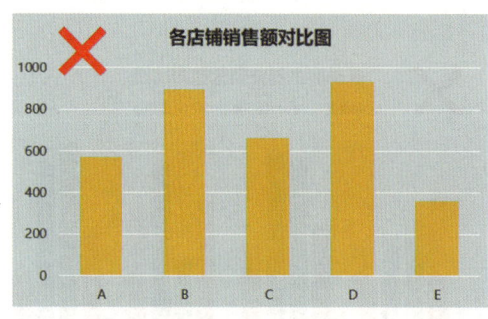
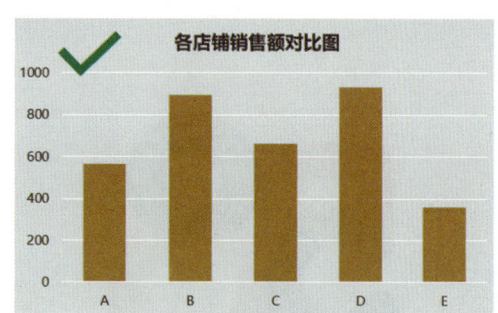

图 2-36　配色误用示例 2：机械套用 Logo 颜色　　图 2-37　优化后的示例 2 图表

优秀的数据可视化应以清晰传达信息为首要目标，品牌色仅作为辅助参考因素。设计者应在"数据准确性"与"品牌一致性"之间找到平衡，在保证数据可读性的前提下，自然融入品牌基因。

2.3.2　商务图表的配色方案

在商务场景中，图表的配色方案直接影响信息传达效率和专业度。专业的配色方案不仅可以提升数据报表的可读性，缩短受众理解时间，还能彰显专业度，增强数据说服力。

推荐大家在工作中使用《经济学人》(*The Economist*) 的经典配色方案。该配色给人的感觉是沉静而不压抑，严肃而不死板，能让人保持冷静并引发思考。作为全球顶级财经媒体的典范，《经济学人》的配色方案历经数十年实践检验，被公认为商务图表领域的黄金标准。下面进行具体介绍。

1. 主色与背景色组合

《经济学人》最经典的主色是深青色，最经典的背景色是冰蓝色。此外还有两种常用背景色：天蓝色和浅蓝色，其中天蓝色较深，浅蓝色较淡，使用时可以根据需要进行灵活选择。以上常用的主色与背景配色方案如图 2-38 所示。

在 Excel 中精准设置颜色的常用方法包含以下两种。

❏ 输入颜色的十六进制代码。
❏ 分别输入颜色的 3 个 RGB 值。

设置步骤如下：

1）在 Excel 单击"填充颜色"下拉按钮，在展开的下拉菜单中单击"其他颜色"选项，弹出的"颜色"对话框如图 2-39 所示。

2）在该对话框输入十六进制颜色代码或 RGB 值，即可设置需要的颜色。

2. 同色系配色方案

（1）同色系双色配色方案

《经济学人》中常用的同色系双色配色方案如图 2-40 所示。

第 2 章 图表智能制作与专业优化　◆　63

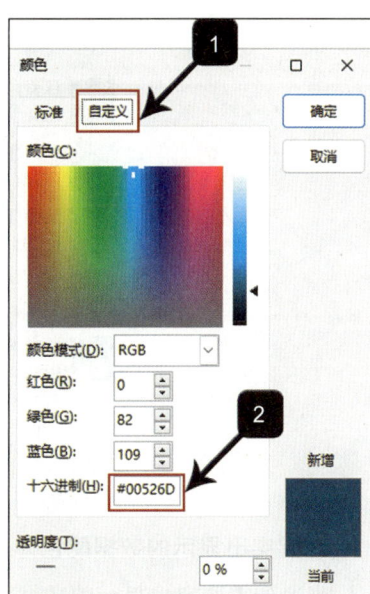

a）主色

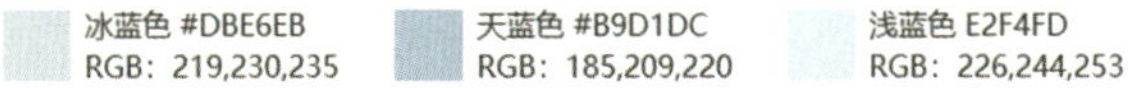

b）背景色

图 2-38　常用的主色与背景配色方案

图 2-39　弹出的"颜色"对话框

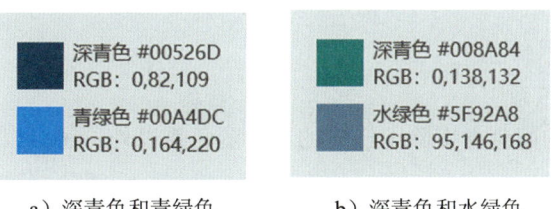

a）深青色和青绿色　　b）深青色和水绿色

图 2-40　同色系双色配色方案

（2）同色系三色配色方案

《经济学人》中常用的同色系三色配色方案如图 2-41 所示。

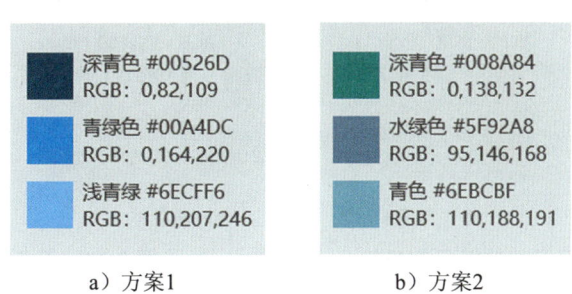

a）方案1　　b）方案2

图 2-41　同色系三色配色方案

（3）同色系五色配色方案

《经济学人》中常用的同色系五色配色方案如图 2-42 所示。

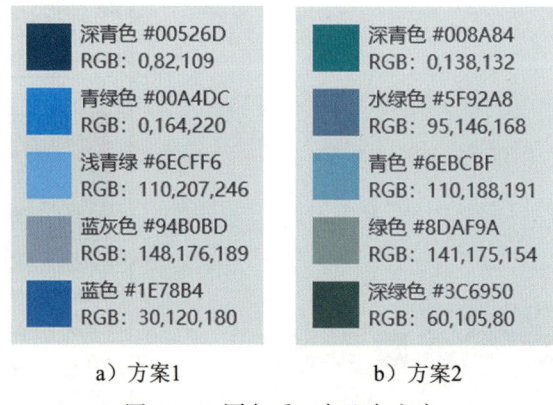

a）方案1　　　　　　b）方案2

图 2-42　同色系五色配色方案

3. 需突出显示的数据配色方案

当遇到需要突出显示的数据系列时，常用配色方案如图 2-43 所示。

当图表主色调为青色（或蓝色）时，将某个数据系列设置为红色（或橙色）可以形成强烈对比，用于突出重点，有效引导观众注意力。

4. 其他配色方案

（1）灰色系和绿色系

《经济学人》中的配色方案除了经典的青、蓝色系以外，还可以搭配灰色系和绿色系，如图 2-44 所示。

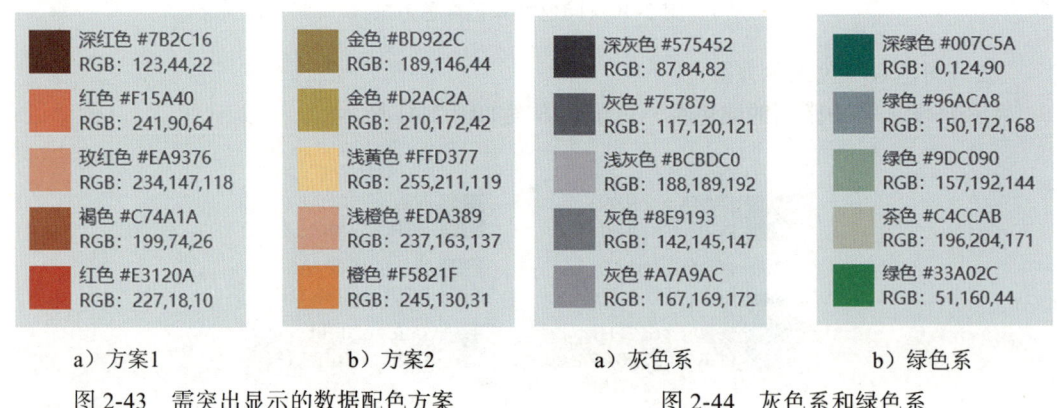

a）方案1　　　　　　b）方案2　　　　　　a）灰色系　　　　　　b）绿色系

图 2-43　需突出显示的数据配色方案　　　　图 2-44　灰色系和绿色系

灰色系的兼容性最高，可以与其他所有色系实现良好搭配；绿色系适合与青、蓝色系搭配使用，在清晰区分颜色的同时还不会显得突兀。

（2）茶色系和橙色系

此外，《经济学人》也会不拘一格地根据需要使用更多种色彩，如茶色系和橙色系，如图 2-45 所示。

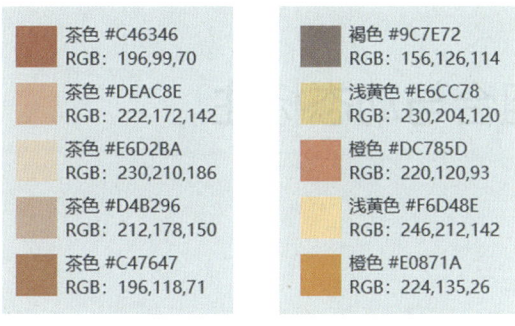

a）茶色系　　　　b）橙色系

图 2-45　茶色系和橙色系

Chapter 3 第 3 章

图表组合与动态标注

在数据分析过程中,单一图表往往存在局限性,可能因信息量过大而显得拥挤,也可能因维度单一而无法清晰传递复杂趋势。本章将聚焦图表组合设计与动态标注技术,通过灵活搭配柱状图、折线图、面积图等多种图表形态,解决多维数据融合的难题;同时结合智能标注工具,使关键信息(如警戒线、极值、异常值)能够自动突出显示,帮助读者从海量数据中快速锁定核心结论。

3.1 复合图表组合

复合图表组合是突破单一维度分析的利器,通过多图层的视觉叠加实现数据可视化的立体呈现。

3.1.1 柱线组合图

当需要同时对比展示两个数据量级相差较大的系列时,可以将柱状图与折线图组合起来,通过设置双 Y 轴化解冲突,实现差异量级数据的和谐共现与多维洞察。下面通过一个示例展示柱线组合图的应用方法。

某企业的运营统计表中包含全年各月份的销售目标、实际销售额和目标达成率,如图 3-1 所示。

现需要对比各月份的"销售目标"与"实际销售额"数据,并展示"目标达成率"的全年趋势变化。直接根据数据源默认创建的柱形图如图 3-2 所示。

该图表中各月份的"销售目标"与"实际销售额"数值均超过 100,而"目标达成率"为百分数,数值低于 1,存在显著量级差,导致默认生成的柱形图中"目标达成率"系列的高度被严重压缩，呈现为贴近横轴的无效可视化状态。为优化数据呈现效果，可采用双轴复合图表设计：将"销售目标"和"实际销售额"数据放置在主要纵坐标轴上，形成对比柱形图；同时将"目标达成率"独立配置到次要纵坐标轴上，转化为折线图进行展示。此柱线组合图方案能够有效解决多维度不同量级数据的展示难题，使核心业务指标与绩效达成情况可清晰地展示在同一图表中，成功构建出兼具对比分析与趋势观测功能的可视化解决方案，如图 3-3 所示。

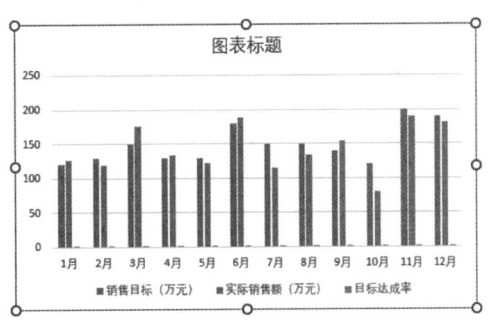

图 3-1 某企业的运营统计表　　　　　图 3-2 根据数据源默认创建的柱形图

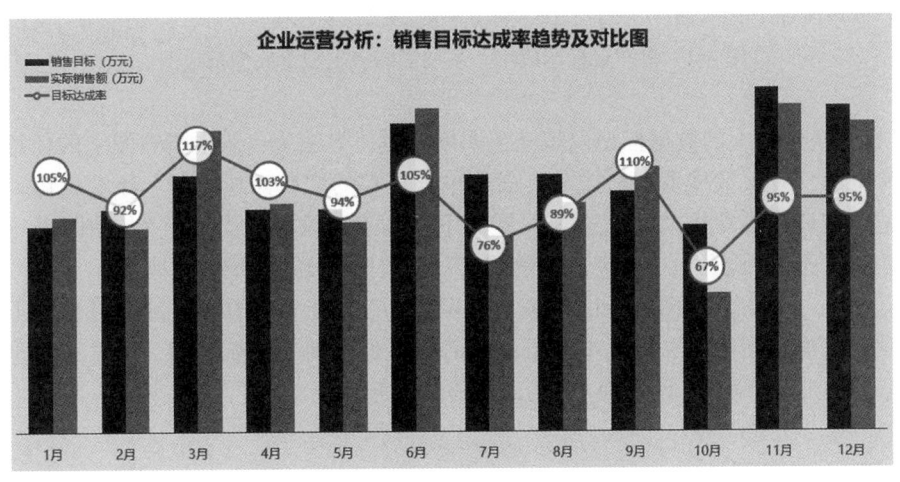

图 3-3 设置好的柱线组合图效果

该柱线组合图的设置过程包含以下 3 个关键点。

1）将"目标达成率"系列的图表类型更改为折线图，具体方法为：选中图表，单击"图表设计"选项卡下的"更改图表类型"按钮，如图 3-4a 所示；在弹出的"更改图表类型"对话框中选中"目标达成率"系列，将图表类型更改为"带数据标记的折线图"，并勾选其右侧的"次坐标轴"复选框，如图 3-4b 所示。

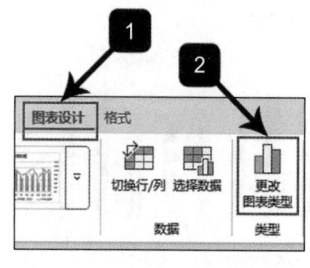
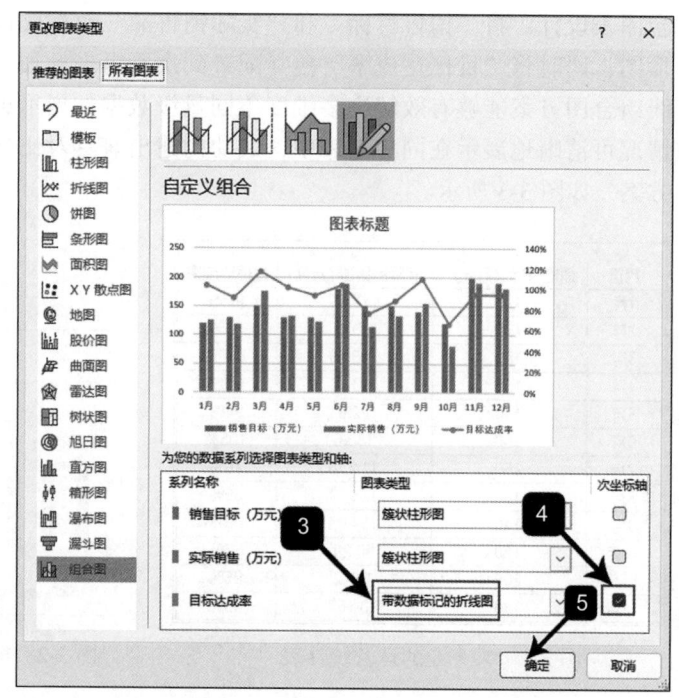

a）单击"更改图表类型"按钮　　b）将图表类型更改为折线图，并勾选"次坐标轴"复选框

图 3-4　将"目标达成率"系列的图表类型更改为折线图

2）设置折线图上的数据标记及填充透明度，具体方法为：双击折线图上的任意数据标记，在弹出的"设置数据系列格式"页面中单击顶部的"填充与线条"导航按钮；然后单击"标记"按钮，再单击"标记选项"展开下拉列表；设置"类型"为"圆圈"，"大小"为 30，"填充颜色"设置为"白色"，"透明度"设置为 10%，如图 3-5 所示。

3）设置柱形图的系列重叠和间隙宽度，具体方法为：双击柱形图中的任意柱形，在弹出的"设置数据系列格式"页面中单击顶部的"系列选项"导航按钮，将"系列重叠"设置为 0%，将"间隙宽度"设置为 100%，如图 3-6 所示。

3.1.2　双柱嵌套图

当需要对比两个系列的数据时，除了使用传统方式的柱形图进行对比外，还可以使用双柱嵌套图，通过"系列重叠"参数设置与填充透明度调节两项关键技术将两组数据系列以嵌套形式进行立体呈现。这种方式既能保持数据组的独立特征，又可清晰展示其空间分布和差异对比。下面通过一个示例展示双柱嵌套图的应用方法。

某企业的项目计划完成表中包含各项目的"计划目标"和"实际完成情况"数据，如图 3-7 所示。

第 3 章　图表组合与动态标注　❖　69

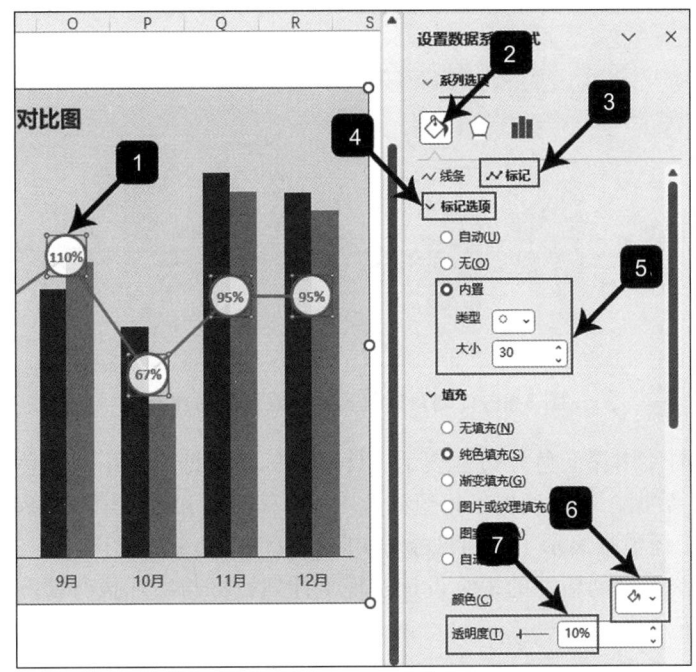

图 3-5　设置折线图上的数据标记及填充透明度

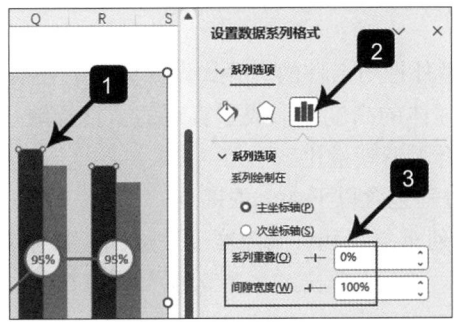

图 3-6　设置柱形图的系列重叠和间隙宽度

图 3-7　某企业的项目计划完成表

现需要对比展示各项目的"计划目标"和"实际完成情况"数据。采用双柱形图重叠嵌套方式制作的计划目标与实际完成情况对比图如图 3-8 所示。

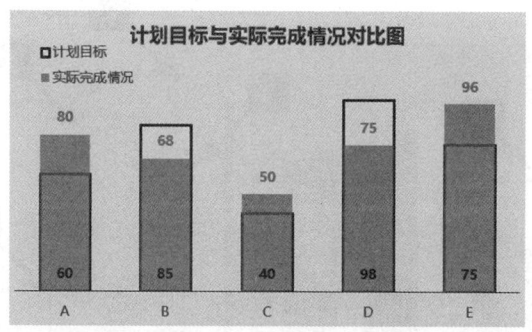

图 3-8　计划目标与实际完成情况对比图

该双柱嵌套图使用深蓝色外边框表示"计划目标"数据，使用浅蓝色填充柱形图表示"实际完成情况"数据，不仅确保了每组柱形图（由外边框和内部填充构成）能够独立展示每个项目的数据，还清晰展示了计划目标与实际完成情况的差异对比。

该双柱嵌套图通过创新性的视觉设计实现了计划目标与实际执行情况的双维度直观比对，具体说明如下。

（1）视觉设计维度

❑ 外轮廓层：采用深蓝色粗边框柱体代表"计划目标"数据。

❑ 填充层：使用半透明的浅蓝色填充柱体代表"实际完成情况"数据。

（2）对比呈现维度

❑ 柱体嵌套结构：通过外框与内柱的套叠式设计保证了各项目数据的独立展示空间。

❑ 差值可视化：内外柱体的高度差形成了直观的"目标缺口"可视化效果，差异程度则通过色块间距进行了清晰量化。

该双柱嵌套图的设置过程包含以下 4 个关键点。

1）设置柱形图的"系列重叠"和"间隙宽度"选项，具体方法为：双击柱形图，在弹出的"设置数据系列格式"页面中单击"系列选项"导航按钮，将"系列重叠"和"间隙宽度"设置为 100%，如图 3-9 所示。

2）设置"计划目标"柱形图的"填充"和"边框"选项，具体方法为：双击"计划目标"柱形，在弹出的"设置数据系列格式"页面中单击"填充与线条"导航按钮，在"填充"选项列表中选中"无填充"单选按钮，在"边框"选项列表中选中"实线"单选按钮；将"颜色"设置为"深蓝色"，"宽度"设置为"2 磅"，如图 3-10 所示。

3）设置"实际完成情况"柱形图的"填充"和"边框"选项，具体方法为：双击"实际完成情况"柱形，在弹出的"设置数据系列格式"页面中单击"填充与线条"导航按钮，在"填充"选项列表中选中"纯色填充"单选按钮，将"颜色"设置为"浅蓝色"，"透明度"设置为 30%；在"边框"选项列表中选中"无线条"单选按钮，如图 3-11 所示。

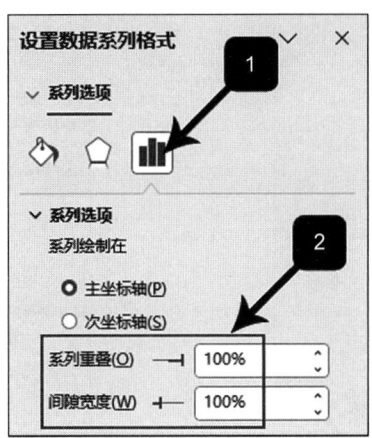

图 3-9 设置柱形图的"系列重叠"和"间隙宽度"选项

4）设置"计划目标"柱形图的"标签位置"选项，具体方法为：双击"计划目标"的数据标签，在弹出的"设置数据标签格式"页面单击"标签位置"选项列表中的"轴内侧"单选按钮，如图 3-12 所示。

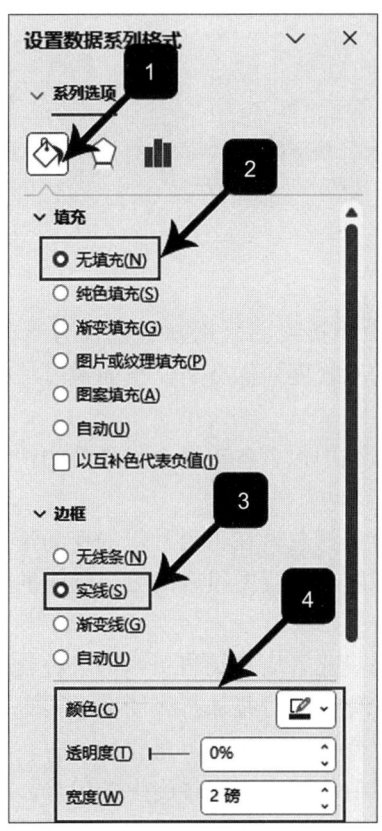

图 3-10 设置"计划目标"柱形图的"填充"和"边框"选项

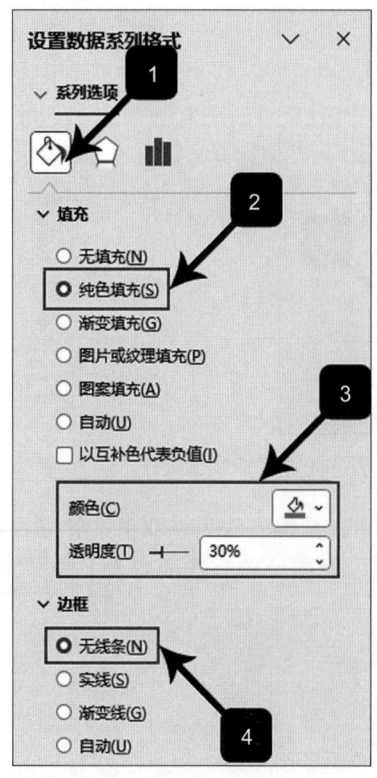
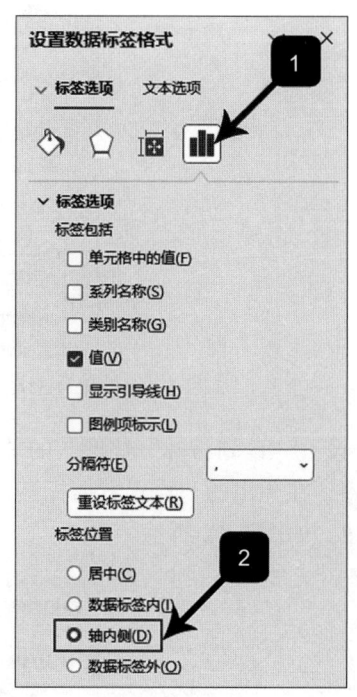

图 3-11 设置"实际完成情况"柱形图的"填充"和"边框"选项

图 3-12 设置"计划目标"柱形图的"标签位置"选项

3.1.3 面积折线图

在数据可视化场景中,面积折线图采用基底色块与浮动曲线的动态耦合设计,成功实现了总量累积与趋势波动的双维度协同分析。下面通过一个示例展示面积折线图的应用方法。

某企业的各店铺销售统计表中包含各店铺全年各月的销售额数据以及所有店铺总销售额的环比增长率,如图 3-13 所示。

现需要展示各店铺销售额累计总量在每个月份的变动情况以及所有店铺总销售额环比增长率的变化趋势。采用面积图与折线图组合的方式制作的各店铺累计销售额及环比增长率趋势图如图 3-14 所示。

该图表用半透明面积图来量化各店铺销售贡献的堆叠轨迹,其垂直方向的色块厚度直观展示了销售额规模的动态变化,同时叠加折线图精准锚定总销售额环比增长率的波动拐点,并通过次坐标轴将百分比变化率转化为可量化的峰谷轨迹。该复合图表通过主次坐标系的智能配比,既保留了绝对值比较在空间维度上的优势,又拓展了相对值分析在时序洞察方面的深度,有效破解了单一图表在同时呈现规模与增速双重指标时出现的尺度失真问题,为数据总量与趋势变化的双维度展示提供了有效的解决方案。

	A	B	C	D	E	F
1	月份	店铺A	店铺B	店铺C	店铺D	环比增长率
2	1月	2009181	1793910	1064920	1248982	
3	2月	2149128	1032059	1014335	1547133	-6%
4	3月	2015022	1489350	1202805	1516276	8%
5	4月	2016647	1684444	1005191	1944982	7%
6	5月	2062646	1835159	1480950	1293469	0%
7	6月	2316374	1824700	1604743	1910788	15%
8	7月	2101581	1918294	1808358	1617408	-3%
9	8月	2985993	1618370	1665255	1508248	4%
10	9月	2919094	1833835	1797625	1610575	5%
11	10月	2767190	1258087	1988919	1473557	-8%
12	11月	3262009	2074724	2014471	1553619	19%
13	12月	3596771	1884046	1873669	1711402	2%

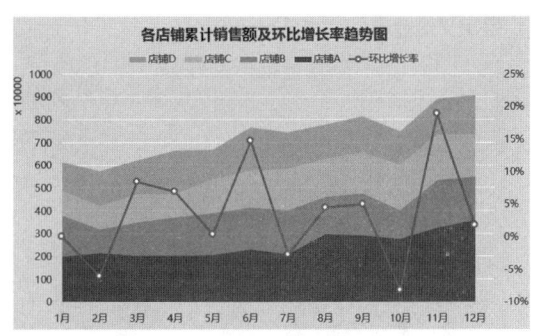

图 3-13　某企业的各店铺销售统计表

图 3-14　各店铺累计销售额及环比增长率趋势图（万元）

该面积折线图的设置过程包含以下 4 个关键点。

1）设置组合图中各数据系列的图表类型和主次坐标轴，具体方法为：选中图表中任意数据系列，单击“图表设计”选项卡下的“更改图表类型”按钮，在弹出的“更改图表类型”页面中将 4 个店铺对应的数据系列的图表类型设置为“堆积面积图”，将“环比增长率”的图表类型设置为“带数据标记的折线图”，同时在其右侧勾选“次坐标轴”复选框，如图 3-15 所示。

2）设置各店铺面积图的填充透明度，具体方法为：双击各店铺面积图（如店铺 A），在弹出的“设置数据系列格式”页面中单击“填充与线条”导航按钮，将“透明度”设置为 30%，如图 3-16 所示。

3）设置图表主要纵坐标轴的显示单位，具体方法为：双击组合图左侧的主要纵坐标轴，在弹出的“设置坐标轴格式”页面中单击“坐标轴选项”导航按钮，然后单击“显示单位”右侧的下拉按钮，在展开的下拉列表中选择合适的单位（如 10000），如图 3-17a 所示；勾选“在图表上显示单位标签”复选框，如图 3-17b 所示。

4）设置图表次要纵坐标轴的数字格式，具体方法为：双击组合图右侧的次要纵坐标轴，在弹出的“设置坐标轴格式”页面中单击“坐标轴选项”导航按钮，在“格式代码”输入框中输入 0%，如图 3-18a 所示；单击“添加”按钮，将坐标轴格式转换为百分比显示，如图 3-18b 所示。

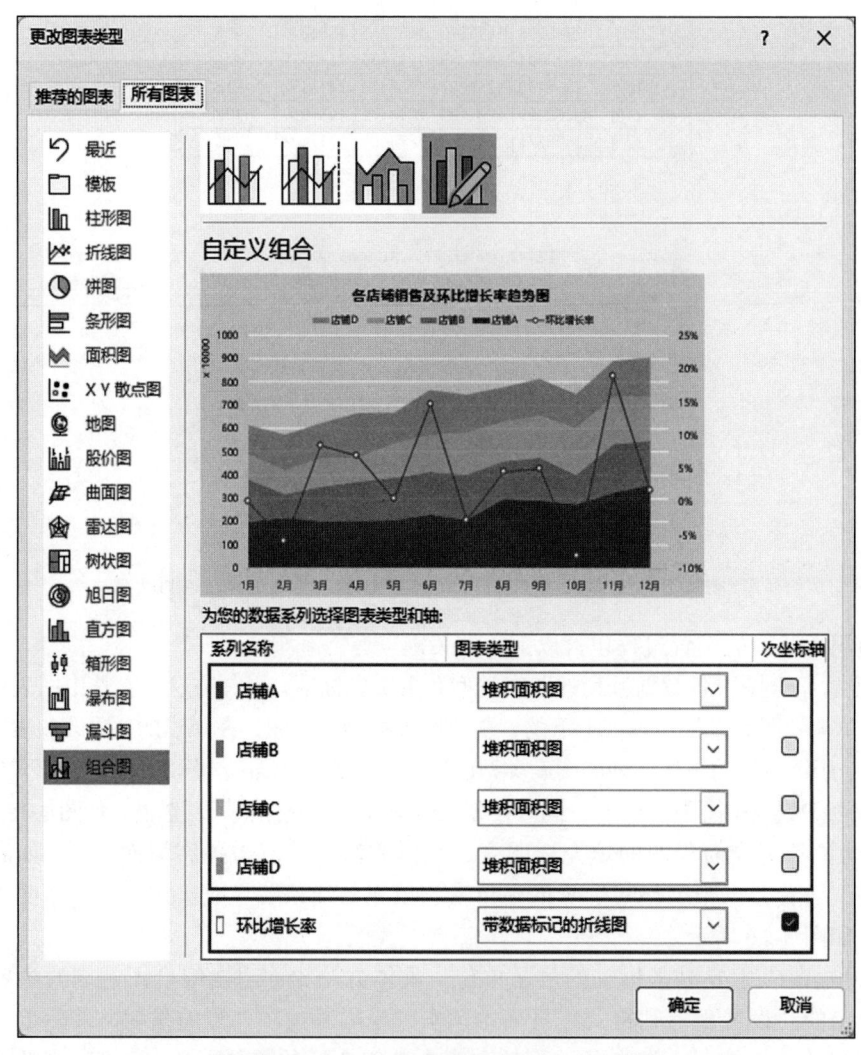

图 3-15　设置组合图中各数据系列的图表类型和主次坐标轴

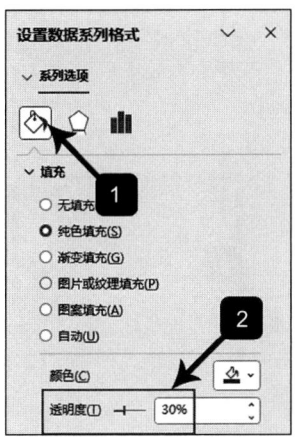

图 3-16　设置各店铺面积图的填充透明度

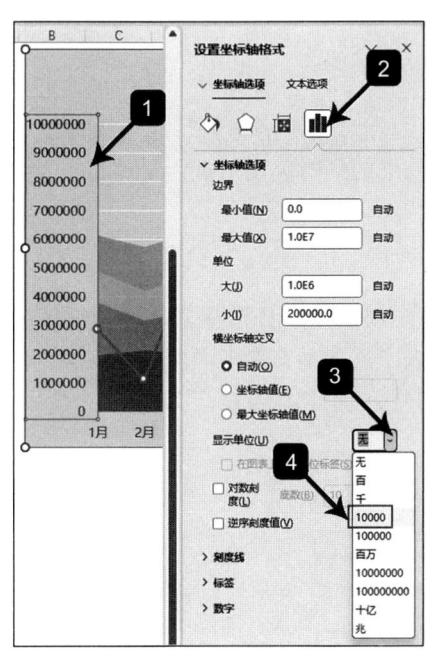

a）选择合适的单位

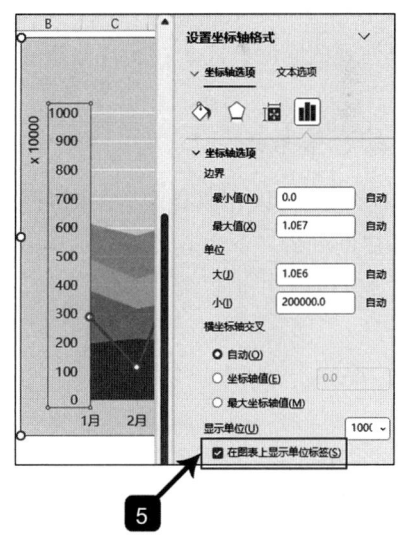

b）勾选相应复选框

图 3-17　设置图表主要纵坐标轴的显示单位

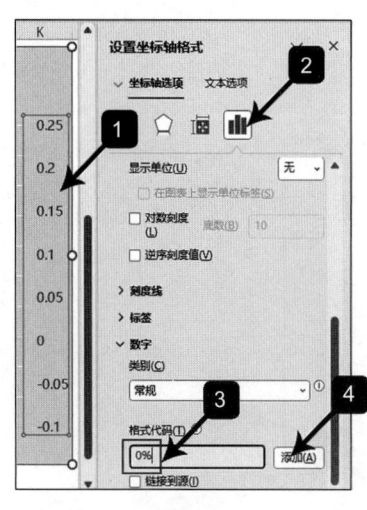
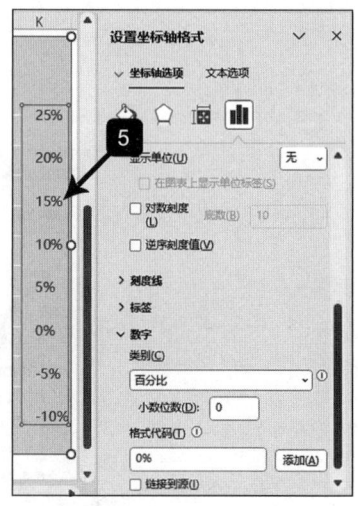

a）输入0%　　　　　　　　　　　b）转换为百分比显示

图 3-18　设置图表次要纵坐标轴的数字格式

3.2　多维信息叠加

多维信息叠加是数据驱动决策的核心手段，通过对关键信息进行战略级标注，不仅可以扩展数据观测维度，还能在实现信息密度质变升级的同时突出重点。

3.2.1　动态参考线

动态参考线可以在原有图表的基础上增加特定周期的趋势指标，从而帮助读者进行快速决策和协同分析。下面通过一个示例展示在图表中添加动态参考线的方法。

某企业的上半年销售统计表中包含 1～6 月每天的销售额数据，如图 3-19 所示。

	A	B
1	日期	销售额
2	2025/1/1	95869
3	2025/1/2	89133
4	2025/1/3	90205
180	2025/6/28	93428
181	2025/6/29	99376
182	2025/6/30	97993

图 3-19　某企业的上半年销售统计表

现需要清晰呈现上半年销售业绩的波动规律，并加入 5 日、10 日、20 日均线来展示销售趋势。采用公式自动生成动态参考线制作而成的上半年销售趋势图如图 3-20 所示。

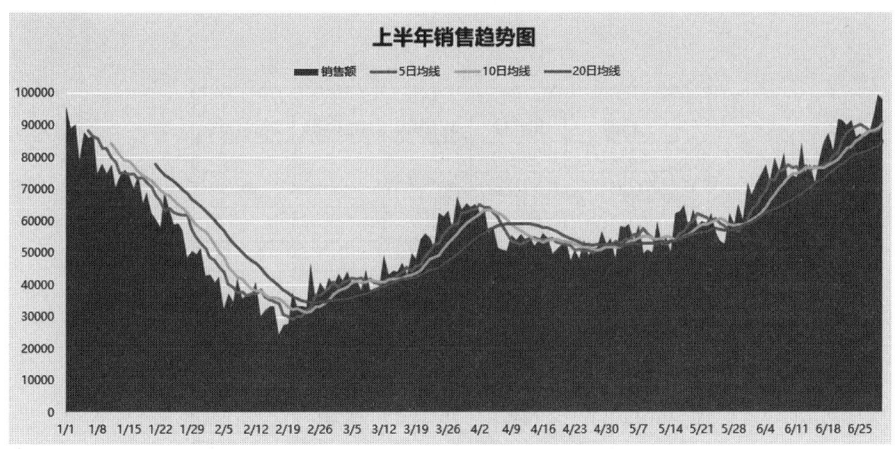

图 3-20 上半年销售趋势图

该图表使用面积图与折线图的组合图形式,同时满足以下 3 种需求。

1)使用面积图展示每天销售额的波动趋势。

2)通过 Excel 公式自动计算最近 5 日、10 日、20 日的平均销售额,生成的动态结果可随数据源及范围的变化自动更新,从而实时捕捉关键趋势拐点。

3)在面积图的基础上叠加 5 日、10 日、20 日三重移动平均折线图,分别对应短期、中期及长期趋势指标。

该组合图表的设置过程包含以下 4 个关键点。

1)使用 Excel 公式完善数据源结构,添加 "5 日均线" "10 日均线" 和 "20 日均线" 辅助列,具体操作步骤如下。

① 分别在 C7、D12 和 E22 单元格输入以下公式:

$$C7=AVERAGE(B2:B6)$$
$$D12=AVERAGE(B2:B11)$$
$$E22=AVERAGE(B2:B21)$$

② 将公式向下填充后,得到的表格如图 3-21 所示。

2)设置组合图中每个数据系列的图表类型,具体方法为:选中图表中任意数据系列,单击 "图表设计" 选项卡下的 "更改图表类型" 按钮;在弹出的 "更改图表类型" 对话框中,将 "销售额" 对应数据系列的图表类型设置为 "面积图",将 3 个均线数据系列的图表类型设置为 "折线图",如图 3-22 所示。

3)设置面积图的填充透明度,具体方法为:双击面积图,在弹出的 "设置数据系列格式" 页面中单击 "填充与线条" 导航按钮,将 "透明度" 设置为 30%,如图 3-23 所示。

4)设置图表横坐标轴的单位,具体方法为:双击图表中的横坐标轴,在弹出的 "设置坐标轴格式" 页面中单击 "坐标轴选项" 导航按钮,将 "单位" 选项区域下的 "大" 设置为 "7 天",将 "基准" 设置为 "天",如图 3-24 所示。

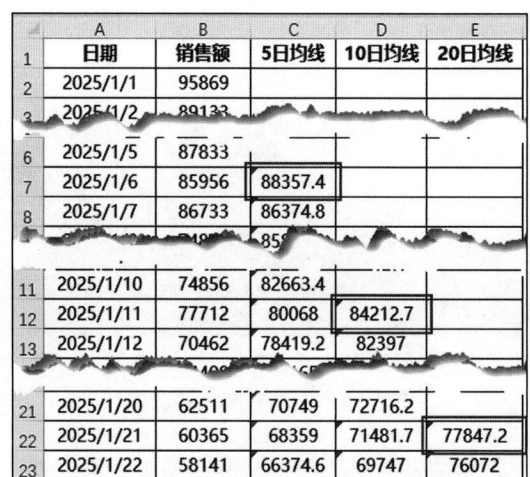

图 3-21　使用 Excel 公式完善数据源结构

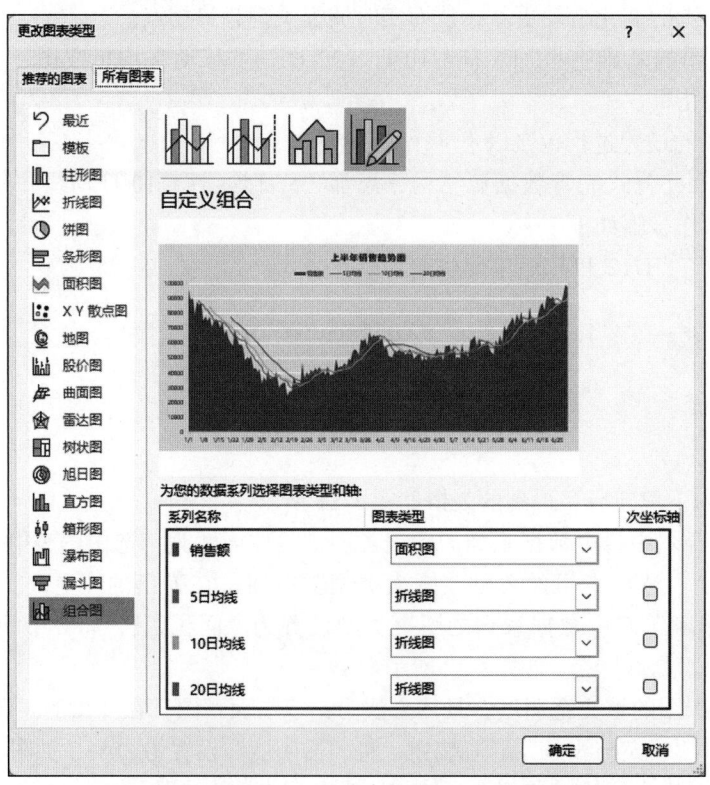

图 3-22　设置组合图中每个数据系列的图表类型

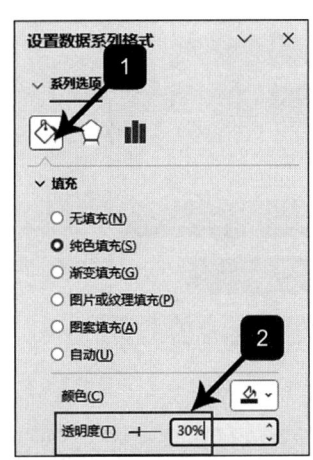 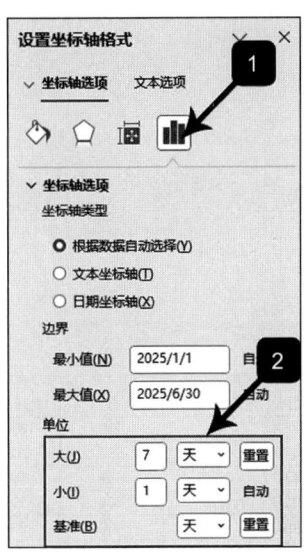

图 3-23　设置面积图的填充透明度　　　　图 3-24　设置图表横坐标轴的单位

3.2.2　动态误差线

动态误差线可以在原有图表的基础上添加辅助比对的基准线条，从而帮助读者进行直观的数据对比和快速的基准分析。下面通过一个示例展示在图表中添加动态误差线的方法。

某企业的项目利润率统计表中包含各项目的收入、成本和利润率数据，如图 3-25 所示。

现需要对比展示各项目的利润率，并按照该企业规定的利润率警戒线（如 8%）和目标线（如 18%）在图表中插入辅助线条，直观展示各项目的利润率与这两条基准线的差距。采用动态误差线自动标注警戒线和目标线的各项目利润率对比图如图 3-26 所示。

该图表不仅能够实现各项目利润率之间的清晰对比，还可以动态标注企业规定的利润率警戒线（8%）和目标线（18%）作为辅助参考线，直观展示条形图与两条基准线之间的差距。

该图表的制作过程包含以下 8 个关键点。

1）按需求完善图表数据源，具体方法为：在 Excel 工作表中添加企业规定的利润率警戒线和目标线数值，如图 3-27 所示。

2）在条形图中添加数据系列并将其形状设置为散点图时，需编辑散点图 X/Y 轴系列值的数据来源，具体操作步骤如下。

① 选中条形图，单击"图表设计"选项卡下的"选择数据"按钮，在弹出的"选择数据源"对话框中单击"图例项（系列）"选项区域下方的"添加"按钮，在弹出的"编辑数据系列"对话框中的"系列名称"输入框中输入"警戒线"，单击"确定"按钮；然后再次单击"选择数据源"页面中的"确定"按钮，如图 3-28 所示。

80 ❖ Excel 动态图表与看板可视化

	A	B	C	D
1	项目	收入（万元）	成本（万元）	利润率
2	项目A	432	389	10%
3	项目B	623	587	6%
4	项目C	563	552	2%
5	项目D	610	504	17%
6	项目E	570	500	12%
7	项目F	257	208	19%
8	项目G	164	159	3%
9	项目H	283	207	27%
10	项目I	794	683	14%

图 3-25　某企业的项目利润率统计表

图 3-26　各项目利润率对比图

	A	B	C	D	E	F	G
1	项目	收入（万元）	成本（万元）	利润率		警戒线	目标线
2	项目A	432	389	10%		8%	18%
3	项目B	623	587	6%			
4	项目C	563	552	2%			
5	项目D	610	504	17%			
6	项目E	570	500	12%			
7	项目F	257	208	19%			
8	项目G	164	159	3%			
9	项目H	283	207	27%			
10	项目I	794	683	14%			

图 3-27　按需求完善图表数据源

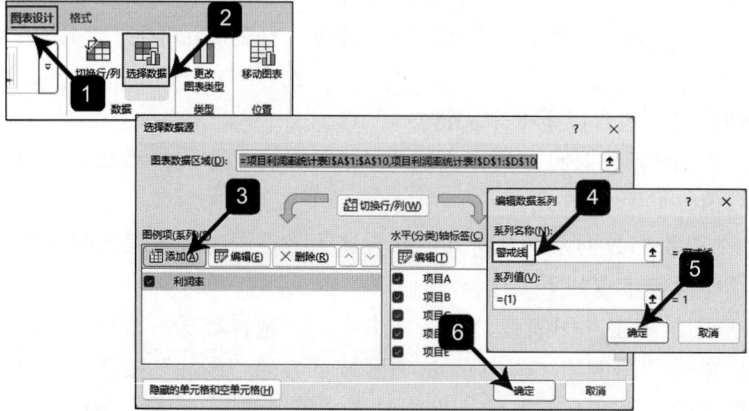

图 3-28　在条形图中添加数据系列

② 选中新添加的"警戒线"条形图，单击"图表设计"选项卡下的"更改图表类型"按钮，在弹出的"更改图表类型"页面中将新增的"警戒线"数据系列的图表类型设置为散点图，如图 3-29 所示。

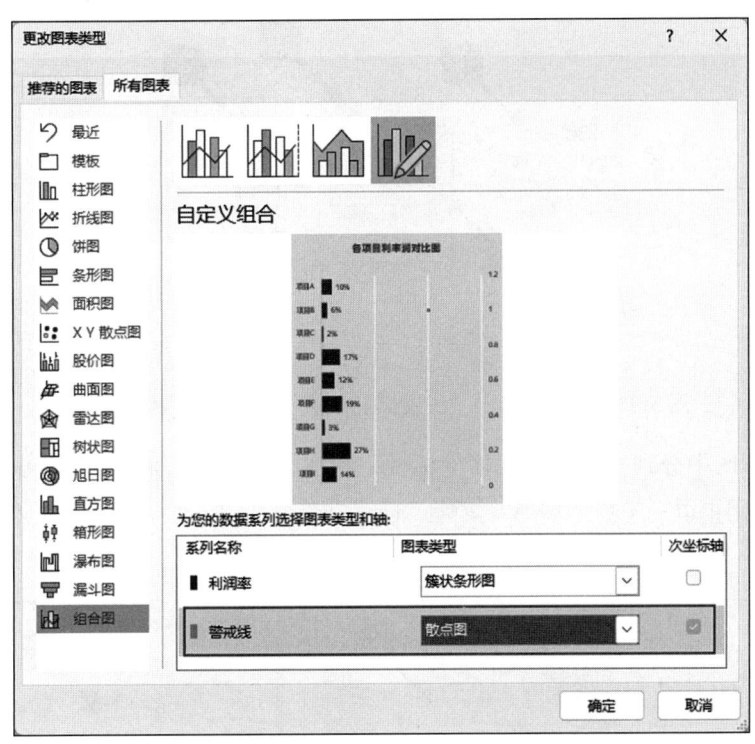

图 3-29　将新增数据系列的图表类型设置为散点图

③ 选中条形图，单击"图表设计"选项卡下的"选择数据"按钮，在弹出的"选择数据源"页面中选中"警戒线"系列，单击"图例项（系列）"下方的"编辑"按钮，在弹出的"编辑数据系列"页面中分别输入"X 轴系列值"和"Y 轴系列值"，单击"确定"按钮；再次单击"选择数据源"页面中的"确定"按钮，如图 3-30 所示。

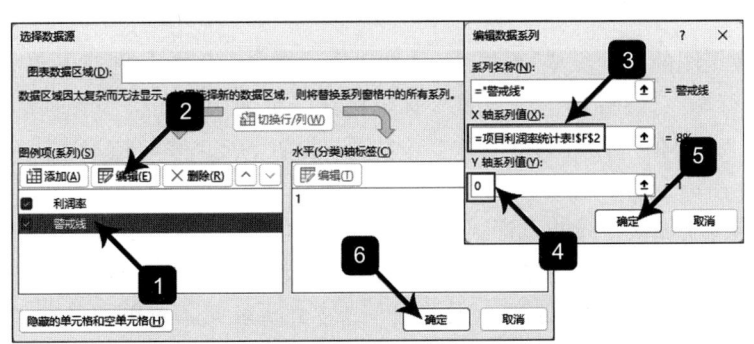

图 3-30　编辑散点图 X/Y 轴系列值的数据来源

3）设置散点图的主次横坐标轴，具体操作步骤如下。

① 选中图表，单击右上角的"图表元素"添加按钮，在展开的下拉列表中单击"坐标轴"选项，在弹出的页面中勾选如图 3-31 所示的选项。

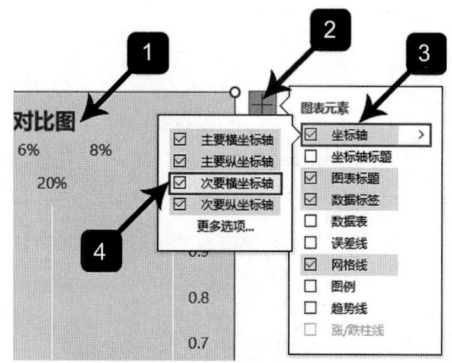

图 3-31　为图表添加"主要横坐标轴"和"次要横坐标轴"

② 在条形图中分别双击"主要横坐标轴"和"次要横坐标轴"，在弹出的"设置坐标轴格式"页面中单击"坐标轴选项"按钮，将"边界"下的"最小值"设置为 0，将"最大值"设置为 0.3（当前数据源中最高利润率为 27%），如图 3-32 所示。

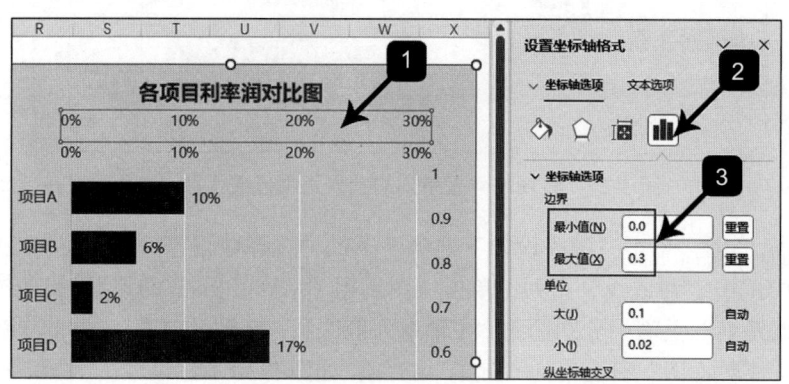

图 3-32　设置横坐标轴的边界最小值和最大值

4）设置散点图的主次纵坐标轴，具体方法为：在条形图中分别双击"主要纵坐标轴"和"次要纵坐标轴"，在弹出的"设置坐标轴格式"页面中单击"坐标轴选项"按钮，将"边界"下的"最小值"设置为 0，将"最大值"设置为 1，并勾选"逆序刻度值"选项，如图 3-33 所示。

5）为散点图添加误差线并设置误差线的显示样式，具体操作步骤如下。

① 选中"警戒线"系列的散点图，单击"图表设计"选项卡下的"添加图表元素"下拉按钮，在展开的下拉列表中选择"误差线"选项，再在其子菜单中单击"其他误差线选项"，如图 3-34 所示。

第 3 章　图表组合与动态标注　❖　83

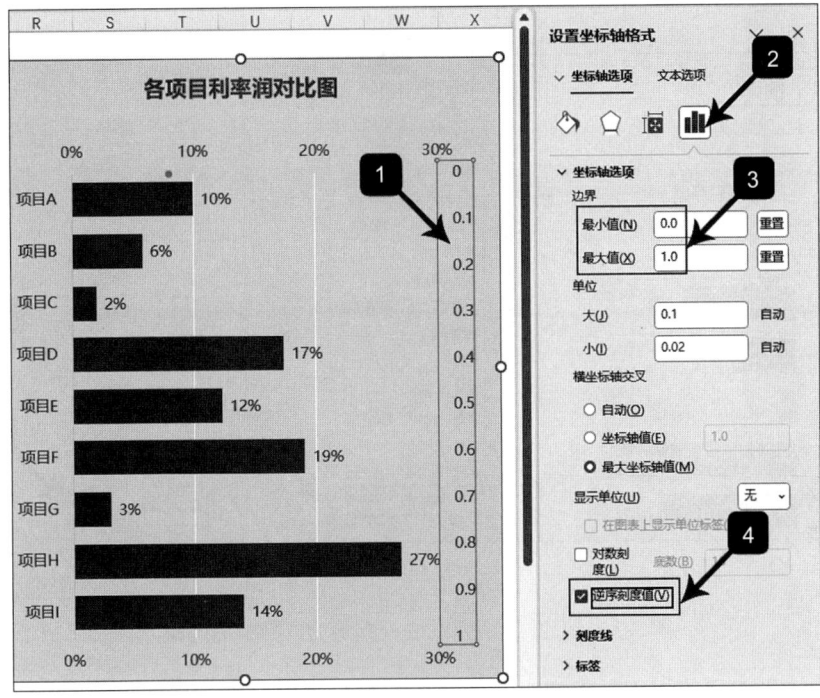

图 3-33　设置纵坐标轴按逆序刻度值显示

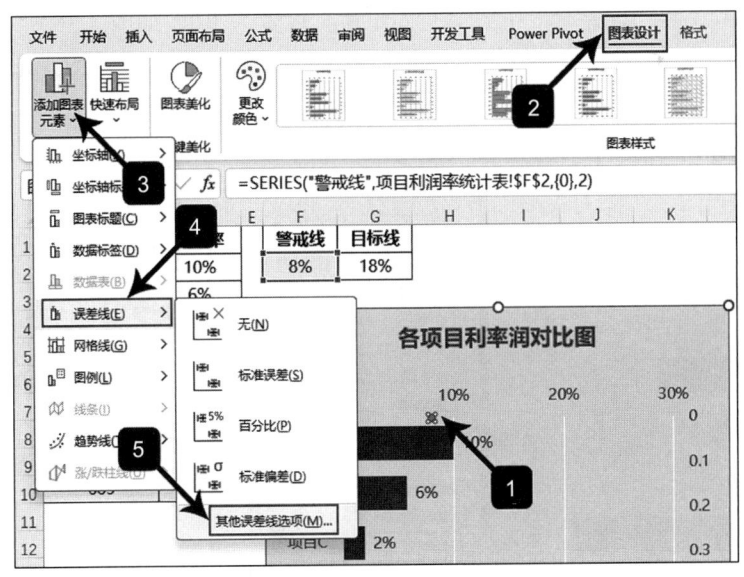

图 3-34　为散点图添加误差线

② 单击"图表元素"下拉按钮,在展开的下拉列表中选中"系列'警戒线'X 误差线"选项;在弹出的"设置误差线格式"页面中将"末端样式"设置为"无线端",将"误差量"下方的"固定值"设置为 0,并隐藏横向的 X 误差线,如图 3-35 所示。

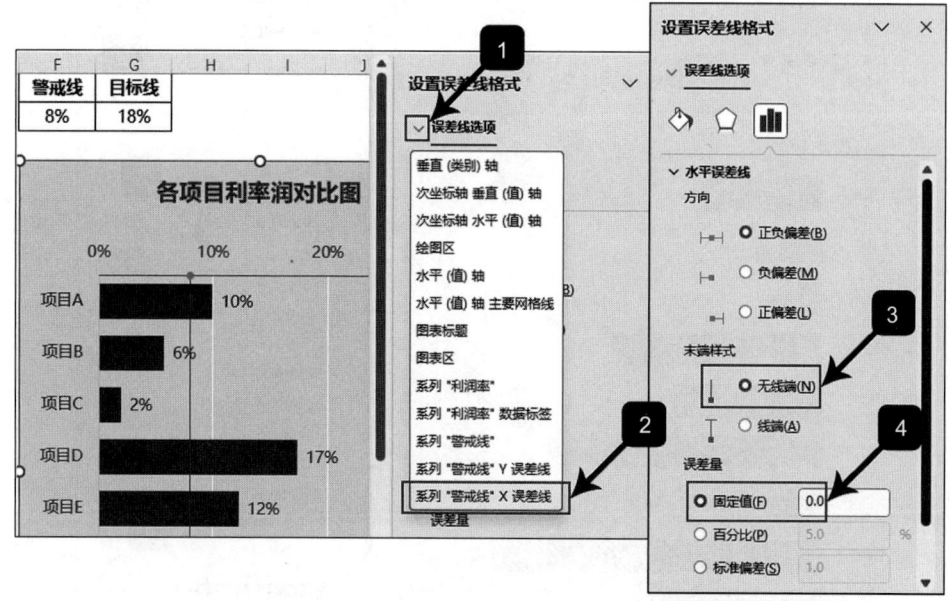

图 3-35 设置 X 误差线的误差量为 0 并将它隐藏

③ 单击"图表元素"下拉按钮,在展开的下拉列表中选中"系列'警戒线'Y 误差线"选项;在弹出的"设置误差线格式"页面中将"方向"设置为"正偏差",将"末端样式"设置为"无线端",将"误差量"下方的"固定值"设置为 1.0,如图 3-36 所示。

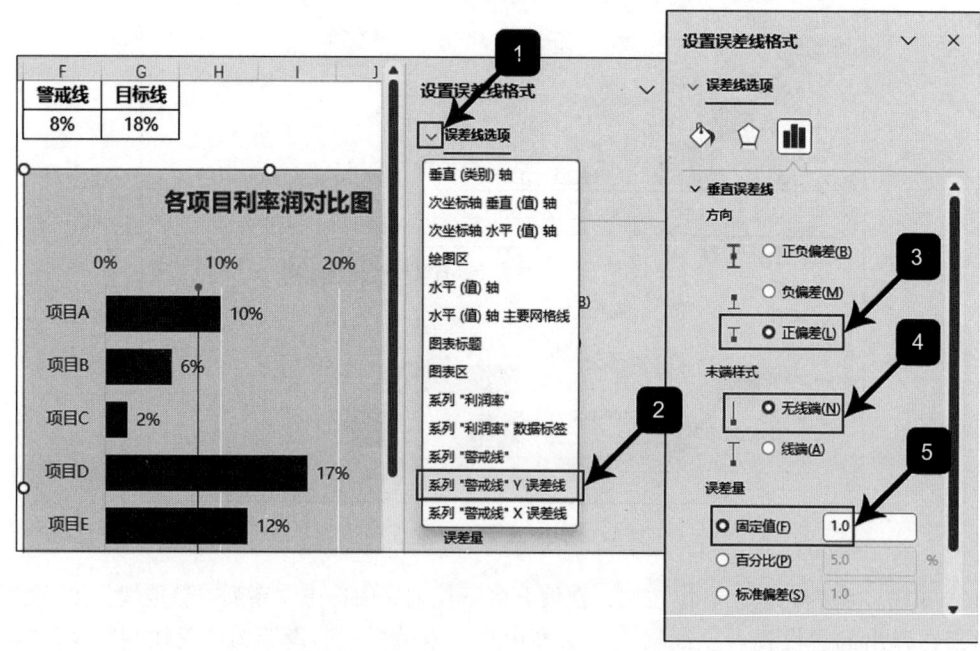

图 3-36 设置 Y 误差线的误差量为 1.0

④ 单击"误差线选项"下方的"填充与线条"导航按钮,在"线条"下方勾选"实线"选项,将"颜色"设置为"红色(#F15A40)",将"宽度"设置为2磅,如图3-37所示。

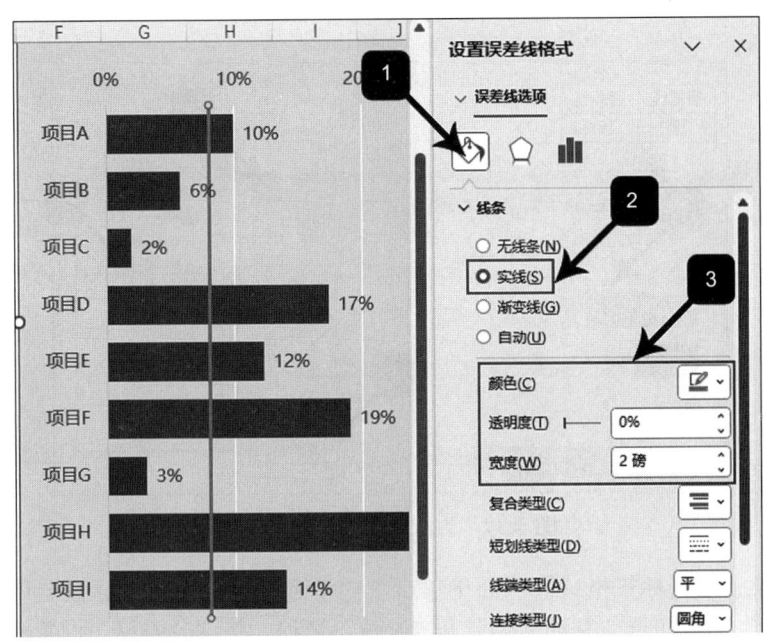

图3-37　设置Y误差线的线条颜色和宽度

6) 设置散点图中数据点的显示样式,具体方法为:双击散点图中的数据点,在弹出的"设置数据系列格式"页面中单击"系列选项"下方的"填充与线条"导航按钮,然后单击"标记"按钮;在"标记选项"下方勾选"无"选项,将数据点的标记隐藏起来,如图3-38所示。

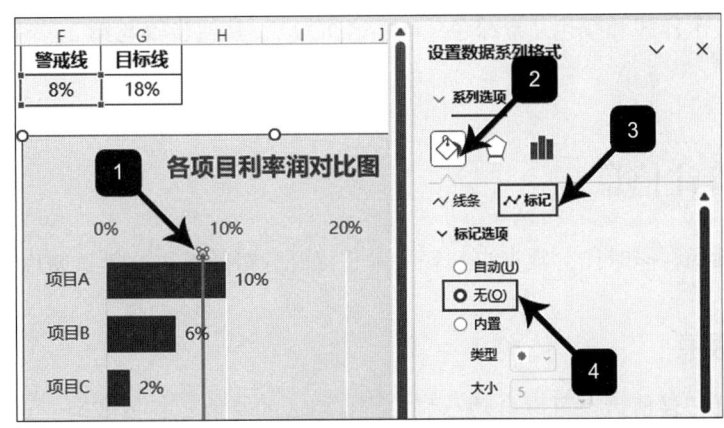

图3-38　隐藏散点图中的数据点标记

7）为散点图添加数据标签，并设置数据标签的显示样式，具体操作步骤如下：

① 选中散点图中的数据点，单击右上角的"图表元素"添加按钮，在展开的下拉列表中单击"数据标签"右侧的扩展按钮，在展开的下拉列表中单击"更多选项"选项，如图 3-39 所示。

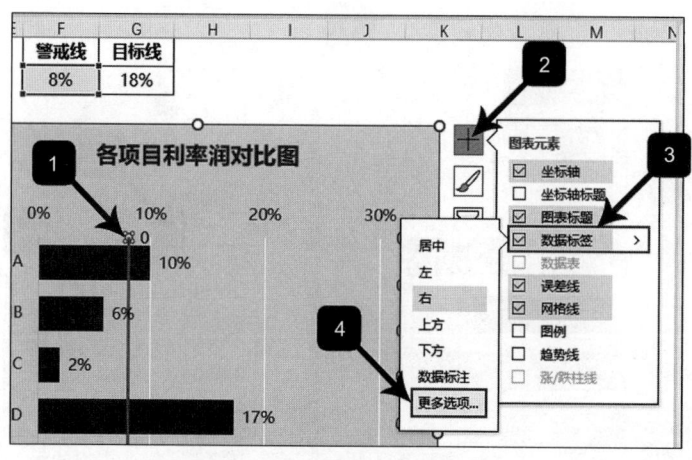

图 3-39　为散点图添加数据标签

② 在"设置数据标签格式"页面中单击"标签选项"下方的"标签选项"导航按钮，在"标签包括"下方勾选"系列名称"和"X 值"选项，将"分隔符"设置为"空格"，在"标签位置"下方勾选"靠上"选项，如图 3-40a 所示；选中数据标签，将"颜色"设置为"红色（#F15A40）"，单击"加粗"按钮，如图 3-40b 所示。

8）隐藏图表的主次横坐标轴，具体方法为：分别双击图表的主次横坐标轴，在"设置坐标轴格式"页面中单击"坐标轴选项"导航按钮，在"标签"下方的"标签位置"右侧单击下拉按钮，在下拉列表中选中"无"选项，如图 3-41 所示。

设置完"警戒线"数据系列的误差线后，继续在图表中添加"目标线"数据系列，并设置误差线的显示样式和颜色（青绿色（#00A4DC））；其他步骤与第 2）～8) 步相同，此处不再赘述。

3.3　智能标注信息

在数据驱动的智能时代，数据自解释技术是提升分析效率与决策透明度的关键突破。

3.3.1　标记极值

在图表中标记极值后，可以自动凸显关键信息（如峰值、谷值或突变点）。通过高亮显示数据中的异常值和关键节点，有助于挖掘背后蕴含的潜在机遇或业务风险，确保读者精准统计数据和有效展开分析。下面通过一个示例展示在图表中自动标记极值的方法。

第 3 章　图表组合与动态标注　◆　87

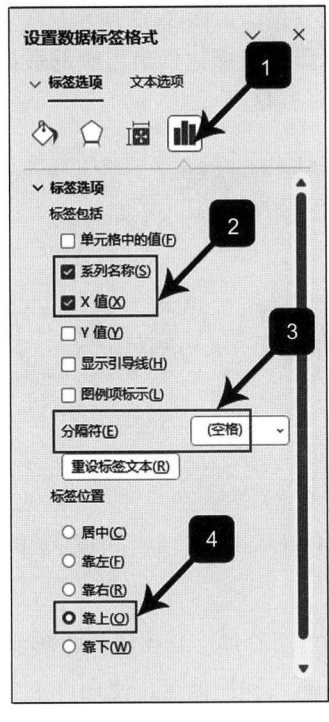
a）进行相关设置

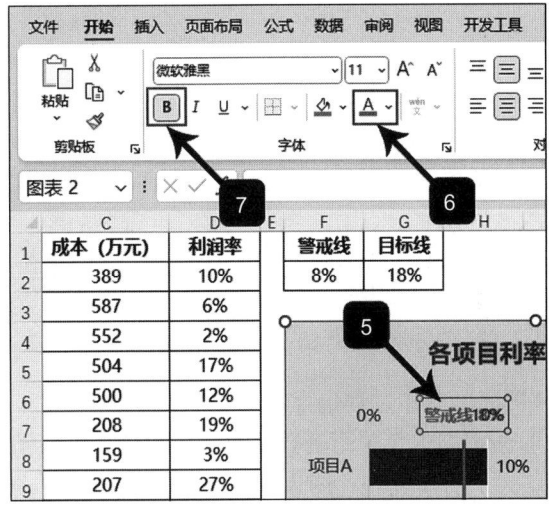
b）设置"数据标签"的颜色和粗细

图 3-40　设置数据标签格式

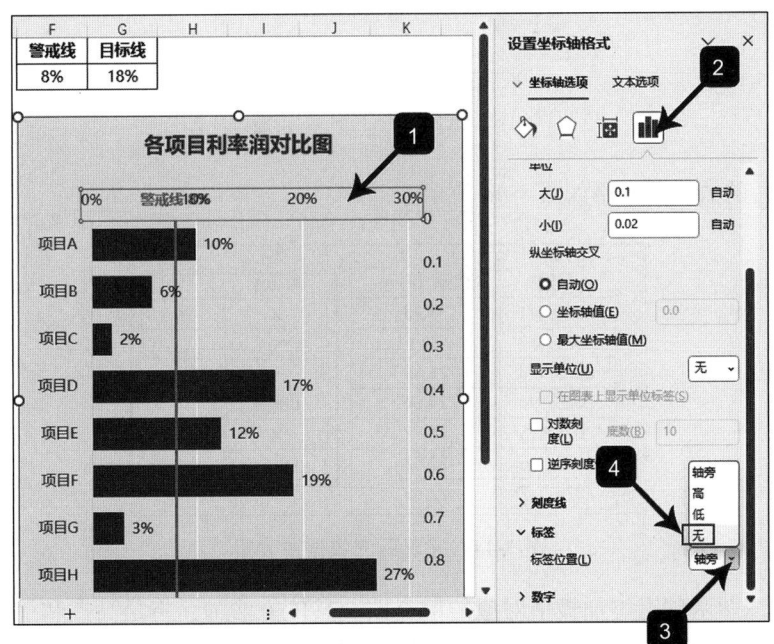

图 3-41　隐藏图表的主次横坐标轴

某企业的全年销售统计表中包含2025年每天的销售额数据，如图3-42所示。

现需要直观展示该企业全年的销售趋势，并根据数据源智能标记日销售额的最高点和最低点。采用自动标记极值方法制作的全年销售趋势图如图3-43所示。

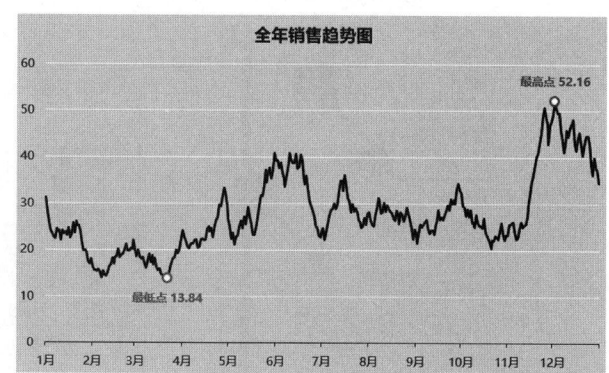

图3-42 某企业的全年销售统计表　　　图3-43 自动标记极值的全年销售趋势图

该图表的制作过程包含以下5个关键点。

1) 根据需求完善图表数据源并自动计算极值销售额和对应日期，具体操作步骤如下。

① 为了后续顺利在图表中添加散点图，以自动标记最高点和最低点，使用以下公式自动计算最高点和最低点的X/Y坐标值：

$$E3=MAX(B:B)$$
$$D3=INDEX(A:A,MATCH(E3,B:B,0))$$
$$E7=MIN(B:B)$$
$$D7=INDEX(A:A,MATCH(E7,B:B,0))$$

② 完善后的数据源表格如图3-44所示。

图3-44 完善后的数据源表格

2) 在折线图基础上添加极值对应的散点图，具体方法为：将最高点和最低点的X、Y坐标添加到折线图中，将"最高点"和"最低点"数据系列对应的图表类型设置为"散点图"，如图3-45所示。

第 3 章　图表组合与动态标注　❖　89

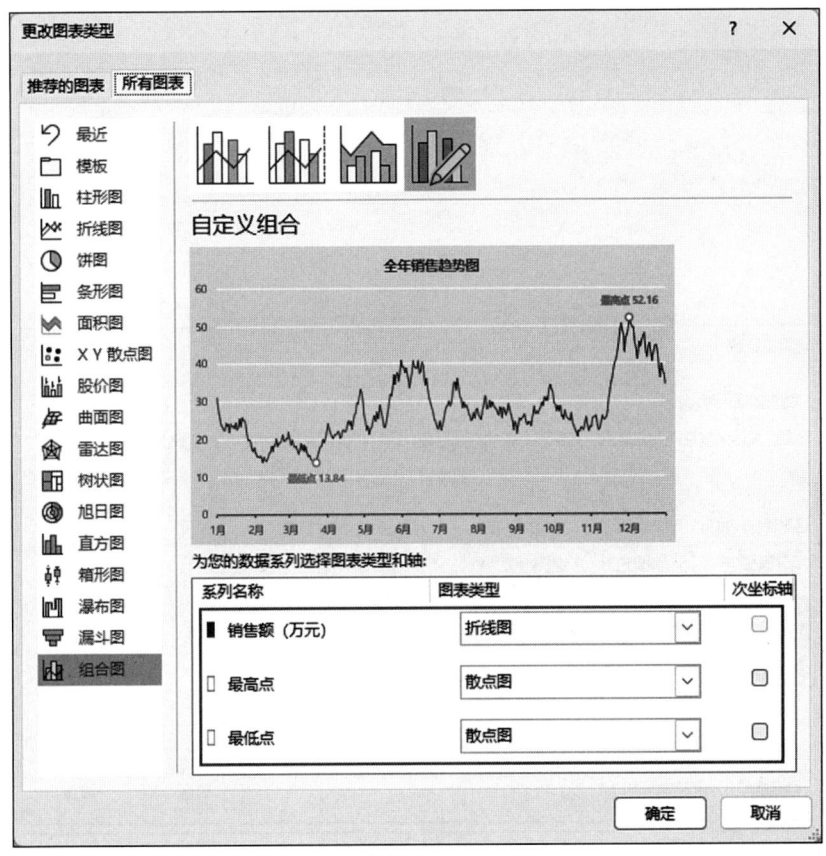

图 3-45　在组合图中设置数据系列的图表类型

3）设置散点图的数据系列来源，具体方法为：选中图表，单击"图表设计"选项卡下的"选择数据"按钮，在弹出的"选择数据源"页面中选中"图例项（系列）"下方的"最高点"系列，单击"编辑"按钮；在弹出的"编辑数据系列"页面中设置"系列名称""X轴系列值"和"Y轴系列值"，单击"确定"按钮完成"最高点"的系列来源设置；继续选中"最低点"系列，单击"编辑"按钮，设置"最低点"的系列来源，如图 3-46 所示。

4）设置散点图的数据标记和数据标签，具体操作步骤如下。

① 双击散点图中的数据点，在弹出的"设置数据系列格式"页面中，单击"系列选项"下的"填充与线条"导航按钮，在"标记选项"下方勾选"内置"选项，将"类型"设置为"圆圈"，"大小"设置为 9；在"填充"下方勾选"纯色填充"选项，将"颜色"设置为"白色"；在"边框"下方勾选"实线"选项，将"颜色"设置为"红色"，将"宽度"设置为 2 磅，如图 3-47 所示。

② 双击散点图中的数据标签，在弹出的"设置数据标签格式"页面中单击"标签选项"下的"标签选项"导航按钮，在"标记包括"下方勾选"系列名称"和"Y 值"选项，将"分隔符"设置为"空格"，在"标签位置"下方勾选"靠上"选项，如图 3-48 所示。

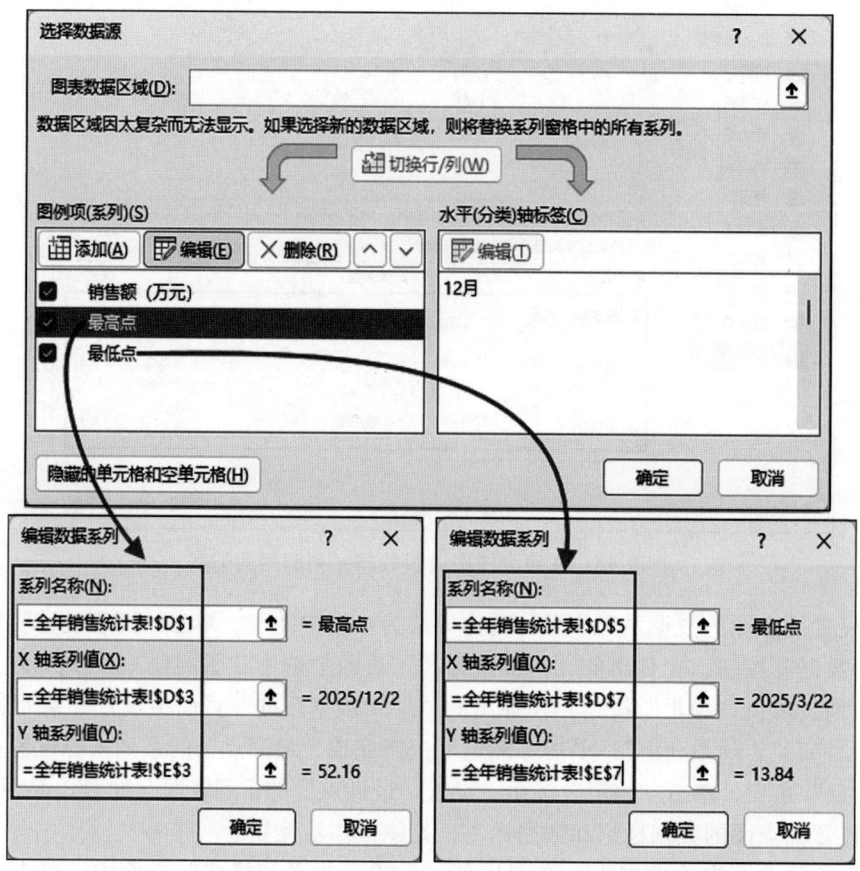

图 3-46 设置散点图"最高点"和"最低点"的数据系列来源

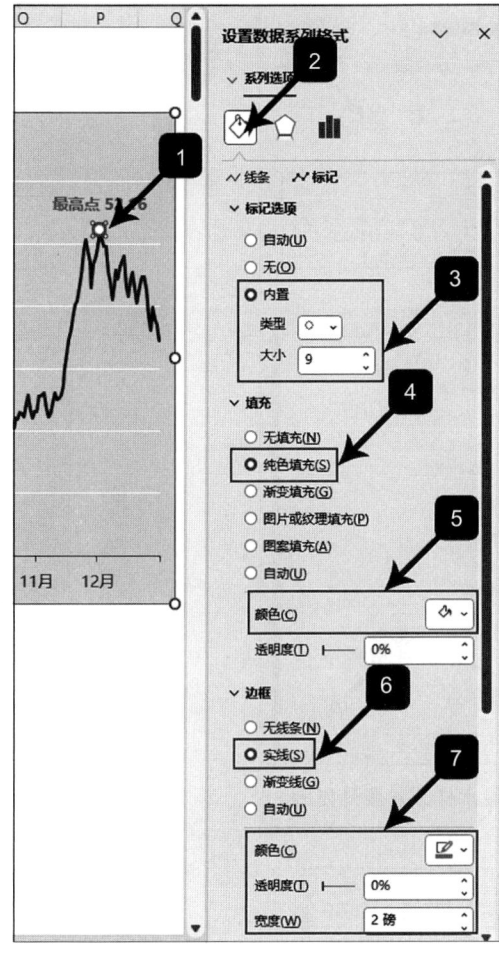
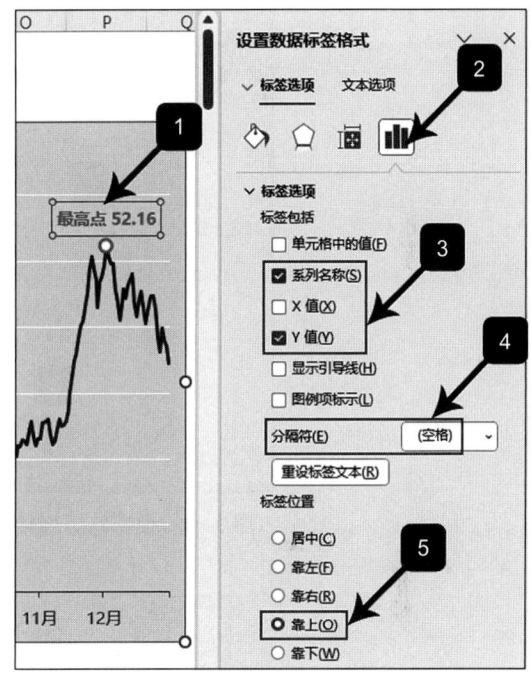

图 3-47 设置散点图的数据标记　　　　图 3-48 设置散点图的数据标签

5）设置横坐标轴的显示样式（按月显示），具体方法为：双击图表的横坐标轴，在弹出的"设置坐标轴格式"页面中单击"坐标轴选项"下的"坐标轴选项"导航按钮，在"单位"下方将"大"设置为 1 月，将"基准"设置为"天"；在"数字"下方输入自定义格式代码："m 月"（会自动替换为 m" 月 "），单击"添加"按钮，如图 3-49 所示。

3.3.2 情景注释

在图表中添加情景注释，能赋予图表"智能解说"的能力，不仅能描述数据表象，还能关联业务背景，说明数据趋势的成因或潜在影响。下面通过一个示例展示在图表中自动添加情景注释的方法。

某企业的全年各月份销售额及达成率统计表中包含 2025 年各月份的目标销售额、实际销售额和达成率数据，如图 3-50 所示。

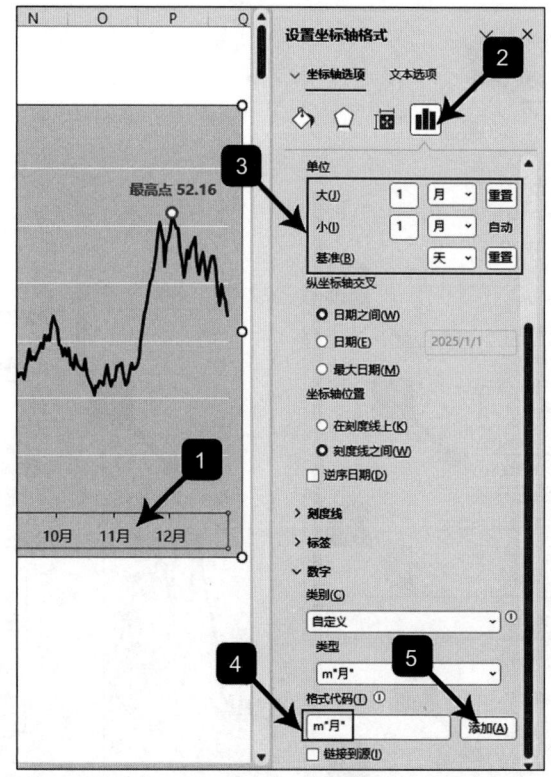

图 3-49　设置横坐标轴的显示样式（按月显示）

	A	B	C	D
1	月份	目标销售额	实际销售额	达成率
2	1月	120000	128900	107%
3	2月	110000	95648	87%
4	3月	130000	123456	95%
5	4月	125000	105000	84%
6	5月	135000	136984	101%
7	6月	160000	148631	93%
8	7月	150000	134567	90%
9	8月	165000	139874	85%
10	9月	168000	169652	101%
11	10月	132000	126564	96%
12	11月	190000	203621	107%
13	12月	180000	182365	101%

图 3-50　某企业的全年各月份销售额及达成率统计表

现需要对比展示该企业全年各月份目标销售额与实际销售额的差异，直观展示达成率的趋势变化，并对全年销售情况进行简要分析和总结。采用自动添加情景注释方法制作的全年各月份销售达成率及趋势图如图 3-51 所示。

第 3 章　图表组合与动态标注　❖　93

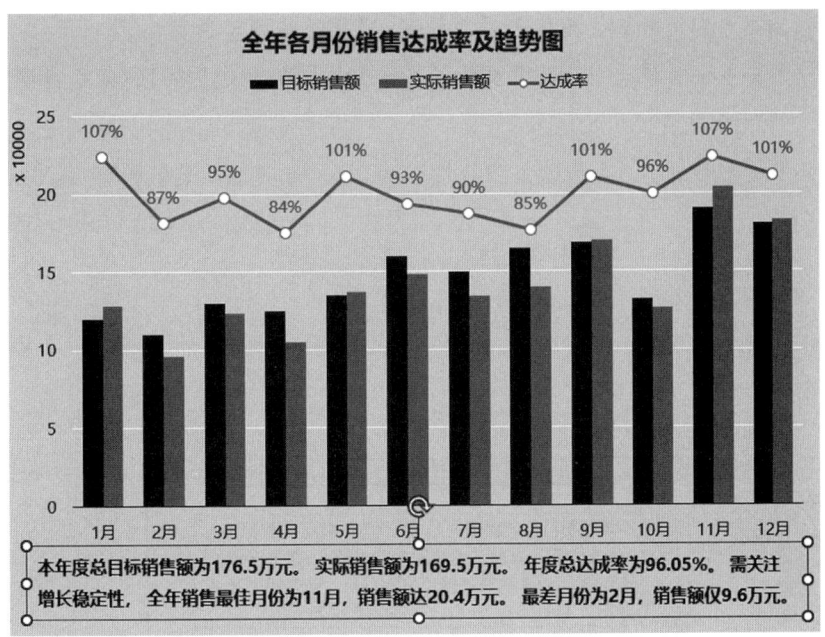

图 3-51　带情景注释的全年各月份销售达成率及趋势图

该图表下方文本框中的内容是根据数据源动态生成的，能够根据需求对全年销售情况进行情景注释和智能解说。

在图表中添加情景注释的关键步骤包含以下 3 步。

1）使用 Excel 公式计算核心指标并自动生成解说文案，具体操作步骤如下。

① 在 Excel 工作表中选中任意空单元格（如 F25 单元格），输入以下公式：

=LET(
　　总目标, SUM(B2:B13),
　　总实际, SUM(C2:C13),
　　总达成率, 总实际 / 总目标,
　　最高销售额, MAX(C2:C13),
　　最低销售额, MIN(C2:C13),
　　最佳月份, INDEX(A2:A13, MATCH(最高销售额, C2:C13, 0)),
　　最差月份, INDEX(A2:A13, MATCH(最低销售额, C2:C13, 0)),
　　TEXTJOIN(" ", 1,
　　　　"本年度总目标销售额为 " & TEXT(总目标,"0!.0, 万元。"),
　　　　"实际销售额为 " & TEXT(总实际,"0!.0, 万元。"),
　　　　"年度总达成率为 " & TEXT(总达成率,"0.00%") & "。",

```
            IF( 总达成率 >1," 整体表现超预期 "," 需关注增长稳定性 ,"),
        " 全年销售最佳月份为 " & 最佳月份 & ", 销售额达 " & TEXT( 最高销售额 ,"0!.0,
        万元。"),
        " 最差月份为 " & 最差月份 & ", 销售额仅 " & TEXT( 最低销售额 ,"0!.0, 万元。"),
    )
)
```

② 输入公式后按 Enter 键确认，F25 单元格会自动显示相应的计算结果，如图 3-52 所示。

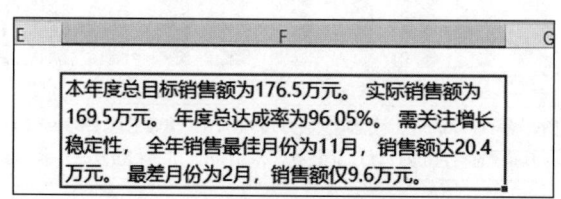

图 3-52　F25 单元格的显示效果

2）插入文本框，并将它链接到 Excel 公式所在的单元格，具体方法为：单击"插入"选项卡下的"文本框"下拉按钮，在展开的下拉列表中单击"绘制横排文本框"选项，按住鼠标左键绘制一个文本框；单击文本框的外边框，在编辑栏中输入公式"=$F$25"，按 Enter 键确认，如图 3-53 所示。

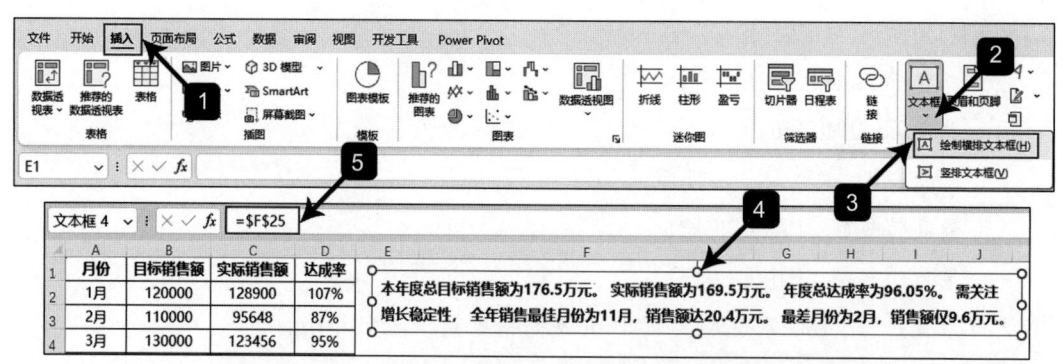

图 3-53　插入文本框并将它链接到 Excel 公式所在的单元格

3）设置文本框的填充与线条格式，并将文本框与图表组合在一起，具体操作步骤如下。

① 双击文本框，在弹出的"设置形状格式"页面中单击"填充与线条"导航按钮，在"填充"下方勾选"无填充"选项，在"线条"下方勾选"无线条"选项，如图 3-54 所示。

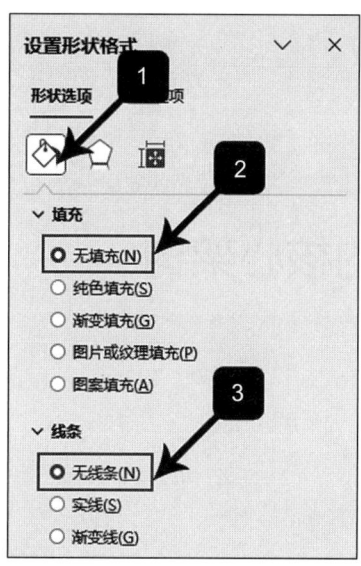

图 3-54 设置文本框的填充与线条格式

② 按住"Ctrl"键不放,依次单击图表外边框和文本框外边框,选中图表和文本框;单击"形状格式"选项卡下的"组合"下拉按钮,在展开的下拉列表中单击"组合"选项,如图 3-55 所示。

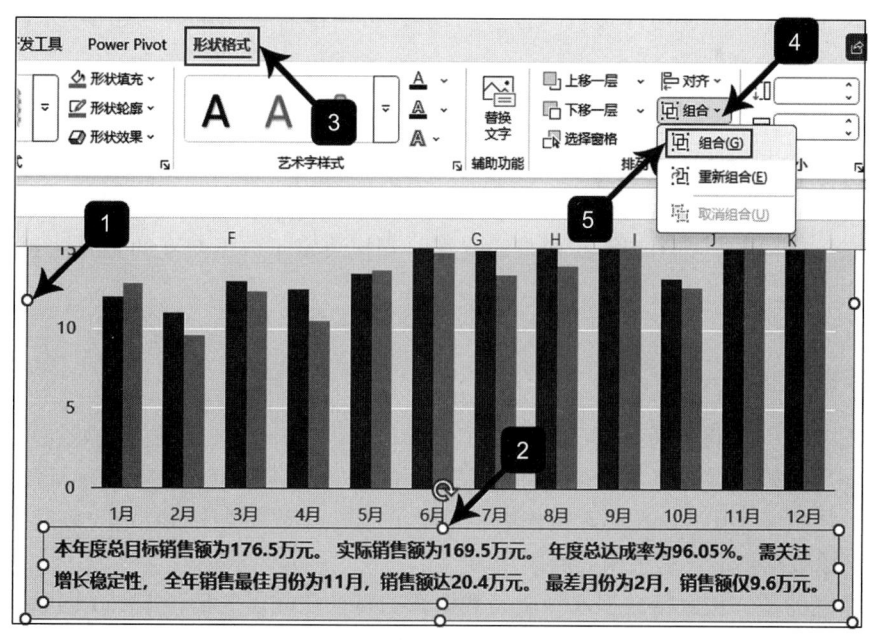

图 3-55 将文本框与图表组合在一起

第 4 章 动态图表的核心架构

在数据可视化实践中,动态图表因其强大的交互能力和实时响应特性,已成为突破静态报表局限的核心工具。本章系统解构动态图表的底层架构逻辑,从数据流模型的运转机制到交互范式的设计原理,完整揭示"让图表动起来"的技术秘籍。通过剖析数据源的三大动态生成方式(公式驱动、透视表解析、结构化数据调用)与交互选择器的三大实现范式(下拉菜单、切片透视、控件驱动),帮助读者快速掌握构建动态图表的底层方法论。

4.1 数据底层架构逻辑

数据底层架构是动态图表系统的核心支撑,直接决定了数据交互的实时性和可视化呈现的稳定性。

4.1.1 数据流模型

动态图表的构建需遵循一套严谨的数据处理流程。该流程可以概括为 4 个关键节点的链式转化:从原始数据源开始,经过图表数据源的筛选与转换生成静态图表,最终演变为动态图表,如图 4-1 所示。在实际操作中,每个关键节点都需要执行特定的数据处理步骤,以确保从原始数据到最终动态图表的顺利转变。

需要注意的是,从原始数据源到图表数据源的转换往往需要消耗 50% 以上的数据处理工作量,这是构建高质量动态图表的技术基石。最终形成的动态图表系统应具备参数化响应、多维度钻取、实时反馈等交互特性。

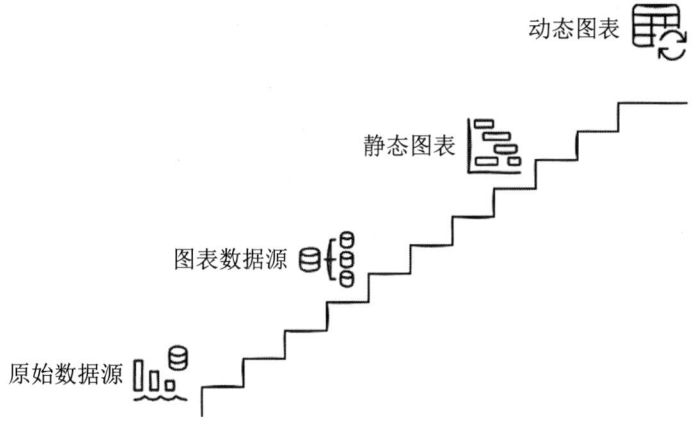

图 4-1 将原始数据转化为动态图表的 4 个关键节点

4.1.2 4 个关键节点对应的处理阶段

在数据流模型中,各个关键节点之间的转化并非一步到位,而是分别对应着数据采集、数据转换、可视化呈现和交互展示 4 个处理阶段,如图 4-2 所示。各阶段的转换过程具有显著的技术特征,且原始数据需经历结构化清洗→维度重构→图表呈现→动态交互 4 个技术跃迁环节。

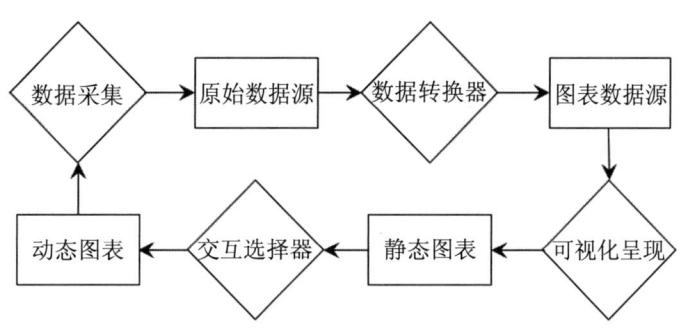

图 4-2 完整的底层数据流模型

(1)数据采集阶段(业务需求 + 数据采集→原始数据源)

❑ 采集方式:包括系统自动导出(如 ERP/OA 系统)、人工编制(如业务报表)、混合模式。

❑ 核心产出:生成结构化的原始数据集,并按照业务逻辑进行初步整理。

(2)数据转换阶段(原始数据源 + 数据转换器→图表数据源)

❑ 数据筛选:根据区域、时间、品类等维度进行数据切片,如提取北京区域的销售数据。

- ❑ 字段衍生：构建辅助分析维度，如将日期拆分为年、月、周，计算金额的同比、环比变化等。
- ❑ 数据重组：建立多维度分析矩阵，如区域销售汇总表、产品线利润对照表等。

（3）可视化呈现阶段（图表数据源＋可视化呈现→静态图表）

- ❑ 图表类型适配：根据分析目的挑选最为合适的图表形式。例如，当进行对比分析时，可选择柱状图或条形图；若开展趋势分析，则折线图或面积图更为适宜。更多图表类型的适配方法，可参见1.2节的详细讲解。
- ❑ 增强型标记处理：采用智能方式标注极值点，如最大值和最小值，同时添加警戒线，如目标线和基准线。
- ❑ 多维看板构建：将多个具有关联性的图表进行组合，形成分析仪表盘。

（4）动态交互展示阶段（静态图表＋交互选择器→动态图表）

- ❑ 控件联动：借助下拉菜单、单选按钮等控件，并结合相关公式，实现动态筛选功能。
- ❑ 切片分析：基于数据透视表和切片器构建即时分析模型。
- ❑ 导航系统：利用超链接创建图表跳转按钮，实现看板的自由切换。

该数据流模型首尾相接，完成一次循环后，可根据需要展示的动态图表再次开启数据采集流程，进而执行下一轮循环处理过程。这种循环特性使得动态图表系统能够根据业务需求和数据变化不断更新和优化，为用户提供持续、准确的数据分析和决策支持。

4.2　数据转换器的3类场景

数据转换器是数据处理流程中的核心枢纽，主要应用于3种典型场景，即公式动态转换、数据透视分析和结构化数据调用。下面进行详细介绍。

4.2.1　公式动态转换

公式动态转换技术能够突破原始数据维度的限制，通过智能构建动态计算规则，有效扩展数据表格的字段属性。该技术不仅可以灵活转换数据的呈现形式，还能为可视化分析提供多维度的观察视角。下面通过一个具体示例来演示其在实际场景中的应用。

某企业的上半年销售统计表中包含1～6月份每天的销售额，如图4-3所示。

现需要按周直观展示上半年每周的销售趋势变化。对于这种需求，可以利用公式动态转换技术扩展原始表格的字段属性，构建需要的图表数据源，具体操作步骤如下。

（1）添加辅助字段"周"

1）在C1单元格输入字段名称"周"，在C2单元格输入如下公式：

=WEEKNUM(A2,2)&"周 "

该公式的计算原理为：按每周从星期一开始、星期日结束的规则，动态计算出该日期对应的周次。

2）输入公式后，按 Enter 键确认，将公式向下填充。扩展字段属性后的销售统计表如图 4-4 所示。

	A	B	C
1	日期	销售额	
2	2025/1/1	3122	
3	2025/1/2	2810	
4	2025/1/3	2585	
5	2025/1/4	2404	
180	2025/6/28	2456	
181	2025/6/29	2309	
182	2025/6/30	2263	

图 4-3　某企业的上半年销售统计表

	A	B	C
1	日期	销售额	周
2	2025/1/1	3122	1周
3	2025/1/2	2810	1周
4	2025/1/3	2585	1周
5	2025/1/4	2404	1周
180	2025/6/28	2456	26周
181	2025/6/29	2309	26周
182	2025/6/30	2263	27周

图 4-4　扩展字段属性后的销售统计表

（2）按周汇总统计销售额

1）在 E1 单元格输入字段名称“周次”，在 E2 单元格输入如下公式：

```
=UNIQUE(C2:C182)
```

该公式的计算原理为：提取 C2:C182 区域的唯一值列表，根据上半年日期自动生成从“1 周”到“27 周”的周序号。

2）在 F1 单元格输入字段名称“周合计销售额”，在 F2 单元格输入如下公式。

```
=SUMIFS(B:B,C:C,E2)
```

该公式的计算原理为：按周汇总统计销售额，自动计算第 1 ～ 27 周的合计销售额。

3）输入公式后按 Enter 键确认，Excel 就会自动计算“周次”和“周合计销售额”，如图 4-5 所示。

（3）创建折线图

1）将第（2）步生成的按周汇总销售额表格作为图表数据源，选中 E1:F28 区域，单击“插入”选项卡下的“插入折线图或面积图”按钮，在展开的下拉页面中单击“带数据标记的折线图”，如图 4-6 所示。

E	F
周次	周合计销售额
1周	13253
2周	16341
3周	16620
4周	16544
25周	25630
26周	18868
27周	2263

图 4-5　计算生成的按周汇总销售额表格

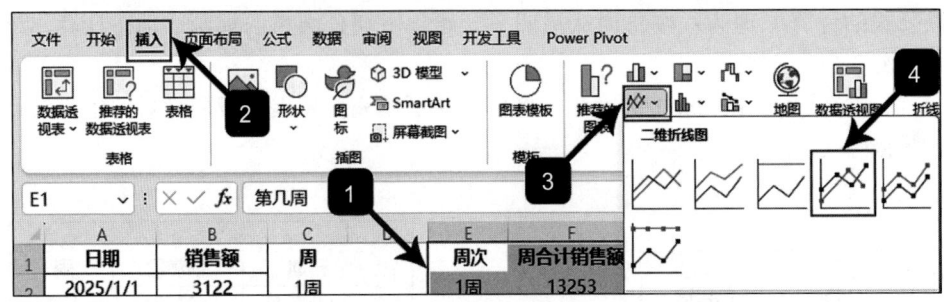

图 4-6 将周汇总销售额表格作为图表数据源创建折线图

2）创建折线图后对图表进行美化，如调整坐标轴标签、添加图表标题等。设置完成的上半年周销售趋势图如图 4-7 所示。

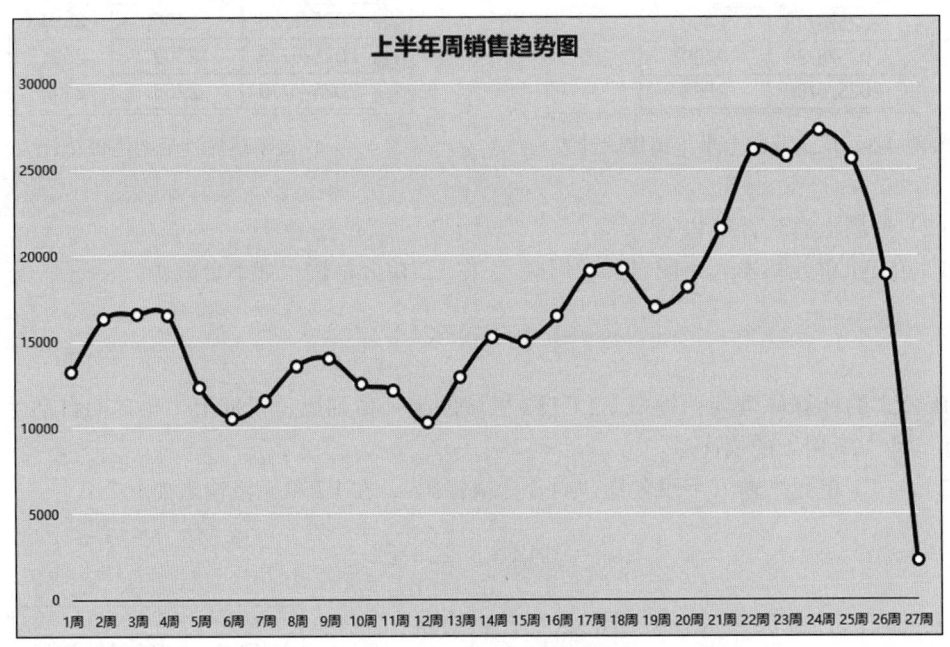

图 4-7 上半年周销售趋势图

4.2.2 数据透视分析

数据透视分析是一种强大的数据处理技术，能够对大规模数据集进行智能化的分类汇总。该技术通过多维度的数据提取和可视化展示，可轻松应对十万级甚至更大规模数据量的实时统计与分析需求。其核心优势在于它支持用户根据需求自定义分析维度，并实现数据的动态钻取和条件筛选。下面通过一个具体示例来演示其在实际场景中的应用。

某企业的全年订单表中包含 11 万多条订单记录，如图 4-8 所示。

第 4 章 动态图表的核心架构 ❖ 101

	A	B	C	D	E
1	订单号	日期	商品名称	销售额	销售渠道
2	D000001	2025/1/1	商品M	71.18	批发
3	D000002	2025/1/1	商品H	68.33	代理
4	D000003	2025/1/1	商品F	73.11	代理
5	D000004	2025/1/1	商品C	65.8	零售
6	D000005	2025/1/1	商品F	71.06	代理
114973	D114972	2025/12/31	商品H	20.93	零售
114974	D114973	2025/12/31	商品I	21.14	批发
114975	D114974	2025/12/31	商品L	22.62	零售
114976	D114975	2025/12/31	商品F	22.85	代理

图 4-8 某企业的全年订单表

现需要对比展示各月份的总销售额，并按照销售渠道（如批发）钻取目标数据，以便进行观察分析。这种需求可以利用数据透视分析技术实现，具体操作步骤如下。

（1）创建数据透视表

1）选中全年订单表中的任意单元格（如A1），单击"插入"选项卡下的"数据透视表"按钮；在弹出的"来自表格或区域的数据透视表"页面中检查"表/区域"输入框中的引用区域是否正确，根据需要在"选择放置数据透视表的位置"下方勾选对应选项（如新工作表），然后单击"确定"按钮，如图4-9所示。

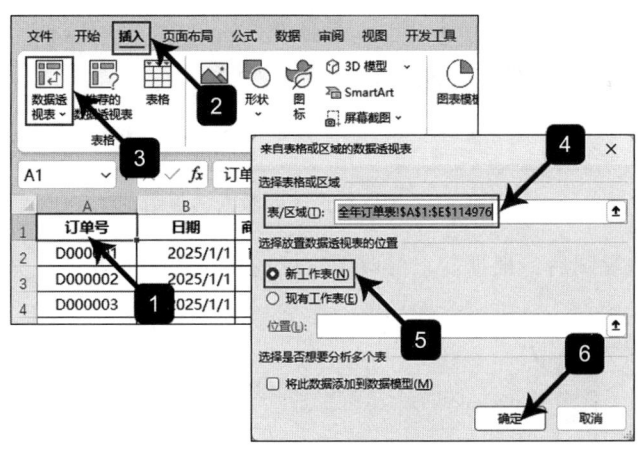

图 4-9 创建数据透视表

2）在弹出的"数据透视表字段"页面中将"日期"字段拖动到"行"区域，将"销售额"字段拖动到"值"区域，将"销售渠道"字段拖动到"筛选"区域，以便按月份汇总销售额，如图4-10所示。

（2）创建数据透视图

1）选中数据透视表中任意单元格（如A3），单击"插入"选项卡下的"插入柱形图或条形图"下拉按钮，在展开的下拉页面中单击"簇状柱形图"，如图4-11所示。

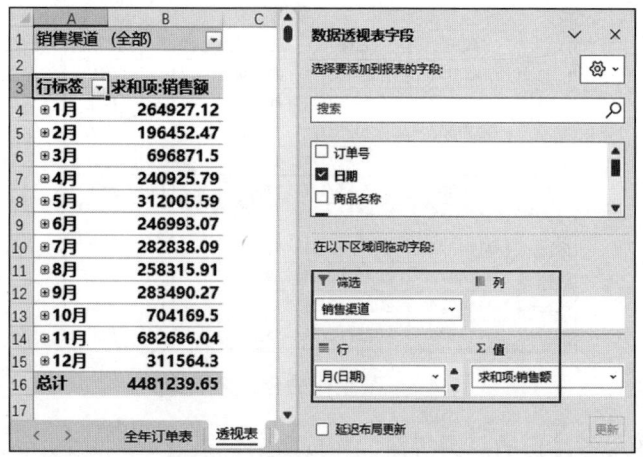

图 4-10　按月份汇总销售额

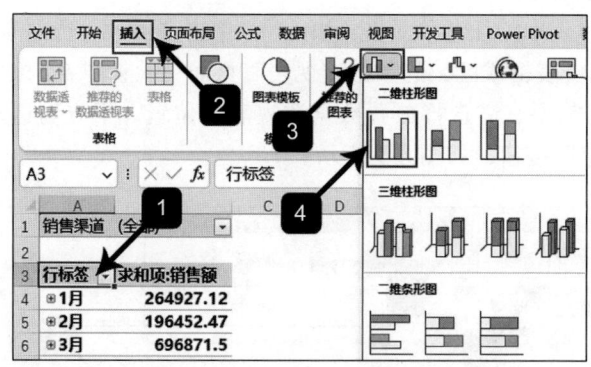

图 4-11　创建柱形图的数据透视图

2）生成数据透视图后，根据需求修改图表标题并对图表元素进行美化，设置完成后的效果如图 4-12 所示。

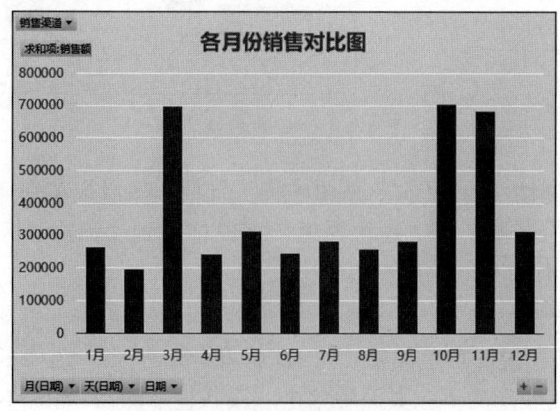

图 4-12　根据需求修改图表标题并对图表元素进行美化

(3)按照特定条件钻取数据,根据透视图展示结果进行对比分析

在透视图左上角单击"销售渠道"筛选按钮,在展开的下拉列表中选中"批发"选项,单击"确定"按钮,钻取批发渠道的销售数据如图 4-13 所示。

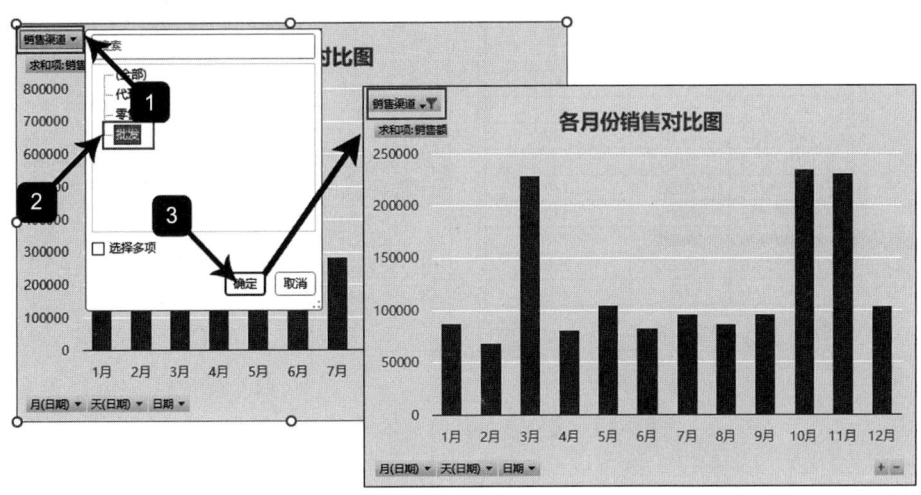

图 4-13 钻取批发渠道的销售数据使用柱形图对比展示

4.2.3 结构化数据调用

结构化数据调用技术能够高效实现跨工作表的数据引用与整合。该技术基于 Excel 超级表的结构化引用机制,支持动态跨表调用整表数据或特定字段区域,确保数据引用的精准性和灵活性。其核心价值在于:当源表格数据发生增减变动时,结构化引用区域能够自动同步更新引用范围,无须人工调整公式引用范围,这显著提升了数据维护效率。下面通过一个具体示例来演示其在实际场景中的应用。

某企业的项目成本数据(成本表)和收入数据(收入表)分别位于不同的工作表中,如图 4-14 所示。

现需要根据数据源对项目收益情况进行统计分析,实现以下 3 种需求。

❑ 按照项目名称分类汇总统计投资成本和项目收入。
❑ 核算各项目的收益情况,其中收益 = 收入 − 成本。
❑ 当数据源记录增加时,以上计算结果支持自动更新。

这种需求可以利用结构化数据调用技术实现,具体操作步骤如下。

(1)将成本表和收入表转换为超级表

1)选中成本表中任意单元格(如 A1),单击"插入"选项卡下的"表格"按钮;在弹出的"创建表"页面中检查"表数据的来源"输入框中的引用区域是否正确,然后单击"确定"按钮,如图 4-15 所示。

a）成本表　　　　　　　　　b）收入表

图 4-14　某企业的项目成本表和收入表

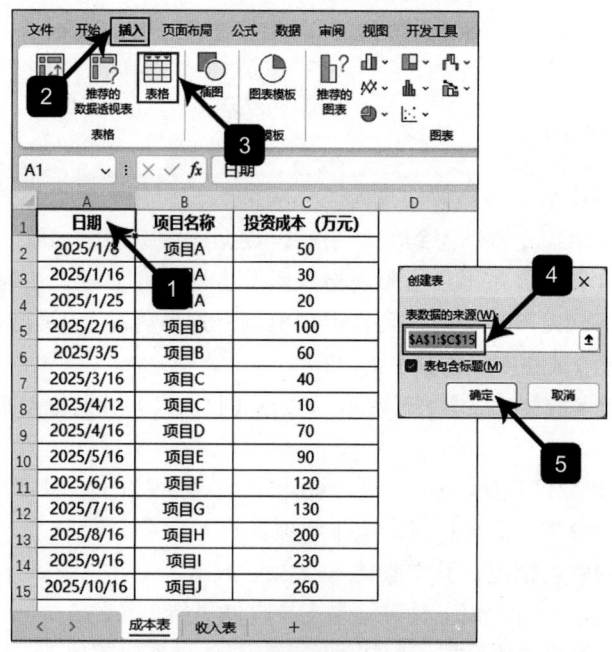

图 4-15　将表格转换为超级表

2）单击"表设计"选项卡，将默认表名称（如表1）修改为规范名称（如成本表），如图 4-16 所示。

3）采用同样的方法将收入表转换为超级表，并修改表名称为"收入表"，如图 4-17 所示。

第 4 章　动态图表的核心架构　❖　105

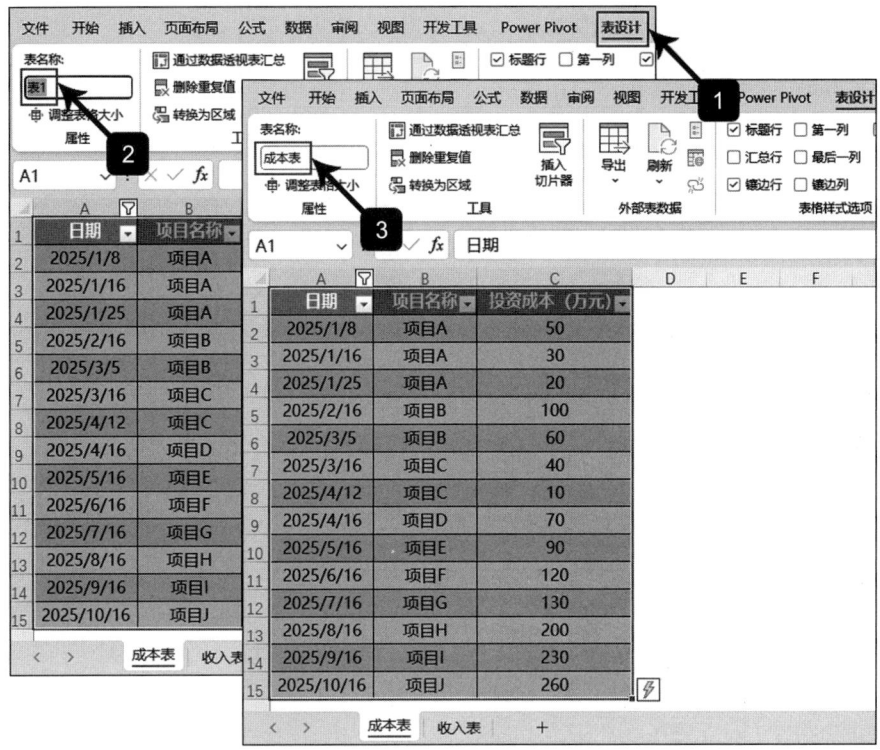

图 4-16　将默认表名称修改为规范名称

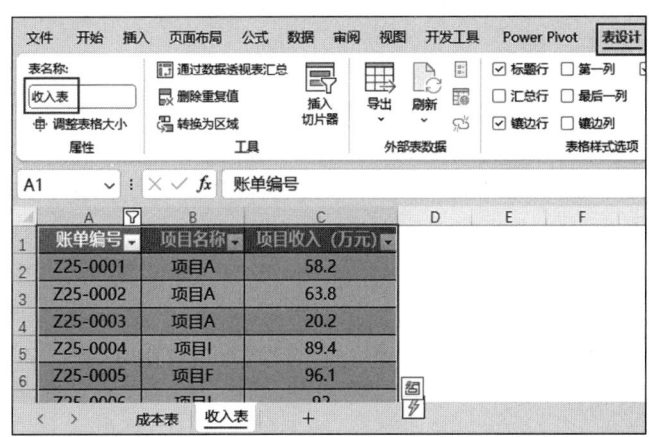

图 4-17　将收入表转换为超级表并规范命名

（2）创建收益表

1）在 Excel 中新建工作表"收益表"，按需求确定表结构并填写字段名称，如图 4-18 所示。

图 4-18　按需求确定收益表结构和字段名称

2）在收益表中的 B2 单元格输入公式，计算结果如图 4-19 所示。

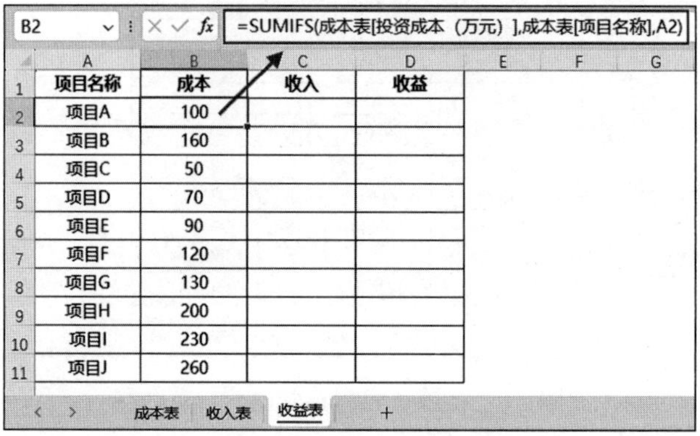

图 4-19　在收益表中调取项目成本

该公式的正确应用需同时满足以下两个条件。

❑ Excel 工作簿中需已经创建名为"成本表"的超级表。

❑ 该表中必须包含"投资成本（万元）"和"项目名称"这两个字段。

满足这些条件后，方可使用"表名称 [字段名称]"这种结构化引用方式。这种引用方式能自动适应表格数据的增减变化，实现动态范围更新。

该公式的计算原理为：使用 SUMIFS 条件求和函数，从"成本表"中按照项目名称（如 A2）汇总对应的投资成本。

3）在收益表中的 C2 单元格输入公式，计算结果如图 4-20 所示。

（3）统计各项目收益

在收益表中的 D2 单元格输入公式，根据"收入"和"成本"计算项目收益，结果如图 4-21 所示。

（4）测试计算结果是否能自动更新

下面在数据源中增加收入记录，测试"收益表"中的计算结果是否能够自动更新，具体操作步骤如下。

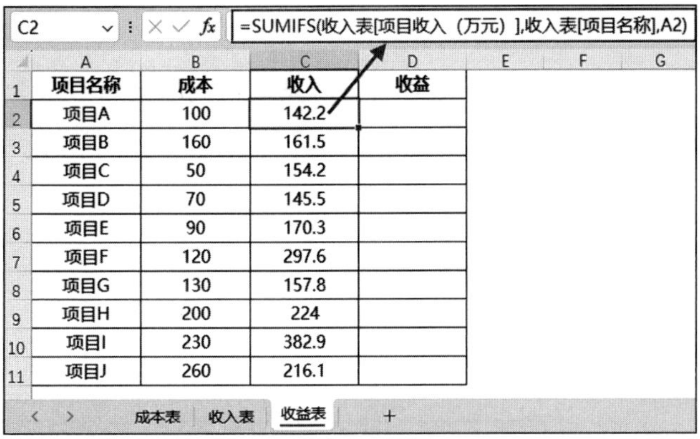

C2　=SUMIFS(收入表[项目收入（万元）],收入表[项目名称],A2)

项目名称	成本	收入	收益
项目A	100	142.2	
项目B	160	161.5	
项目C	50	154.2	
项目D	70	145.5	
项目E	90	170.3	
项目F	120	297.6	
项目G	130	157.8	
项目H	200	224	
项目I	230	382.9	
项目J	260	216.1	

成本表　收入表　收益表

图 4-20　在收益表中调取项目收入

1）在“收入表”中添加 1 行项目 A 的收入记录，如图 4-22 所示。

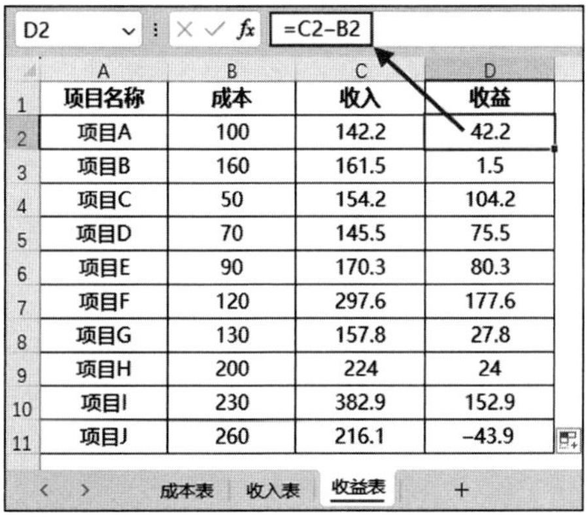

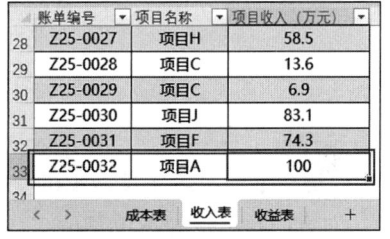

D2　=C2−B2

项目名称	成本	收入	收益
项目A	100	142.2	42.2
项目B	160	161.5	1.5
项目C	50	154.2	104.2
项目D	70	145.5	75.5
项目E	90	170.3	80.3
项目F	120	297.6	177.6
项目G	130	157.8	27.8
项目H	200	224	24
项目I	230	382.9	152.9
项目J	260	216.1	−43.9

成本表　收入表　收益表

图 4-21　在收益表中计算项目收益

账单编号	项目名称	项目收入（万元）
Z25-0027	项目H	58.5
Z25-0028	项目C	13.6
Z25-0029	项目C	6.9
Z25-0030	项目J	83.1
Z25-0031	项目F	74.3
Z25-0032	项目A	100

成本表　收入表　收益表

图 4-22　在“收入表”中添加 1 行项目 A 的收入记录

2）更改数据源后跳转到“收益表”，查看项目 A 的收入及收益结果，如图 4-23 所示。

经过前后比对可以发现，项目 A 的收入及收益计算结果能够随数据源的改变而保持自动更新。

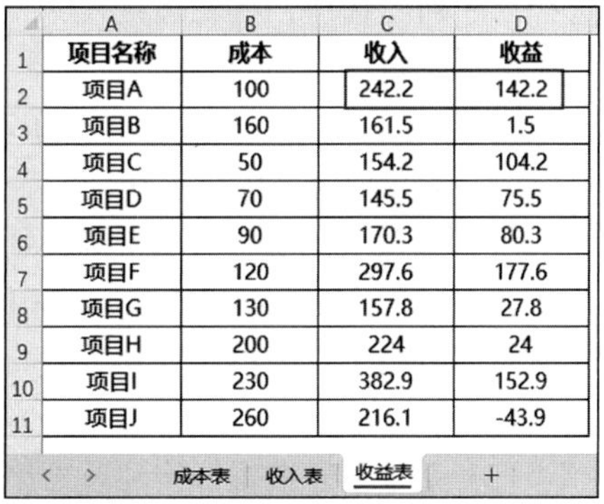

项目名称	成本	收入	收益
项目A	100	242.2	142.2
项目B	160	161.5	1.5
项目C	50	154.2	104.2
项目D	70	145.5	75.5
项目E	90	170.3	80.3
项目F	120	297.6	177.6
项目G	130	157.8	27.8
项目H	200	224	24
项目I	230	382.9	152.9
项目J	260	216.1	-43.9

成本表　收入表　收益表

图 4-23　项目 A 的收入及收益计算结果

4.3　交互选择器

交互选择器是构建动态图表的关键部件，主要有 3 种交互选择方式：下拉菜单、切片透视和控件驱动。下面进行详细介绍。

4.3.1 下拉菜单

下拉菜单作为动态图表交互的核心控件,以其简洁高效的特点成为数据展示的理想工具。通过单元格内嵌的下拉列表,用户可直观选择预设选项,实现以下 3 种核心功能。

❑ 提升交互友好性,降低使用门槛。
❑ 支持数据层级钻取和多维度分析。
❑ 动态关联筛选条件,精准定位目标数据。

下面通过一个具体示例来演示其在实际场景中的应用。

某企业的产品销售表中包含 3 种主要产品在各季度的销售数据,如图 4-24 所示。

产品类别	周期	销售额(万元)
手机	1季度	34
笔记本电脑	1季度	31
打印机	1季度	10
手机	2季度	50
笔记本电脑	2季度	52
打印机	2季度	15
手机	3季度	66
笔记本电脑	3季度	34
打印机	3季度	12
手机	4季度	56
笔记本电脑	4季度	42
打印机	4季度	20

图 4-24 某企业的产品销售表

现需要根据用户的交互指令展示对应类别的产品在各季度的销售对比情况。这种需求可以采用层级化下拉菜单实现数据的交互式钻取分析,具体操作步骤如下。

(1)创建产品类别的下拉菜单

1)在 E1 单元格输入"产品类别";选中 E2 单元格,单击"数据"选项卡下的"数据验证"按钮;在弹出的"数据验证"页面中单击"允许"右侧的下拉按钮,在下拉列表中选择"序列"选项;将光标定位到"来源"输入框中,选中 A2:A4 单元格区域,单击"确定"按钮,如图 4-25 所示。

2)设置完成后,当用户单击 E2 单元格时,右侧会自动出现下拉按钮。单击下拉按钮可以展开下拉列表供用户选择,其显示效果如图 4-26 所示。

(2)通过公式动态引用所选类别的数据

在 G1 单元格输入"周期",在 H1 单元格输入"销售额(万元)",在 G2 单元格输入公式,动态引用下拉菜单所在单元格(E2)中对应产品类别在各季度的销售数据,计算结果如图 4-27 所示。

(3)基于动态数据源构建季度销售对比图

基于动态数据源(G1:H5 区域)创建簇状柱形图,设置图表标题并对图表元素进行美化,设置完成后的图表如图 4-28 所示。

第 4 章 动态图表的核心架构 ❖ 109

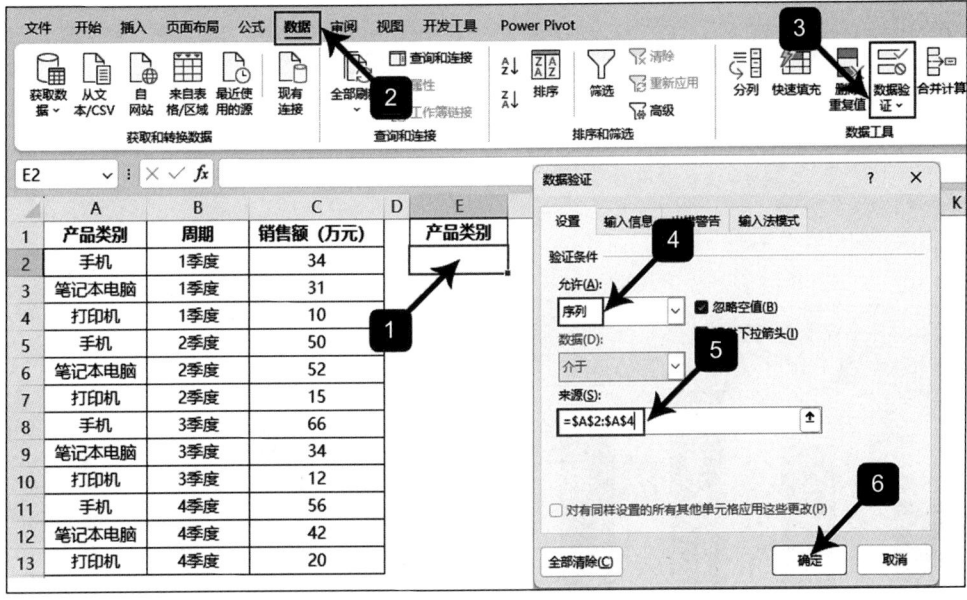

图 4-25 创建产品类别的下拉菜单

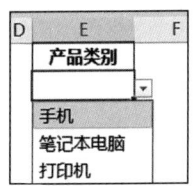

图 4-26 设置完成后的下拉菜单显示效果

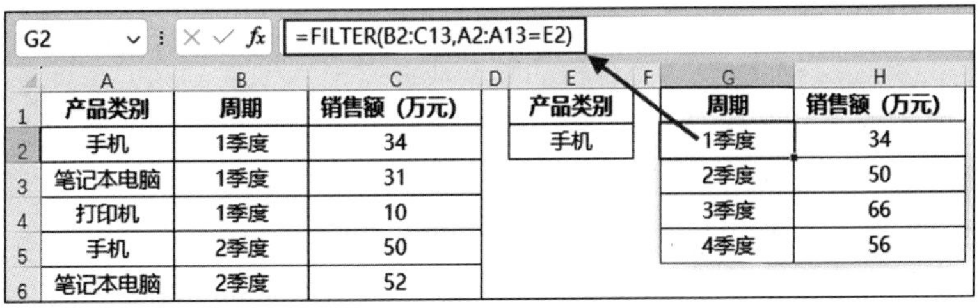

图 4-27 动态引用所选产品类别在各季度的销售数据

（4）测试计算结果是否能自动更新

当用户在 E2 单元格更改下拉菜单中选择的产品类别（如笔记本电脑）时，图表展示结果也会同步更新，如图 4-29 所示。

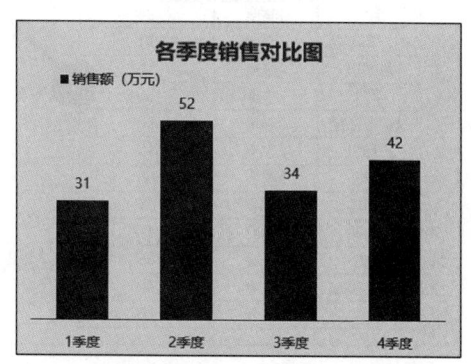

a）选择"笔记本电脑"

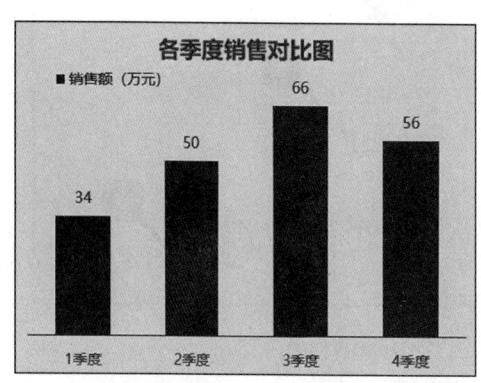

b）更新后的各季度销售对比图

图 4-28　各季度销售对比图　　图 4-29　用户更改选择后的图表展示结果

4.3.2　切片透视

切片透视技术是构建动态图表的核心方法之一，其独特价值在于通过切片器实现海量数据的多维度透视分析，支持用户通过一键操作灵活切换数据筛选条件和观察视角。该技术尤其适用于以下两种典型场景。

❑ 场景1：处理大规模数据集，如记录数超过1万条。

❑ 场景2：需要进行多维度交叉分析的复杂业务需求。

通过与数据透视表和数据透视图的深度整合，切片透视功能能够高效驱动动态图表，实现可视化结果的即时切换与交互展示。下面通过一个具体示例详细演示该技术在实际业务分析中的应用效果和实施方法。

某企业的全年订单记录表中包含每天不同区域和部门销售的商品名称和金额数据，如图4-30所示。

现需要针对用户提出的多维度交叉分析需求（包括部门、区域、商品名称等维度），动态展示1～12月的销售趋势变化。这种需求可以采用切片透视技术实现，具体操作步骤如下。

（1）创建数据透视表

1）选中全年订单记录表中的任意单元格（如A1），单击"插入"选项卡下的"数据透视表”按钮；在弹出的“来自表格或区域的数据透视表”页面中检查“表 / 区域”输入框中的引用区域是否正确，根据需要在“选择放置数据透视表的位置”下方勾选对应选项（如新工作表），然后单击“确定”按钮，如图 4-31 所示。

	A	B	C	D	E	F
1	订单编号	日期	区域	商品名称	金额	部门
2	D00001	2025/1/1	上海	商品C	786	销售二部
3	D00002	2025/1/1	广州	商品F	144	销售二部
4	D00003	2025/1/1	广州	商品E	46	销售五部
5	D00004	2025/1/1	广州	商品H	234	销售五部
6	D00005	2025/1/1	北京	商品H	44	销售五部
7	D00006	2025/1/1	广州	商品D	420	销售四部
9996	D09995	2025/12/31	北京	商品C	621	销售二部
9997	D09996	2025/12/31	北京	商品B	127	销售五部
9998	D09997	2025/12/31	上海	商品G	14	销售五部
9999	D09998	2025/12/31	上海	商品G	103	销售二部
10000	D09999	2025/12/31	上海	商品A	546	销售三部
10001	D10000	2025/12/31	广州	商品H	48	销售三部

订单记录表

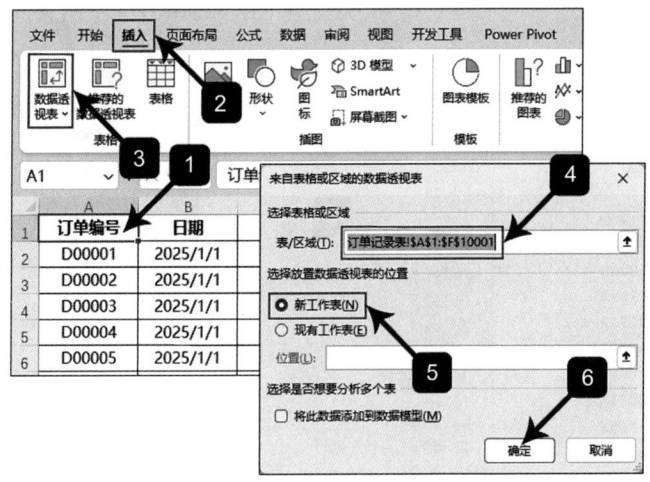

图 4-30　某企业的全年订单记录表

图 4-31　根据数据源创建数据透视表

2）在弹出的“数据透视表字段”页面中将“日期”字段拖动到“行”区域，将“金额”字段拖动到“值”区域，如图 4-32 所示。

（2）创建数据透视图

1）选中数据透视表中的任意单元格（如 A3），单击“插入”选项卡下的“数据透视图”按钮；在弹出的“插入图表”页面中选中左侧导航栏中的“折线图”选项，单击顶部的“带数据标记的折线图”按钮，然后单击“确定”按钮，如图 4-33 所示。

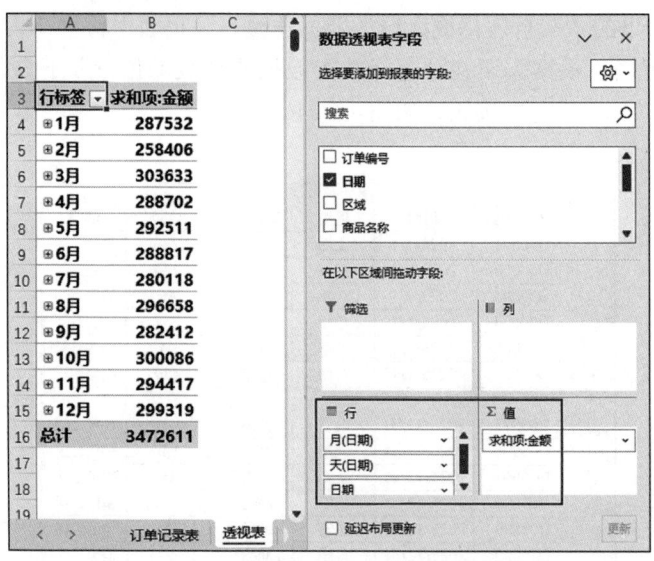

图 4-32 在数据透视表中按照月份分类汇总金额

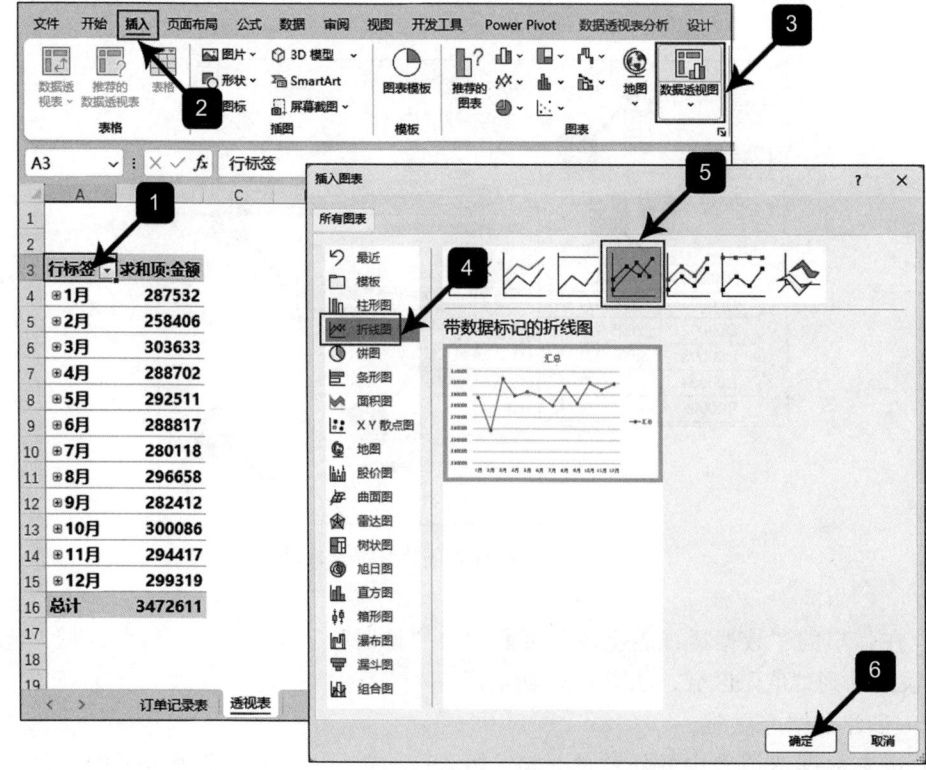

图 4-33 插入"带数据标记的折线图"

2）在图表中按需求设置标题并美化图表元素，设置完成后的显示效果如图4-34所示。

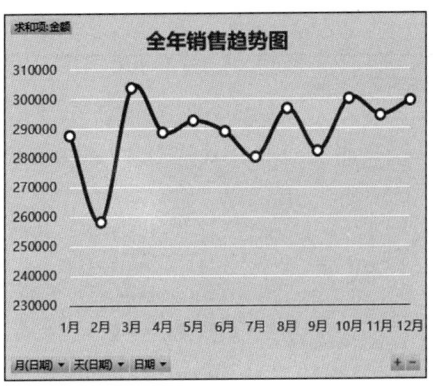

图4-34　按需求设置标题并美化图表元素

（3）插入切片器

选中数据透视表中的任意单元格（如A3），单击"数据透视表分析"选项卡下的"插入切片器"按钮；在弹出的"插入切片器"页面中依次勾选"区域""商品名称"和"部门"选项，单击"确定"按钮，如图4-35所示。

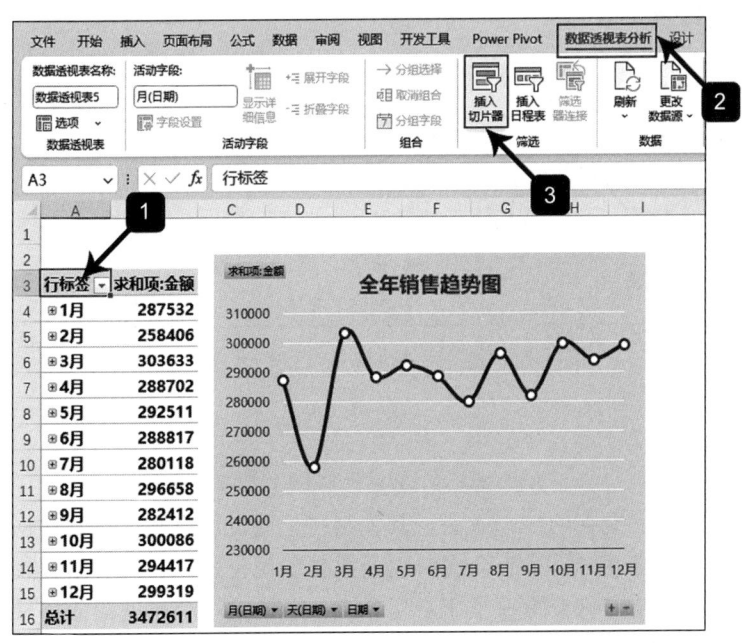
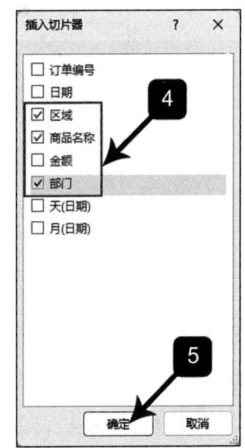

图4-35　插入切片器

（4）检测分析结果是否能自动更新

插入的切片器可以驱动数据透视表和数据透视图实现同步更新。当用户在切片器中选定特定条件后，即可用选定的维度驱动数据透视图展示对应的图表。例如，当选择"区域"为北京、"部门"为销售二部、"商品名称"为商品 A，该组合条件下的全年趋势图如图 4-36 所示。

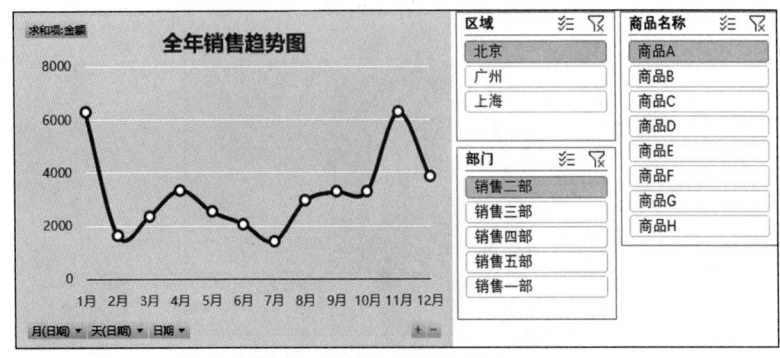

图 4-36　利用切片器进行多维度分析

当分析需求更改时，仅需在切片器中单击对应选项，即可一键切换分析视角，更新数据透视图的展示结果。例如，将"商品名称"从"商品 A"更改为"商品 B"时，相应的全年趋势图如图 4-37 所示。

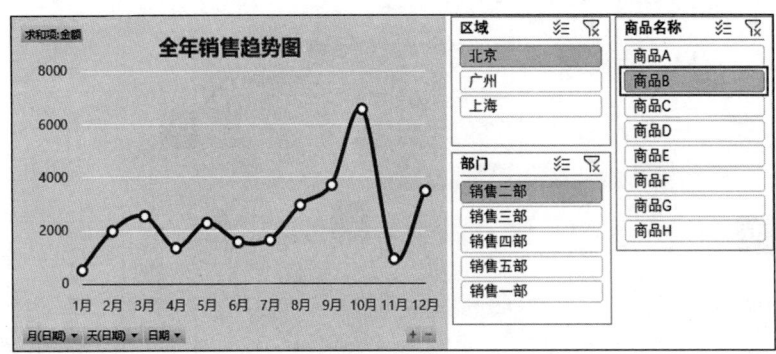

图 4-37　按需求一键切换分析视角

4.3.3　控件驱动

控件驱动技术是实现动态图表交互的核心方法，其关键在于通过用户操作触发数据源的智能响应。当用户与控件进行交互时，系统会实时更新数据引用位置，实现数据源或特定区域的动态关联，从而让图表精准响应每一个用户指令。下面通过一个典型业务场景示例系统讲解该技术的实现逻辑和实际应用价值。

某企业的各季度销售统计表中包含 1～4 季度的销售额汇总数据，如图 4-38 所示。

现需要针对用户的分析指令（如对比分析、趋势分析、构成分析）切换对应的图表类型（如柱形图、折线图、饼图），实现交互式数据可视化分析。这种需求可以采用控件驱动技术实现，具体操作步骤如下。

周期	销售额（万元）
1季度	500
2季度	300
3季度	800
4季度	600

各季度销售统计表

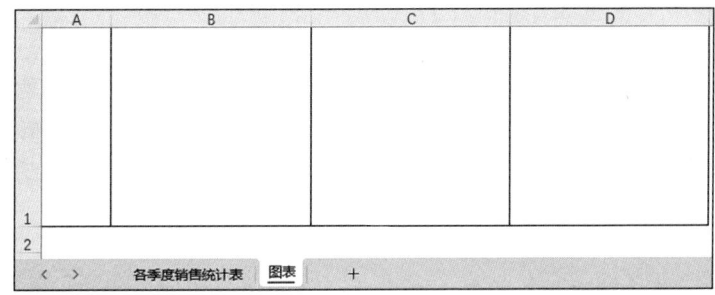

图 4-38　某企业的各季度销售统计表

（1）新建“图表”工作表

1）在 Excel 中新建一张工作表，将它命名为“图表”；然后将第 1 行的行高设置为 180，将 B:D 列的列宽设置为 30，设置完成后的效果如图 4-39 所示。

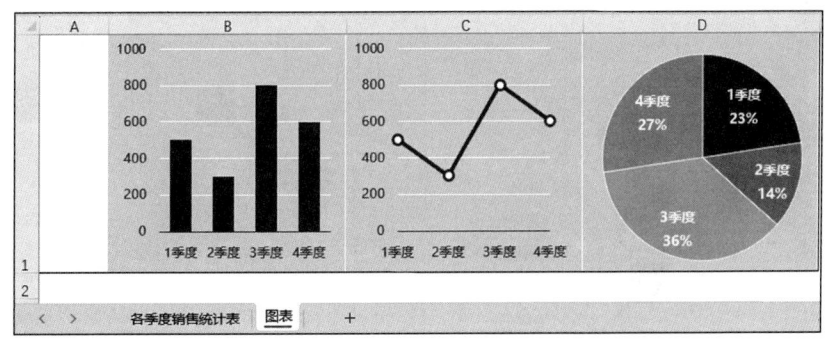

图 4-39　新建“图表”工作表并设置行高和列宽

2）将工作表“各季度销售统计表”的 A1:B5 区域作为图表数据源，分别创建柱形图、折线图和饼图；然后将 3 种图表放置到“图表”工作表的 B1:D1 单元格区域，美化后的效果如图 4-40 所示。

图 4-40　创建图表并放置到指定区域

（2）插入开发工具控件并设置单元格链接

1）将光标定位至工作表“各季度销售统计表”的 C2 单元格，单击“开发工具”选项卡下的“插入”按钮，在弹出的扩展页面中单击“表单控件”中的“选项按钮（窗体控件）”，如图 4-41 所示。

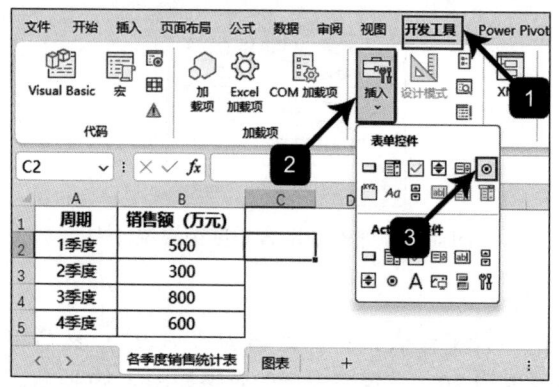

图 4-41 插入"开发工具"控件中的"选项按钮"

 注意 如果在 Excel 顶部的菜单栏中找不到"开发工具"选项卡,可以单击"文件"选项卡下的"选项"按钮,在弹出的"Excel 选项"页面中,在左侧导航栏中选中"自定义功能区"选项,在右侧的"主选项卡"列表中勾选"开发工具"选项,然后单击"确定"按钮,即可插入开发工具控件。

2)在 C2 单元格中拖动鼠标绘制一个大小合适的选项按钮;在其上单击鼠标右键,在弹出的快捷菜单中单击"设置控件格式"选项;在弹出的"设置控件格式"页面的上方选中"控制"导航按钮;将光标定位到"单元格链接"输入框中,单击 D1 单元格后,系统会自动填写链接地址;单击"确定"按钮,如图 4-42 所示。

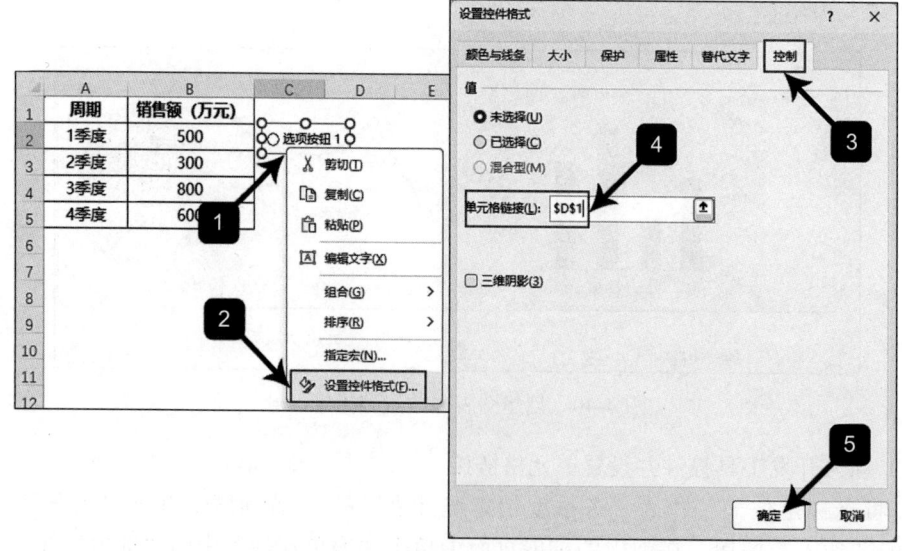

图 4-42 设置"开发工具"控件的单元格链接

3)将选项按钮的名称修改为"对比分析";选中此选项按钮时,与之链接的单元格 D1 的值会变为 1,如图 4-43 所示。

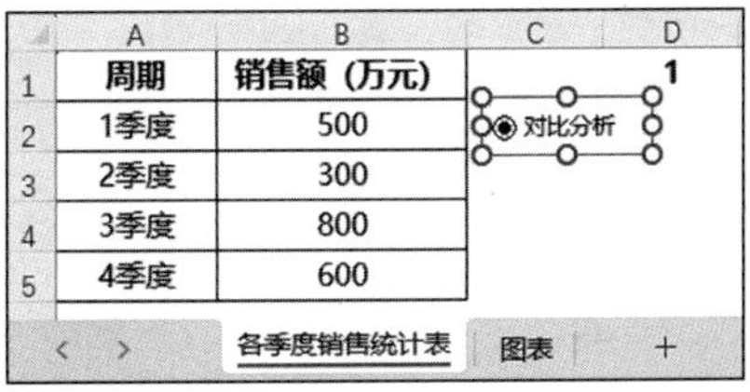

图 4-43　选中"对比分析"选项按钮时的显示效果

4)右键单击"对比分析"选项按钮,选中该按钮后,按住 Ctrl 键将它向下拖动至 C3 单元格;复制出第 2 个选项按钮后,将其名称修改为"趋势分析";选中此选项按钮时,与之链接的单元格 D1 的值会变为 2,如图 4-44 所示。

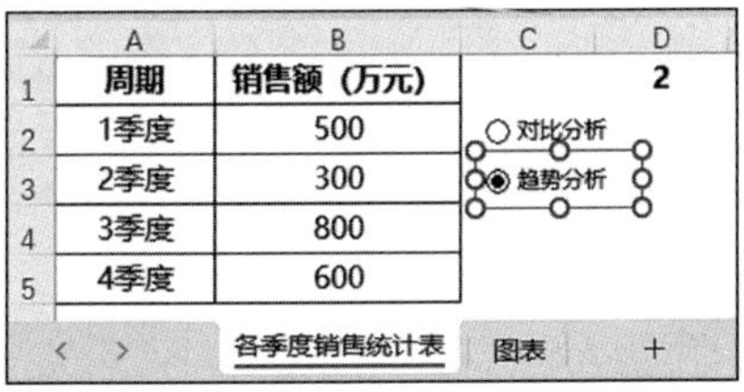

图 4-44　选中"趋势分析"选项按钮时的显示效果

5)采用同样的方法复制出第 3 个选项按钮,将其名称修改为"构成分析";选中此选项按钮时,与之链接的单元格 D1 的值会变为 3,如图 4-45 所示。

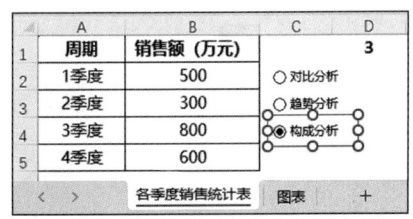

图 4-45　选中"构成分析"选项按钮时的显示效果

(3)创建自定义名称,实现动态关联

1)单击"公式"选项卡下的"定义名称"按钮,在弹出的"新建名称"页面中在"名称"输入框中输入"a",在"引用位置"输入框中输入公式,单击"确定"按钮,如图 4-46 所示。

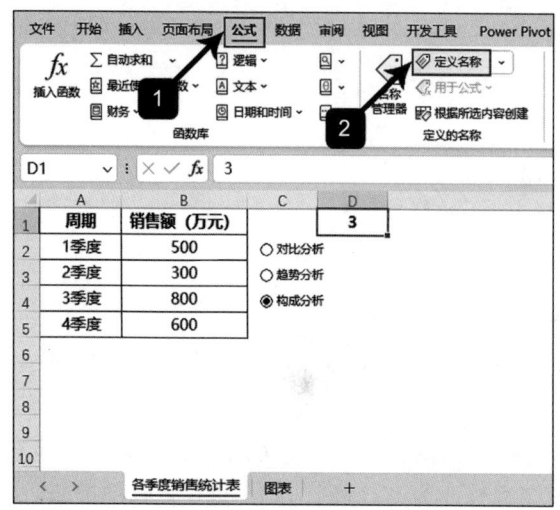
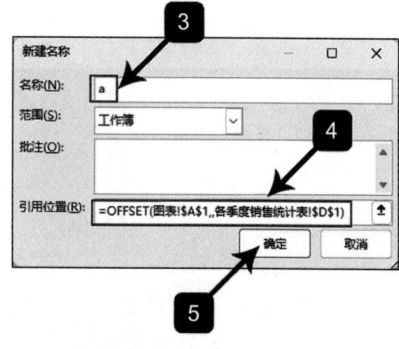

a）单击"定义名称"按钮　　　　　　　　b）输入名称和公式

图 4-46　创建自定义名称 a

2）单击"公式"选项卡下的"名称管理器"按钮，在弹出的"名称管理器"页面中单击名称"a"，即可在"引用位置"编辑栏中查看或编辑公式，如图 4-47 所示。

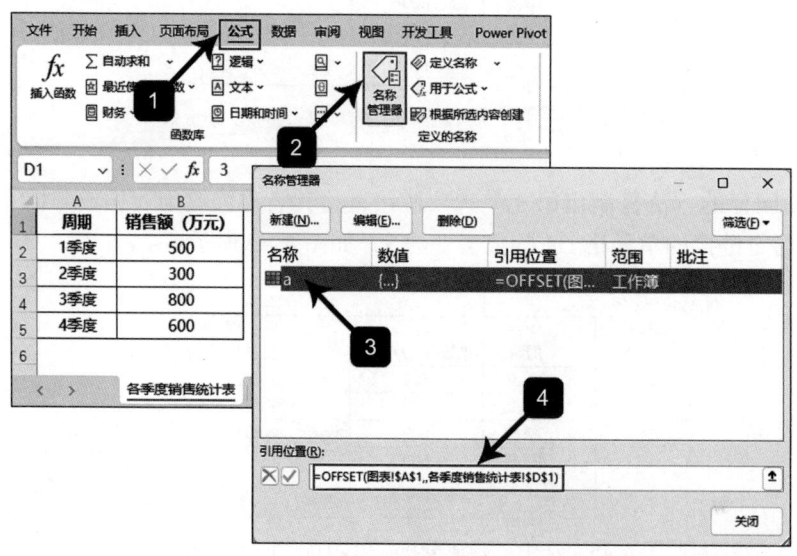

图 4-47　在名称管理器中查看自定义名称

（4）连接图表与自定义名称，实现动态切换

1）在"图表"工作表中选中柱形图的外边框，按"Ctrl+C"组合键复制图表，如图 4-48a 所示；将光标定位至"各季度销售统计表"工作表的 E1 单元格，单击鼠标右键，在弹出的快捷菜单中单击"粘贴选项"下面的"图片"按钮，如图 4-48b 所示。

第 4 章　动态图表的核心架构　◆　119

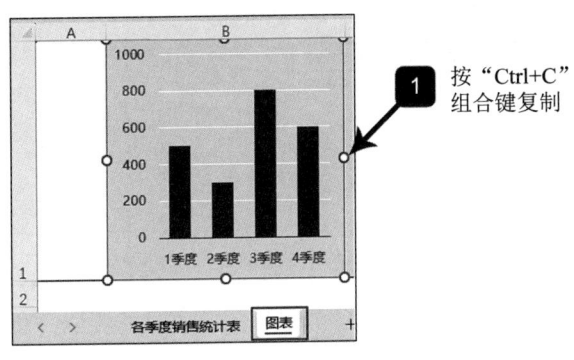

a）复制图表

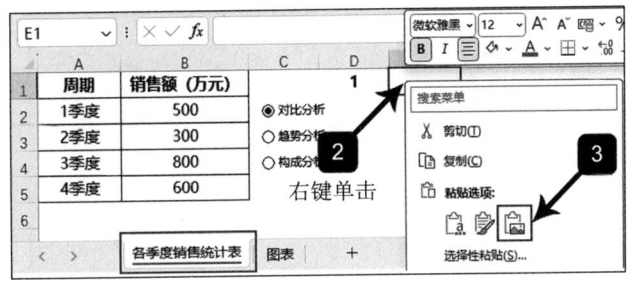

b）粘贴为图片

图 4-48　将图表复制粘贴为图片

2）选中图片，在编辑栏中输入公式"=a"，按 Enter 键确认，如图 4-49 所示。

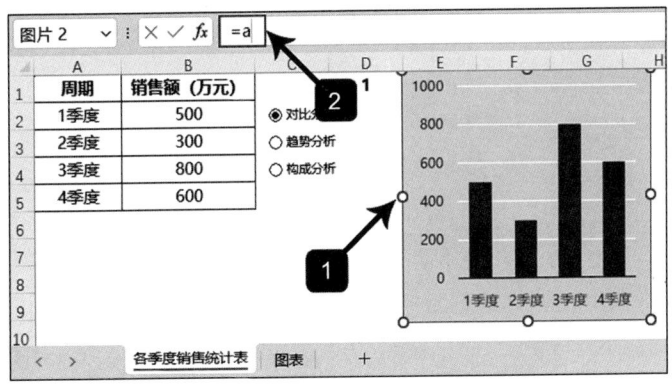

图 4-49　将图片连接到自定义名称

3）连接图表与自定义名称"a"后，即可根据用户在控件中的操作交互展示对应类型的图表。例如，当用户选择趋势分析时，图表类型会自动切换为折线图，如图 4-50 所示。

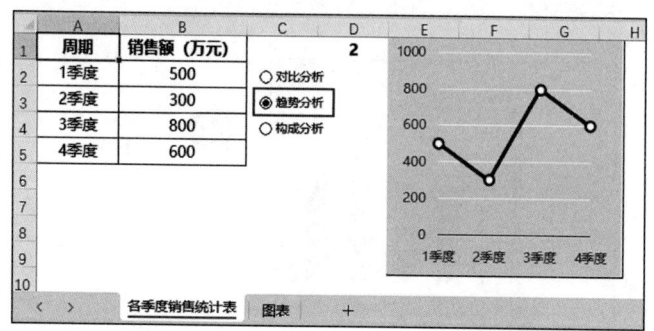

图 4-50 单击"趋势分析"按钮的显示效果

当用户选择构成分析时,图表类型会自动切换为饼图,如图 4-51 所示。

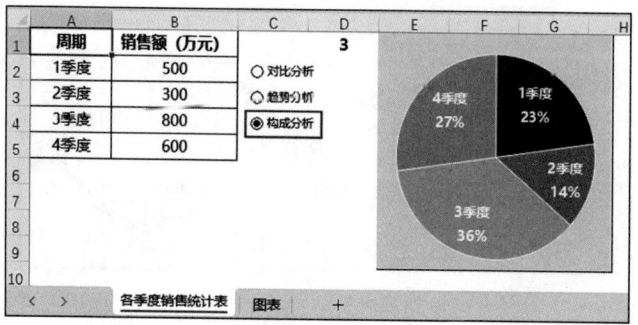

图 4-51 单击"构成分析"按钮的显示效果

第 5 章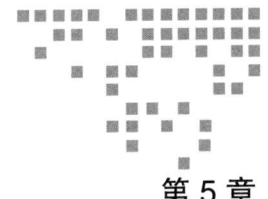

使用 DeepSeek 智能解析函数公式

在数据驱动的时代，DeepSeek 作为前沿的 AI 智能工具，以其强大的自动化与智能化能力，彻底革新了传统数据处理的复杂流程。即使是 Excel 零基础初学者，也能通过掌握 DeepSeek 的正确运用，解决工作中 50% 以上的公式计算难题，避免陷入因不懂函数而束手无策的困境。本章系统解析 DeepSeek 在逻辑判断、查找引用、聚合计算与条件筛选这四大核心需求场景中的应用方法，帮助用户根据问题场景生成精准公式，实现"所想即所得"的高效数据处理。

5.1 逻辑判断

逻辑判断函数是 Excel 中用于处理复杂数据的关键工具，能够大幅提升条件分析的效率与准确性。

5.1.1 IFS 函数

Excel 中的 IFS 函数可以根据多条件动态返回结果。使用 DeepSeek 智能解析该函数用法的具体方法如下。

在 DeepSeek 官网页面（https://chat.deepseek.com）中输入需求："我是零基础初学者，请详细讲解 Excel 中 IFS 函数的用法。"按 Enter 键提交后，DeepSeek 的回答内容如下。

好的！IFS 函数是 Excel 中用于**多条件判断**的逻辑函数，特别适合需要检查多个条件并返回不同结果的场景。下面我会从零基础的角度详细讲解它的用法，包括语法、示例和注意事项。

一、IFS 函数的作用

IFS 函数可以替代多个嵌套的 IF 函数,依次检查多个条件,一旦某个条件为真(TRUE),就返回对应的结果,后续条件不再判断。

二、基本语法

=IFS(条件 1,结果 1,条件 2,结果 2,…,[条件 N,结果 N])

参数说明:
- 条件 1,条件 2,…:要判断的逻辑表达式(例如 A1>60, B2="是")。
- 结果 1,结果 2,…:当对应条件为 TRUE 时返回的值。

> **注意**
> - IFS 函数会按顺序判断条件,一旦某个条件满足,立即返回对应结果。
> - 如果所有条件都不满足,会返回 #N/A 错误(可通过默认值避免,见下文)。

三、具体示例

1. 示例 1:成绩评级

假设单元格 A1 是分数,根据分数返回评级:

=IFS(A1>=90,"优秀",A1>=80,"良好",A1>=60,"及格",A1<60,"不及格")

说明:
- 若 A1=95,返回"优秀"(满足第一个条件后停止判断)。
- 若 A1=75,返回"及格"(因为 75 不满足前两个条件,但满足第三个)。

2. 示例 2:销售提成计算

根据销售额(B2)计算提成比例:

=IFS(B2>10000,"10%",B2>5000,"7%",B2>1000,"5%",TRUE,"0%")

说明: TRUE 作为最后一个条件,表示"其他情况",避免 #N/A 错误。

四、注意事项

- **顺序很重要:** IFS 函数从上到下判断条件,如果把 A1>=60 放在第一个,后面的条件永远不会触发。
- **所有条件都不满足时的处理:** 如果不想显示 #N/A,可以在最后加一个 TRUE 作为默认条件(如示例 2)。
- **与 IF 函数的对比:**

嵌套 IF 函数的写法(复杂时难以阅读):

```
=IF(A1>=90,"优秀",IF(A1>=80,"良好",IF(A1>=60,"及格","不及格")))
```

IFS 函数更简洁直观，适合多条件场景。

❑ **条件不能重叠或矛盾**：确保条件之间逻辑清晰，避免冲突。

五、常见问题

Q1：IFS 函数能替代所有 IF 函数吗？

可以，但简单判断（如仅一个条件）时直接用 IF 函数更简洁。

Q2：如何判断文本条件？

直接用 = 或 <>，例如 =IFS(B2="是","通过",B2="否","拒绝")。

Q3：能结合 AND、OR 函数吗？

可以，将 AND、OR 函数嵌套在条件中：

```
=IFS(AND(A1>60,B1="完成"),"达标",OR(A1<30,B1="未开始"),"需跟进")。
```

六、练习建议

❑ 尝试用 IFS 函数给不同的年龄段分类（如儿童、青年、中年、老年）。
❑ 结合单元格引用（如 A1>B1）练习动态条件判断。

如果有具体问题，可以告诉我你的数据场景，我会帮你写出公式！

如果有其他需求，可以追加提问，DeepSeek 会根据上下文继续完善答复内容。

5.1.2 SWITCH 函数

Excel 中的 SWITCH 函数可以根据多条件匹配特定值。使用 DeepSeek 智能解析该函数用法的具体操作步骤如下。

1）在 DeepSeek 官网页面（https://chat.deepseek.com）中输入需求："我是零基础初学者，请详细讲解 Excel 中 SWITCH 函数的用法。"按 Enter 键提交后，DeepSeek 的回答内容如下。

好的！Excel 中的 SWITCH 函数是一个逻辑判断函数，它根据指定的值匹配一系列可能的情况，并返回第一个匹配结果对应的值。如果没有任何匹配项，可以返回默认值。它的作用类似于多层嵌套的 IF 函数，但写法更简洁清晰，特别适合多条件判断的场景。

1. SWITCH 函数的基本语法

```
=SWITCH(表达式,值1,结果1,[值2,结果2],…,[默认值或错误值])
```

❑ **表达式**：需要比较的值或公式（如单元格引用、计算式等）。
❑ **值1，值2，…**：与表达式结果进行对比的具体值（可以是数字、文本、逻辑值等)。
- **结果1，结果2，…**：当表达式与对应的值匹配时返回的结果。
- **默认值（可选）**：如果所有值都不匹配，则返回此值。如果省略且无匹配项，会返回 #N/A 错误。

2. 使用步骤详解

（1）基础用法示例

假设在单元格 A1 中输入数字 2，我们希望根据数字返回对应的星期几：

=SWITCH(A1, 1, "星期一", 2, "星期二", 3, "星期三", "无效输入")

执行逻辑：
- 检查 A1 的值是否等于 1？否→继续。
- 是否等于 2？是→返回"星期二"。
- 如果 A1 是 4（无匹配），则返回"无效输入"。

（2）结合公式作为表达式

判断单元格 B1 的值是否大于、小于或等于 10：

=SWITCH(TRUE, B1>10, "大于10", B1<10, "小于10", "等于10")

执行逻辑：
- 用 TRUE 作为表达式，依次判断条件是否成立。
- 若 B1=15，则 B1>10 为 TRUE，返回结果为"大于10"。

（3）处理无匹配项
- 若省略默认值且无匹配，会返回 #N/A。
- 在公式 =SWITCH(A1, "A", "优秀", "B", "良好") 中预设匹配项仅有 "A" 和 "B"，如果 A1 是 "C"（无此匹配项），则公式返回 #N/A。

3. 注意事项

1）**匹配顺序**：SWITCH 函数按顺序匹配，一旦找到第一个符合的值，立即返回结果，后续条件不再检查。

2）**区分大小写**：SWITCH 函数默认**不**区分大小写（如 "A" 和 "a" 视为相同的字符）。
错误处理：建议始终指定默认值，避免 #N/A 错误。例如，=SWITCH(A1, 1, "是", 0, "否", "未知")。

3）**替代多层 IF 函数**：例如，用 SWITCH 函数替代 =IF(A1=1, "一", IF(A1=2, "二", "其他"))：

=SWITCH(A1, 1, "一", 2, "二", "其他")。

4. 实际案例

案例 1：根据分数评级，公式如下：

=SWITCH(TRUE, A1>=90, "A", A1>=80, "B", A1>=60, "C", "D(不及格)")

案例 2：根据部门缩写返回全称，公式如下：

=SWITCH(B1, "HR", " 人力资源部 ", "IT", " 信息技术部 ", "FIN", " 财务部 ", " 其他部门 ")

5. 总结

- **优点**：比嵌套 IF 函数更简洁，适合固定值匹配的场景。
- **缺点**：不适合复杂条件（如区间范围需结合 TRUE 使用）。

如果你是零基础，建议从简单的例子开始练习，逐步掌握逻辑思路。

2）看完以上的 DeepSeek 回复后，可以根据具体需求追加提问，例如："SWITCH 函数和 IFS 函数有什么区别？请结合示例具体说明。"按 Enter 键提交后，DeepSeek 的回答内容如下。

Excel 中的 SWITCH 函数和 IFS 函数都可以替代多层嵌套的 IF 函数，但它们的适用场景和逻辑结构有所不同。下面通过具体示例详细对比两者的区别。

1. 主要区别

SWITCH 函数和 IFS 函数的主要区别如表 5-1 所示。

表 5-1　SWITCH 函数和 IFS 函数的主要区别

特性	SWITCH 函数	IFS 函数
匹配方式	直接匹配表达式的固定值	按顺序检查条件是否成立（类似 IF 函数）
语法结构	=SWITCH(表达式 , 值 1, 结果 1, [值 2, 结果 2], …, [默认值])	=IFS(条件 1, 结果 1, 条件 2, 结果 2, …, [条件 N, 结果 N])
适用场景	适合离散值（如编号、文本、代码）	适合范围判断（如分数区间、数值比较）
默认值	可指定默认值，否则返回 #N/A	无默认值，所有条件，不满足时返回 #N/A
执行效率	匹配到第一个符合值即停止	按顺序检查所有条件，直到成立为止

2. 具体示例对比

示例 1：根据数字返回对应的文本（离散值）

需求：根据 A1 单元格的数字（1 ～ 3）返回对应的等级（优 / 良 / 差）。

使用 SWITCH 函数实现（适合固定值匹配）：

=SWITCH(A1, 1, "优", 2, "良", 3, "差", "无效输入")

逻辑：直接匹配 A1 是 1、2 还是 3，否则返回默认值。
使用 IFS 函数实现（也能用，但写法冗余）：

=IFS(A1=1, "优", A1=2, "良", A1=3, "差", TRUE, "无效输入")

逻辑：逐个判断 A1 是否等于某个值，最后用 TRUE 作为默认条件。
结论：
☑ SWITCH 函数更简洁，适合这种固定值匹配的场景。
示例 2：根据分数判断等级（范围判断）
需求：根据 B1 单元格的分数（0 ~ 100）返回评级（A/B/C/D）。
使用 IFS 函数实现（适合范围条件）：

=IFS(B1>=90, "A", B1>=80, "B", B1>=60, "C", TRUE, "D")

逻辑：按顺序检查分数是否满足 >=90、>=80 等条件。
使用 SWITCH 函数实现（需结合 TRUE 进行变通）：

=SWITCH(TRUE, B1>=90, "A", B1>=80, "B", B1>=60, "C", "D")

逻辑：用 TRUE 作为表达式，匹配第一个为真的条件。
结论：
☑ IFS 函数更直观，适合范围判断；SWITCH 函数需绕道 TRUE，可读性稍差。
示例 3：根据部门缩写返回全称
需求：根据 C1 单元格的部门缩写（HR/IT/FIN）返回全称。
使用 SWITCH 函数实现（最佳选择）：

=SWITCH(C1, "HR", "人力资源部", "IT", "技术部", "FIN", "财务部", "其他部门")

使用 IFS 实现函数（冗余）：

=IFS(C1="HR", "人力资源部", C1="IT", "技术部", C1="FIN", "财务部", TRUE, "其他部门")

结论：
☑ SWITCH 函数更简洁，尤其是匹配固定文本时。
3. 如何选择？
选择 SWITCH 函数和 IFS 函数的场景和函数选择建议参见表 5-2。

表 5-2　场景与函数选择建议

场景	推荐函数	原因
匹配固定值（如编号、文本）	SWITCH 函数	语法简洁，直接映射值到结果
判断范围（如分数、日期）	IFS 函数	条件表达式更灵活
需要默认返回值	均可	SWITCH 函数和 IFS 函数（用 TRUE）均可

4. 总结

SWITCH 函数：
❑ 适合**一对一的值匹配**，如枚举值、状态码。
❑ 语法更紧凑，默认值可选。

IFS 函数：
❑ 适合**范围判断或多条件逻辑**，如分数区间、日期范围。
❑ 更接近传统 IF 语句的思维，但无默认值，需手动加 TRUE。

一句话总结：用 SWITCH 函数匹配固定值，用 IFS 函数判断范围条件。

5.2　查找引用

查找引用函数主要包括 INDEX+MATCH 组合函数、OFFSET 函数和 INDIRECT 函数。

5.2.1　INDEX+MATCH 组合函数

Excel 中的 INDEX+MATCH 组合函数可以动态定位和提取数据。使用 DeepSeek 智能解析该函数组合使用方法的具体方法如下。

在 DeepSeek 官网页面（https://chat.deepseek.com）中输入需求："我是零基础初学者，请详细讲解 Excel 中 INDEX+MATCH 的用法。"按 Enter 键提交后，DeepSeek 的回答内容如下。

好的！INDEX+MATCH 是 Excel 中非常强大的组合函数，可以替代 VLOOKUP 函数实现更灵活的查找。我会从零基础开始详细讲解，保证你能听懂。

1. 先理解两个函数的作用

（1）INDEX 函数

作用：从指定区域中返回特定行列交叉处的值。
语法：=INDEX(区域 , 行号 , [列号])
例如：=INDEX(A1:B10, 3, 2) 返回 A1:B10 区域中第 3 行第 2 列的值（即 B3 单元格）。

（2）MATCH 函数

作用：查找某个值在区域中的位置（行号或列号）。

语法：=MATCH(查找值,查找区域,[匹配类型])

匹配类型：

- 0：精确匹配。
- 1：小于（区域需升序）。
- -1：大于（区域需降序）。

例如：=MATCH("苹果",A1:A10,0) 返回"苹果"在 A1:A10 中的行号。

2. 为什么用 INDEX + MATCH 组合函数？

- **比 VLOOKUP 函数更灵活**：可以向左或向右查找，不受列限制。
- **动态行列**：MATCH 函数自动返回行列号，INDEX 函数根据行列号取值。
- **效率更高**：尤其在大数据量时。

3. 组合使用步骤（案例演示）

假设有一个部门人员统计表格如表 5-3 所示。

表 5-3　部门人员统计表格

姓名	年龄	部门
张三	25	销售部
李四	30	技术部
王五	28	人事部

需求：根据姓名查找对应的部门。

步骤 1：用 MATCH 函数找行号。例如，查找"李四"在姓名列（A2:A4）的行号：

=MATCH("李四",A2:A4,0)

返回结果为 2，因为"李四"在 A2:A4 的第 2 行。

步骤 2：用 INDEX 函数返回部门。例如，部门在区域 C2:C4 的第 2 行：

=INDEX(C2:C4,2)

返回结果为"技术部"。

组合公式：

=INDEX(C2:C4,MATCH("李四",A2:A4,0))

4. 实际应用场景

场景 1：向左查找（VLOOKUP 函数做不到）

如果表格是**部门**|**姓名**|**年龄**，想根据姓名查部门：

```
=INDEX(A2:A4, MATCH(" 李四 ", B2:B4, 0))
```

用 INDEX 函数选部门列，MATCH 函数查姓名列。

场景 2：多条件查找

假设有重复姓名，需结合部门和姓名查找年龄：

```
=INDEX(C2:C10, MATCH(1, (A2:A10=" 李四 ")*(B2:B10=" 技术部 "), 0))
```

按 Ctrl+Shift+Enter 输入数组公式。

5. 常见错误

- #N/A：MATCH 找不到值→检查查找值是否拼写错误。
- #REF!：INDEX 的行列号超出区域范围→检查 MATCH 返回的位置是否正确。
- 忽略绝对引用：下拉公式时区域变动→用 $ 锁定区域，如 $A$2：$A$10。

6. 练习案例

下载示例文件进行尝试：

- 根据产品 ID 查价格。
- 根据学生姓名和科目查成绩。

如果有具体问题，欢迎随时提问！

5.2.2 OFFSET 函数

Excel 中的 OFFSET 函数可以动态偏移并返回特定区域。使用 DeepSeek 智能解析该函数使用方法的具体方法如下。

在 DeepSeek 官网页面（https://chat.deepseek.com）中输入需求："我是零基础初学者，请详细讲解 Excel 中 OFFSET 函数的用法。"按 Enter 键提交后，DeepSeek 的回答内容如下。

好的！OFFSET 函数是 Excel 中非常实用的一个函数，它主要用于**动态引用单元格区域**。对于零基础用户，我会从基本概念开始详细讲解，帮助你彻底掌握它。

一、OFFSET 函数的作用

它通过"偏移"基准位置，返回一个新的单元格或区域的引用。简单来说，就是告诉 Excel："从某个起点出发，向下 / 右移动几行几列，再返回指定大小的区域。"

二、函数语法

```
=OFFSET( 起点 , 向下偏移行数 , 向右偏移列数 , [ 高度 ], [ 宽度 ])
```

其中，OFFSET 函数的参数说明如表 5-4 所示。

表 5-4　OFFSET 函数的参数说明

参数	说明
起点	基准单元格或区域（比如 A1）
向下偏移行数	正数向下，负数向上（如 2 表示从起点向下移 2 行）
向右偏移列数	正数向右，负数向左（如 3 表示从起点向右移 3 列）
[高度]	（可选）返回区域的行数。省略时与起点高度一致
[宽度]	（可选）返回区域的列数。省略时与起点宽度一致

三、基础用法示例

1. 返回单个单元格

假设从 A1 出发，向下移 2 行，向右移 1 列，返回对应的单元格值：

$$=OFFSET(A1, 2, 1)$$

解释：A1 →向下 2 行到 A3 →向右 1 列到 B3，最终返回 B3 的值。

2. 返回一个区域

从 A1 出发，向下移 1 行，向右移 1 列，返回一个 2 行 3 列的区域：

$$=OFFSET(A1, 1, 1, 2, 3)$$

解释：A1 →偏移到 B2 →返回以 B2 为左上角的 2 行 3 列区域（B2:D3）。

四、动态应用场景

1. 动态求和最近 N 天的数据

假设 A 列每日更新销售额，求最近 7 天的总和：

$$=SUM(OFFSET(A1, COUNTA(A:A)-7, 0, 7))$$

逻辑：COUNTA(A:A)-7 计算从最后一行向上的偏移量，返回 7 行的区域再求和。

2. 制作动态下拉菜单

结合数据验证，实现随着数据源扩展自动更新的下拉菜单。
❏ 定义名称（如动态列表），引用公式：

$$=OFFSET(\$A\$1, 0, 0, COUNTA(\$A:\$A), 1)$$

❏ 在数据验证中选择"序列"，来源输入 = 动态列表。

五、注意事项

- **易失性函数**：OFFSET 函数会随任意单元格的变化重新计算，可能导致表格变慢。
- **避免循环引用**：偏移量不要指向自身所在单元格。
- **与 INDEX 函数对比**：INDEX 函数更高效，但 OFFSET 函数灵活性更高（如动态范围）。

六、练习案例

示例数据表如表 5-5 所示。

表 5-5 示例数据表

月份	销售额
1 月	100
2 月	200
3 月	300

任务 1：返回"3 月"的销售额（结果应为 300）：

=OFFSET(A1, 3, 1)

任务 2：动态计算当前月份数（假设数据会增加）：

=COUNTA(OFFSET(A1, 1, 0, 100, 1))

该公式的作用为统计 A1 下方 100 个单元格内（A2:A101 区域）的非空单元格数。

通过以上步骤，你可以逐步掌握 OFFSET 的核心用法。实际应用中，建议结合具体数据多尝试调整参数，观察结果变化！如果有疑问，欢迎继续提问。

5.2.3 INDIRECT 函数

Excel 中的 INDIRECT 函数可以跨表动态引用数据。使用 DeepSeek 智能解析该函数使用方法的具体方法如下。

在 DeepSeek 官网页面（https://chat.deepseek.com）中输入需求："我是零基础初学者，请详细讲解 Excel 中 INDIRECT 函数的用法。"按 Enter 键提交后，DeepSeek 的回答内容如下。

好的！INDIRECT 函数是 Excel 中一个非常实用的函数，它可以通过文本形式的单元格引用间接获取数据。下面我会从零基础的角度详细讲解它的用法，并附上示例帮助你理解。

1. INDIRECT 函数的作用

INDIRECT 函数的主要功能是**将文本字符串转换为有效的单元格引用**。换句话说，它允许你通过构造文本形式的地址来动态引用单元格或区域。

基本语法：

$$=INDIRECT(ref\_text, [a1])$$

- **ref_text**：必需的参数，是一个文本字符串，表示单元格或区域的引用地址（例如 "A1" 或 "Sheet2!B3"）。
- **[a1]**：可选参数，表示引用样式：
- **TRUE 或省略**：使用 A1 引用样式（例如 "A1"）。
- **FALSE**：使用 R1C1 引用样式（例如 "R1C1" 表示 A1 单元格）。

2. 基础用法示例

示例1：直接引用单元格

假设单元格 A1 中的值是 100，你可以用以下公式间接获取它的值：

$$=INDIRECT("A1")，$$

该公式返回 100。这里 "A1" 是文本形式的地址，INDIRECT 会将该地址转换为实际的引用。

示例2：跨工作表引用

如果要在 Sheet2 中引用 Sheet1 的 A1 单元格：

$$=INDIRECT("Sheet1!A1")$$

该公式返回 Sheet1 中 A1 的值。

3. 动态引用的实际应用

INDIRECT 函数的真正强大之处在于**动态构建引用地址**。

场景1：根据输入切换引用区域

- 在单元格 B1 中输入工作表名称（如"销售数据"）。
- 用 INDIRECT 函数动态引用该工作表的 A1 单元格：

$$=INDIRECT(B1 \ \& \ "!A1")$$

解释：等价于 ="销售数据!A1"。

场景2：与下拉菜单结合

- 在 C1 创建一个下拉菜单（数据验证），选项为 A1、B1、C1。
- 使用 INDIRECT 函数获取下拉菜单，选中单元格的值：

$$=INDIRECT(C1)$$

解释：如果 C1 显示 "B1"，则返回 B1 的值。
场景 3：构建动态区域
假设要根据输入的数字 n 动态引用前 n 行的数据：

$$=SUM(INDIRECT("A1:A" \& B1))$$

解释：如果 B1=5，则公式变为 =SUM(A1:A5)。

4. 注意事项

- **引用的工作表或单元格必须存在**：如果 INDIRECT("SheetX!A1") 中的 SheetX 不存在，会返回 #REF! 错误。
- **文本必须带引号**：=INDIRECT(A1) 和 =INDIRECT("A1") 不同，前者会先获取 A1 单元格的内容（如 "B2"），再引用 B2；后者直接引用 A1。
- **不可引用已关闭的工作簿**：INDIRECT 函数不能直接引用其他已关闭的 Excel 文件。

5. 高级技巧：结合其他函数
（1）与 R1C1 引用样式结合

$$=INDIRECT("R1C" \& COLUMN(), FALSE)$$

解释：返回第 1 行当前列的值（R1C1 样式）。
（2）与命名范围结合
如果定义了名称 "DataRange" 指向 A1:A10，可以直接用：

$$=SUM(INDIRECT("DataRange"))$$

6. 常见问题解答
问：为什么有时使用 INDIRECT 命令会返回 #REF! 错误？
答：检查引用地址是否正确，比如工作表名是否有空格（需写成 "'Sheet 1'!A1"）。
问：能否用 INDIRECT 函数引用整列？
答：可以，例如公式 =SUM(INDIRECT("A:A")) 的作用为引用 A 列整列数据。

通过以上讲解，你应该对 INDIRECT 函数有了初步了解。实际应用中，它可以灵活地解决动态引用问题，比如制作动态图表、跨表汇总等。多练习几次就能掌握啦！

5.3 聚合计算

高效的数据分析离不开精准的聚合计算。本节将重点讲解多条件场景下的核心统计函数：SUMIFS 函数和 COUNTIFS 函数。

5.3.1 SUMIFS 函数

Excel 中的 SUMIFS 函数可以跨表动态引用数据。使用 DeepSeek 智能解析该函数使用方法的具体方法如下。

在 DeepSeek 官网页面（https://chat.deepseek.com）中输入需求："我是零基础初学者，请详细讲解 Excel 中 SUMIFS 函数的用法。"按 Enter 键提交后，DeepSeek 的回答内容如下。

好的！Excel 中的 SUMIFS 函数是一个非常有用的多条件求和函数，特别适合零基础用户学习。下面我会用最通俗易懂的方式详细讲解它的用法。

一、SUMIFS 函数的作用

在表格中根据多个条件对符合要求的单元格进行求和（区别于 SUMIF 函数的单条件求和）。

二、函数基本结构

$$=SUMIFS(求和区域,条件区域1,条件1,条件区域2,条件2,…)$$

最多可以设置 127 个条件组合。

三、参数详解（以超市销售表为例）

假设有超市销售情况表如表 5-6 所示。

表 5-6 超市销售情况表

A 商品	B 类别	C 销售额
苹果	水果	100
牛奶	饮料	50
香蕉	水果	80

- 求和区域：实际要相加的数字（例如 C2:C4）。
- 条件区域 1：第一个条件的判断区域（例如 A2:A4）。
- 条件 1：第一个条件的具体要求（例如苹果）。
- 条件区域 2：第二个条件的判断区域（例如 B2:B4）。
- 条件 2：第二个条件的具体要求（例如水果）。

四、实际应用案例

案例 1：单条件求和，公式如下：

$$=SUMIFS(C2:C4, A2:A4, "苹果")$$

结果：100（求"苹果"的销售额总和）。

案例 2：多条件求和，公式如下：

$$\text{=SUMIFS(C2:C4, A2:A4, "苹果", B2:B4, "水果")}$$

结果：100（求既是"苹果"又是"水果"的销售额）。

案例 3：使用比较运算符，公式如下：

$$\text{=SUMIFS(C2:C4, C2:C4, ">60")}$$

结果：180（求销售额大于 60 的总和，找到匹配值 100 和 80，返回结果 100+80=180）。

五、特殊用法技巧

模糊匹配：

$$\text{=SUMIFS(C2:C4, A2:A4, "苹*")}$$

解释：所有以"苹"开头的商品。

引用单元格作为条件：

$$\text{=SUMIFS(C2:C4, B2:B4, D2)}$$

解释：在 D2 单元格输入 "水果" 即可。

日期条件：

$$\text{=SUMIFS(C2:C4, D2:D4, ">=2023/1/1", D2:D4, "<=2023/12/31")}$$

六、常见错误排查

☐ **区域大小不一致**：所有条件区域必须和求和区域行数相同。
☐ **文本未加引号**：文本条件需要加 ""（数字和单元格引用不用）。
☐ **错用 SUMIF 函数**：注意 SUMIF 函数的参数顺序与 SUMIFS 函数不同。

七、与 SUMIF 函数的区别

SUMIF 函数与 SUMIFS 函数的区别如表 5-7 所示。

表 5-7　SUMIF 函数与 SUMIFS 函数的区别

函数	条件数量	参数顺序
SUMIF	单条件	(条件区域, 条件, 求和区域)
SUMIFS	多条件	(求和区域, 条件区域1, 条件1, …)

八、练习建议

创建一个简单的成绩表，练习求以下计算的结果：

- 某科目大于 80 分的学生的总分。
- 某班级女生的总分。
- 姓名包含"张"的同学的总分。

记住：SUMIFS 函数的核心逻辑是"**且关系**"（所有条件必须同时满足才会被求和）。如果需要用"或关系"条件求和，需要将多个 SUMIFS 函数相加使用。

需要更具体的例子演示可以告诉我，我可以提供分步骤的动画图解说明。

5.3.2 COUNTIFS 函数

Excel 中的 COUNTIFS 函数可以跨表动态引用数据。使用 DeepSeek 智能解析该函数使用方法的具体方法如下。

在 DeepSeek 官网页面（https://chat.deepseek.com）中输入需求："我是零基础初学者，请详细讲解 Excel 中 COUNTIFS 函数的用法。"按 Enter 键提交后，DeepSeek 的回答内容如下。

好的！COUNTIFS 函数是 Excel 中非常实用的多条件计数函数，尤其适合零基础用户逐步掌握。下面我会用最详细的方式讲解它的用法，包括基础概念、语法、实例和常见错误。

1. COUNTIFS 函数的作用

按多个条件统计符合条件的单元格数量。

例如：
- 统计"销售部"中"业绩大于 5000"的员工人数。
- 统计"A 组"中"年龄大于 30"且"性别为男"的员工人数。

2. 基本语法

=COUNTIFS(条件区域 1, 条件 1, 条件区域 2, 条件 2, …)

- **条件区域 1**：要检查的第一个数据范围（如 A 列）。
- **条件 1**：对应的条件（如"大于 5000"）。

后续可以继续添加更多"区域＋条件"组合（最多允许 127 个条件）。

3. 具体用法示例

示例 1：单条件计数（类似 COUNTIF）

统计 A 列中值为"苹果"的数量：

=COUNTIFS(A:A, "苹果")

示例 2：多条件计数

统计"销售部"（B 列）中"业绩大于 5000"（C 列）的人数：

=COUNTIFS(B:B, "销售部", C:C, ">5000")

示例 3：使用通配符

统计 A 列中以"北京"开头的文本（如"北京分公司"）：

=COUNTIFS(A:A, "北京*")

其中"*"代表任意多个字符，"?"代表单个字符。

示例 4：日期条件

统计 2023 年 1 月 1 日之后（D 列为日期）的订单数：

=COUNTIFS(D:D, ">2023/1/1")

示例 5：结合单元格引用

假设 G1 单元格输入了部门名称，统计该部门的数量：

=COUNTIFS(B:B, G1)

4. 条件写法规则

COUNTIFS 函数条件的写法规则如表 5-8 所示。

表 5-8 COUNTIFS 函数条件的写法规则

条件类型	写法示例	说明
等于文本	"销售部"	需用英文引号
大于数值	">5000"	比较符+数字
等于单元格值	G1	直接引用单元格，无须引号
不等于	"<>完成"	统计"非完成"状态的数量
包含通配符	"*A*"	统计包含字母 A 的文本

5. 常见错误及解决

（1）条件区域大小不一致

☑ 正确：=COUNTIFS(A1:A10, ">5", B1:B10, "<10")。

✕ 错误：=COUNTIFS(A1:A10, ">5", B1:B15, "<10")（区域行数不同）。

（2）文本未加引号

☑ 正确：=COUNTIFS(A:A, "苹果")。

✕ 错误：=COUNTIFS(A:A, 苹果)。

（3）日期格式问题

☑ 正确：=COUNTIFS(C:C, ">2023/1/1")。

✕ 错误：=COUNTIFS(C:C, ">2023年1月1日")（格式需与数据一致）。

6. 实际案例演示

假设有以下数据表（A1:C5）如表5-9所示。

表5-9 COUNTIFS函数实际案例演示

姓名	部门	业绩
张三	销售部	6000
李四	技术部	4500
王五	销售部	8000

问题：统计"销售部"中"业绩大于5000"的员工的人数。

公式：

=COUNTIFS(B2:B4, "销售部", C2:C4, ">5000")

结果：2（张三和王五）。

7. 扩展技巧

☐ **动态区域**：结合表格结构化引用（如Table1[部门]），使用更灵活。

☐ **多列组合条件**：如需统计"部门=销售部或技术部"，需将多个COUNTIFS相加。

通过以上步骤，即使是零基础用户也能逐步掌握COUNTIFS函数。如果遇到具体问题，可以提供数据样例，我会帮你写出具体公式！

5.4 条件筛选

条件筛选是数据处理的核心技能。常用的筛选函数包括UNIQUE函数和FILTER函数。

5.4.1 UNIQUE函数

Excel中的UNIQUE函数可以跨表动态引用数据。使用DeepSeek智能解析该函数使用方法的具体方法如下。

在DeepSeek官网页面（https://chat.deepseek.com）中输入需求："我是零基础初学者，请详细讲解Excel中UNIQUE函数的用法。"按Enter键提交后，DeepSeek的回答内容如下。

好的！Excel中的UNIQUE函数是一个非常实用的函数，用于从数据范围或数组中提取唯一值（去除重复项）。以下是针对零基础用户的详细讲解。

1. 函数作用

UNIQUE 函数的作用是从一个范围或数组中返回唯一值，自动去除重复内容。例如，从一列包含多个重复姓名的列表中，提取不重复的姓名。

2. 函数语法

$$=UNIQUE(array, [by\_col], [exactly\_once])$$

其中：

- array：必需。要提取唯一值的数据范围（如 A2:A10）。
- [by_col]：可选。默认为 FALSE（按行比较）。若为 TRUE，则按列比较。
- [exactly_once]：可选。默认为 FALSE（返回所有唯一值）。若为 TRUE，仅返回出现一次的值。

3. 使用步骤示例

示例 1：提取列中的唯一值

假设 A 列有以下数据（含重复项）：

A1：姓名

A2：张三

A3：李四

A4：张三

A5：王五

在 B2 单元格输入如下公式：

$$=UNIQUE(A2:A5)$$

B 列将显示如下结果：

张三

李四

王五

示例 2：提取行中的唯一值

如果数据是横向的（如 A1:D1）：

A1：苹果 B1：香蕉 C1：苹果 D1：橙子

在 A2 单元格输入以下公式：

$$=UNIQUE(A1:D1, TRUE)$$

A2：C2 将显示如下结果：

苹果　香蕉　橙子

示例3：仅提取出现一次的值

若只想保留仅出现一次的值（如排除重复项）：

A2：100

A3：200

A4：100

A5：300

输入如下公式：

$$=UNIQUE(A2:A5, FALSE, TRUE)$$

将返回如下数值：

200

300

因为100重复了，所以被排除掉了。

4. 注意事项

- **动态数组功能**：UNIQUE是动态数组函数，输入公式后结果会自动填充到相邻单元格，无须拖动填充柄。
- **版本要求**：仅支持Excel 365、Excel 2021及更新版本，或网页版Excel。旧版本（如Excel 2019）无此函数。
- **错误处理**：如果数据范围为空，返回 #CALC! 错误。若结果超出单元格范围，会显示 #SPILL! 错误（需清除下方单元格内容）。

5. 实际应用场景

- 统计不重复客户的名单。
- 清理重复录入的数据。
- 结合其他函数（如SORT函数）对唯一值进行排序：

$$=SORT(UNIQUE(A2:A10))$$

6. 替代方案（旧版Excel）

如果使用不支持UNIQUE函数的Excel版本，可通过以下方法实现类似功能：

- **删除重复项**：选中数据，在"数据"选项卡中单击"删除重复项"按钮。
- **公式组合**：复杂数组公式（如INDEX+MATCH+COUNTIF函数组合），但对新手不友好。

希望这些解释能帮助你快速掌握UNIQUE函数。如果有具体问题，可以继续提问。

5.4.2 FILTER 函数

Excel 中的 FILTER 函数可以跨表动态引用数据。使用 DeepSeek 智能解析该函数使用方法的具体方法如下。

在 DeepSeek 官网页面的对话框中输入需求："我是零基础初学者，请详细讲解 Excel 中 FILTER 函数的用法。"按 Enter 键提交后，DeepSeek 的回答内容如下。

Excel 中 FILTER 函数的详细讲解

FILTER 函数是 Excel 365 和 Excel 2021 版本中新增的动态数组函数，它可以根据指定条件从数据区域中筛选出符合条件的记录。对于零基础用户，我将从最基础的部分开始讲解。

一、FILTER 函数的基本语法

=FILTER(要筛选的数据区域 , 筛选条件 ,[无符合条件时的返回值])

- ❏ **要筛选的数据区域**：你想从中筛选数据的单元格区域（如 A2:D10）。
- ❏ **筛选条件**：一个逻辑表达式，结果为 TRUE 或 FALSE（如 B2:B10>80）。
- ❏ **[无符合条件时的返回值]**：可选参数，当没有符合条件的数据时显示的内容（如 " 无结果 "）。

二、基本用法示例

示例 1：简单条件筛选

假设有一个学生成绩表（A2:D6）如表 5-10 所示。

表 5-10 学生成绩表

姓名	语文	数学	英语
张三	85	90	78
李四	72	88	92
王五	90	76	85
赵六	68	92	88

要筛选出数学成绩大于 85 的学生：

=FILTER(A2:D6, C2:C6>85, " 无符合条件的学生 ")

结果会显示李四和赵六的记录。

示例 2：多列筛选

要筛选出数学 >85 且英语 >85 的学生：

=FILTER(A2:D6, (C2:C6>85)*(D2:D6>85))

> **注意** 多个条件用乘号（*）连接，表示"且"的关系。

三、常见使用场景

1. 单条件筛选

筛选出语文成绩及格（≥60）的学生，公式如下：

=FILTER(A2:D6, B2:B6>=60)

2. 多条件"且"关系筛选

筛选出语文大于等于80且数学大于等于85的学生，公式如下：

=FILTER(A2:D6, (B2:B6>=80)*(C2:C6>=85))

3. 多条件"或"关系筛选

筛选出语文大于等于90或数学大于等于90的学生，公式如下：

=FILTER(A2:D6, (B2:B6>=90)+(C2:C6>=90))

> **注意** 或关系使用加号（+）来连接条件。

4. 结合其他函数使用

筛选出姓名包含"张"的学生，公式如下：

=FILTER(A2:D6, ISNUMBER(SEARCH(" 张 ", A2:A6)))

四、注意事项

- **动态数组特性**：FILTER 函数的结果会自动扩展到需要的行数，不需要手动拖动填充。
- **#CALC! 错误**：当没有符合条件的记录且未指定第三个参数时，会出现此错误。
- **数据区域大小**：条件区域必须与数据区域的行数一致。
- **Excel 版本**：FILTER 函数只在 Excel 365 和 Excel 2021 版本中可用。

五、进阶用法

1. 筛选特定列

只筛选出符合条件的姓名和数学成绩,公式如下:

$$=FILTER(A2:A6\&C2:C6, C2:C6>85)$$

或采用更好的方式,公式如下:

$$=CHOOSECOLS(FILTER(A2:D6, C2:C6>85), 1, 3)$$

2. 结合 SORT 函数

筛选出数学成绩大于 85 的学生并按数学成绩进行降序排列,公式如下:

$$=SORT(FILTER(A2:D6, C2:C6>85), 3, -1)$$

3. 多条件复杂筛选

筛选出语文成绩前两名或数学成绩前两名的学生,公式如下:

$$=FILTER(A2:D6, (B2:B6>=LARGE(B2:B6,2))+(C2:C6>=LARGE(C2:C6,2)))$$

六、常见问题解决

为什么结果只显示一个单元格?

❏ 检查是否使用了旧版 Excel,FILTER 函数需要支持动态数组的 Excel 版本。
❏ 确保结果区域没有合并单元格。

为什么出现 #VALUE! 错误?

❏ 条件区域与数据区域大小不一致。
❏ 条件参数不是逻辑值(TRUE/FALSE)。

如何筛选出不重复值?

可采用如下公式进行筛选:

$$=FILTER(A2:A10, COUNTIF(A2:A10, A2:A10)=1)$$

希望这个详细的讲解能帮助你掌握 FILTER 函数的使用!如果有任何不明白的地方,可以随时提问。

Chapter 6 第 6 章

动态图表交互设计

在数据可视化领域，静态图表已难以满足多维分析与交互式探索的需求。本章聚焦动态图表交互设计，通过切片器、三级联动下拉菜单及开发工具控件的灵活组合，赋予数据报表即时响应与智能筛选能力。你将学习如何通过层级化数据验证、动态公式引用与控件参数调节突破传统图表的局限性，打造可随用户操作实时更新的交互式仪表盘，显著提升数据分析的灵活性与决策效率。

6.1 切片器

切片器是数据可视化过程中实现动态交互分析的核心组件，能有效提升多维数据集的探索效率与决策精准度。

6.1.1 单切片筛选透视

单切片筛选透视技术可以根据用户的交互指令快速筛选超级表或数据透视表中的数据。下面结合示例介绍该技术的应用方法。

某企业的商品销量表中包含旗下 3 家店铺中的 4 种商品的销量数据，如图 6-1 所示。

现需要根据用户的交互指令（指定店铺）展示 4 种商品的销量对比情况。这种需求可以使用单切片器筛选透视技术实现，具体操作步骤如下。

（1）将商品销量表转换为超级表

选中商品销量表中的任意单元格（如 A1），单击"插入"选项卡下的"表格"按钮，在弹出的"创建表"页面中检查系统自动引用的来源区域是否正确，确认无误后单击"确定"按钮，如图 6-2 所示。

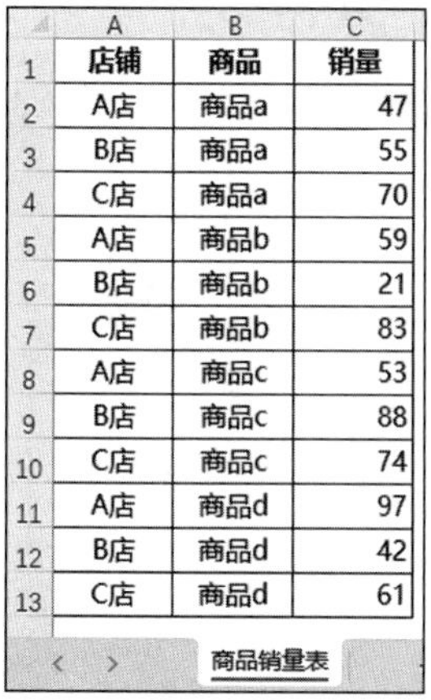

	A	B	C
1	店铺	商品	销量
2	A店	商品a	47
3	B店	商品a	55
4	C店	商品a	70
5	A店	商品b	59
6	B店	商品b	21
7	C店	商品b	83
8	A店	商品c	53
9	B店	商品c	88
10	C店	商品c	74
11	A店	商品d	97
12	B店	商品d	42
13	C店	商品d	61

商品销量表

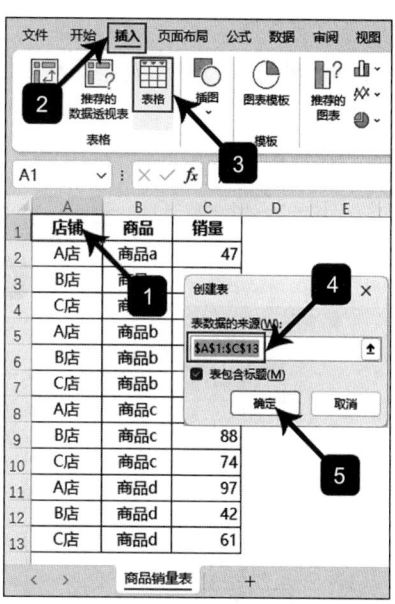

图 6-1　某企业的商品销量表

图 6-2　将商品销量表转换为超级表

（2）在超级表中插入切片器并设置显示样式

1）选中超级表中的任意单元格（如 A1），单击“表设计”选项卡下的“插入切片器”按钮；在弹出的“插入切片器”页面中勾选“店铺”选项，然后单击“确定”按钮，如图 6-3 所示。

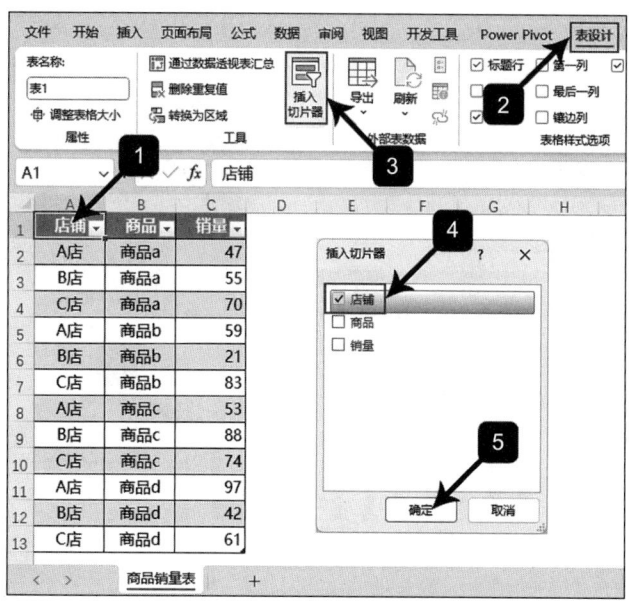

图 6-3　在超级表中插入切片器

2)选中切片器,单击"切片器"选项卡,在"列"右侧的输入框中将默认的 1 改为 3,拖动切片器的外边框将它调整至适合的大小,如图 6-4 所示。

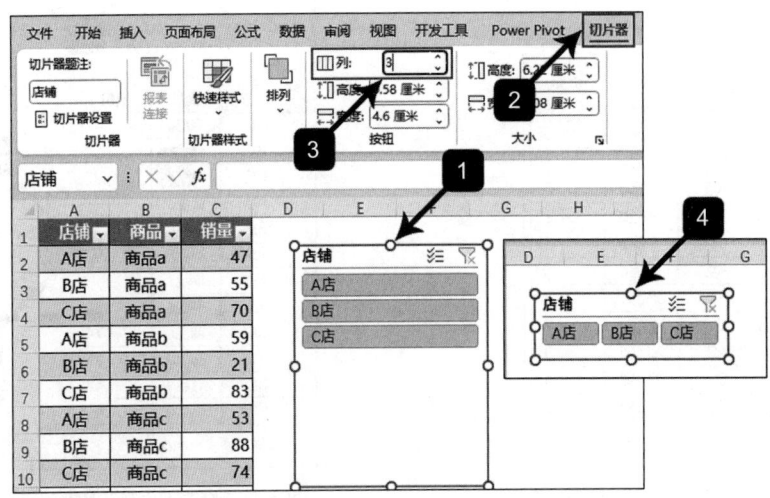

图 6-4　按需求设置切片器的显示样式

(3)根据超级表创建柱形图并美化图表

1)选中超级表中的任意单元格(如 A1),单击"插入"选项卡下的"插入柱形图或条形图"按钮,在展开的页面中单击"簇状柱形图"选项,如图 6-5 所示。

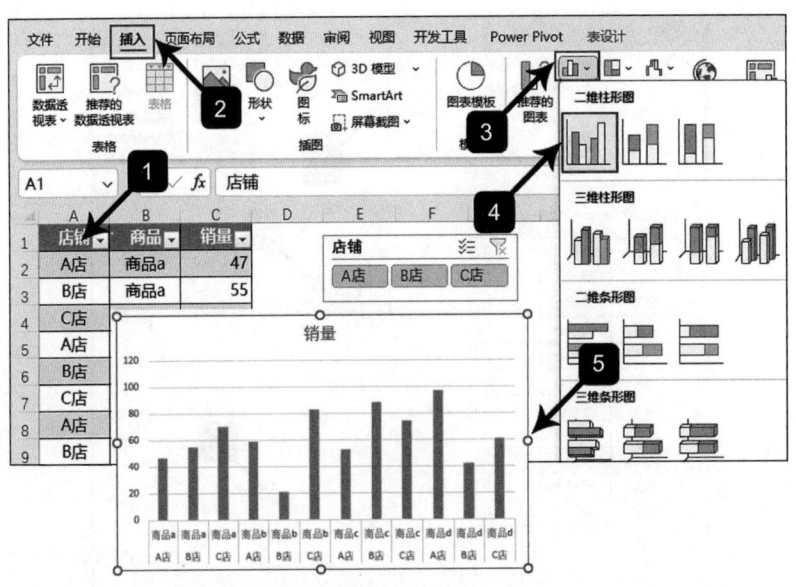

图 6-5　根据超级表创建柱形图

2)根据需求设置图表标题并美化图表,设置完成后的效果如图6-6所示。

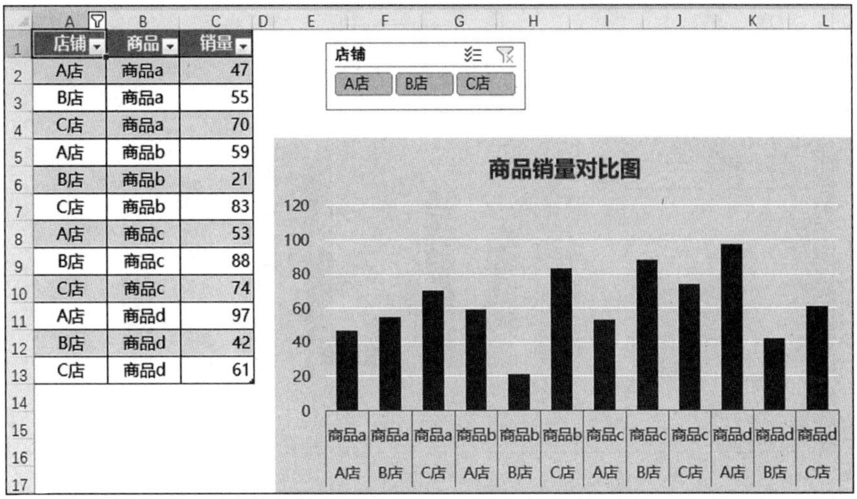

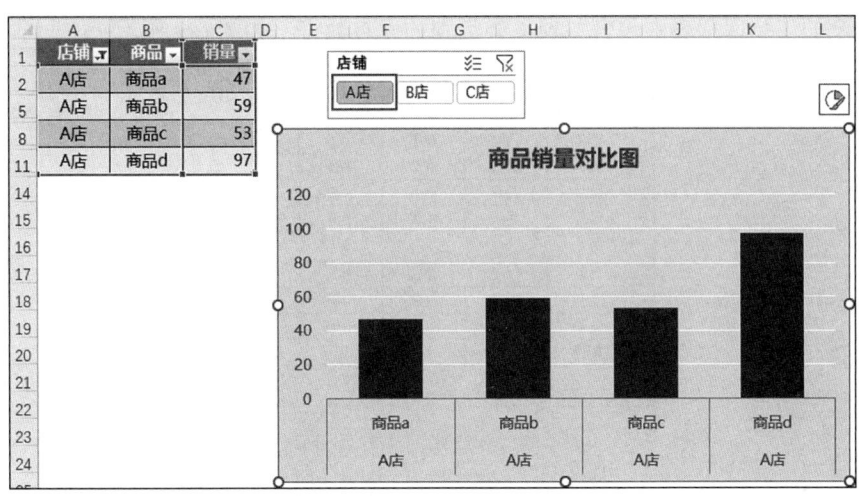

图 6-6　根据需求设置图表标题并美化图表

(4)展示对比效果

1)单击切片器中的"A店"选项,系统会自动展示对应的可视化效果,如图6-7所示。

图 6-7　A店的商品销量对比图

2)在切片器中同时选中"B店"和"C店"选项,系统会自动展示对应的可视化效果,如图6-8所示。

除了超级表,在数据透视表中也可以使用切片器透视技术驱动图表交互展示。4.3.2节中已结合示例演示过该技术的应用方法,此处不再赘述。

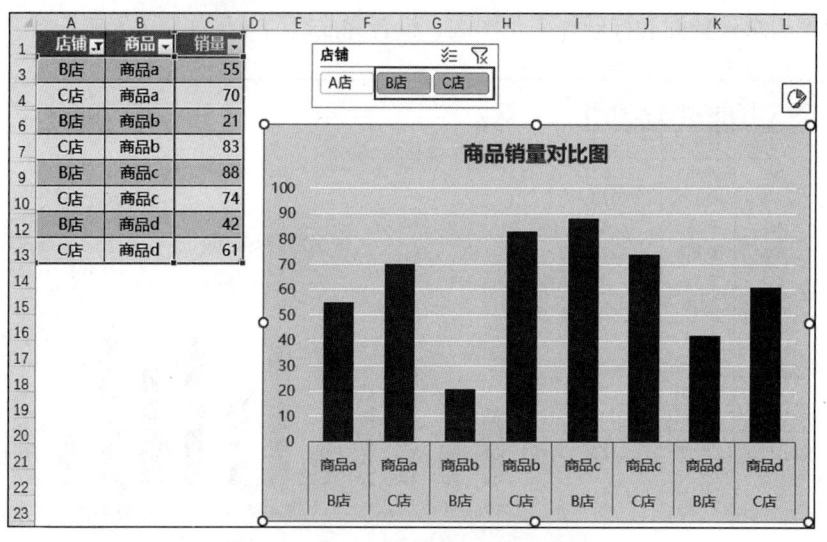

图 6-8　B 店和 C 店的商品销量对比图

6.1.2　多切片联动透视

多切片联动透视技术可以实现跨字段的交叉分析与数据关联挖掘。下面结合示例介绍该技术的应用方法。

某企业的工装库存表中包含各种工装类别的库存数据，如图 6-9 所示。

工装类别	款式	季节	尺码	库存量
男装	西服	夏装	小码	81
男装	西服	夏装	中码	52
男装	西服	夏装	大码	40
男装	西服	秋装	小码	90
女装	裙子	夏装	大码	47
女装	裙子	秋装	小码	60
女装	裙子	秋装	中码	71
女装	裙子	秋装	大码	58

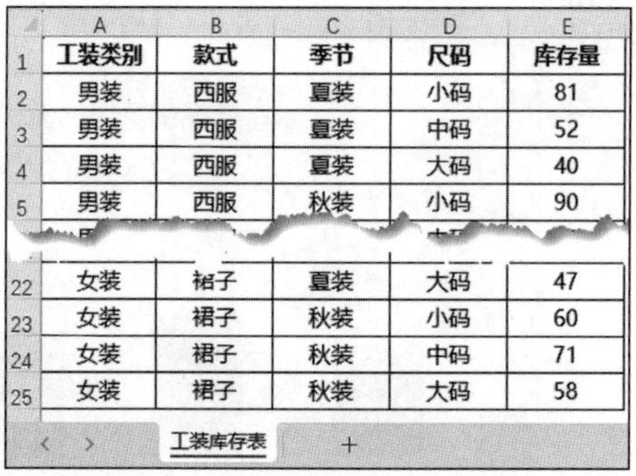

图 6-9　某企业的工装库存表

现需要根据用户的交互指令（指定款式、季节、尺码）展示工装库存量的对比情况。这种需求可以使用多切片器联动透视技术实现，具体操作步骤如下。

1）将工装库存表转换为超级表。

2）在超级表中插入切片器并设置显示样式。

3）根据超级表创建柱形图并美化图表。

前 3 步的操作方法与 6.1.1 节中同理，此处不再赘述。

4）在切片器"季节"中选中"夏装"选项，在切片器"尺码"中选中"大码"选项，系统会自动展示目标数据的可视化对比效果，如图6-10所示。

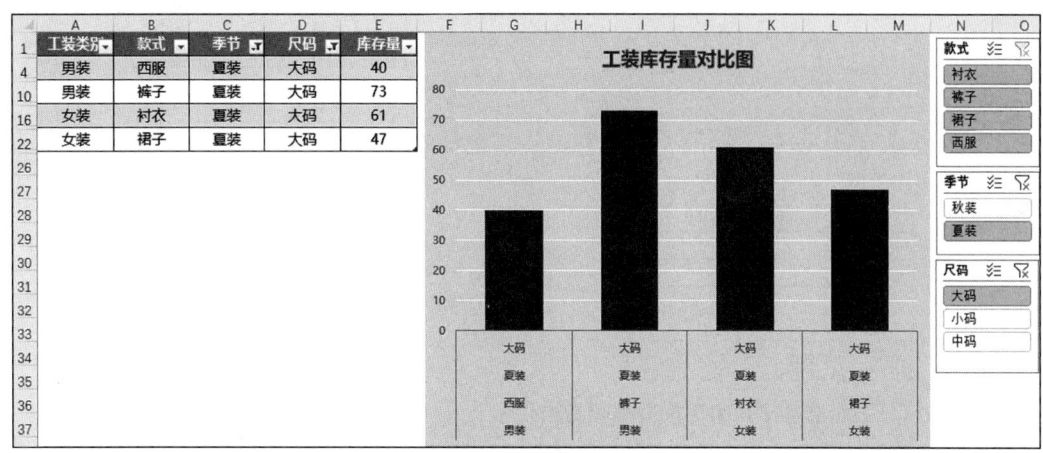

图6-10　展示对比效果

除了超级表，数据透视表也同样支持多切片联动透视功能。4.3.2节中已结合示例演示过该技术的应用方法，此处不再赘述。

6.2　三级联动下拉菜单

三级联动下拉菜单是Excel数据规范化领域的高阶应用，能显著提升数据的录入效率与准确性。

6.2.1　树状数据验证的层级构建

制作三级联动下拉菜单的关键基础在于规范化的数据源结构。根据业务需求构建层次分明的数据表格是实现多级数据验证调用的重要保障。以省市区三级联动下拉菜单为例，其标准数据源结构应依次按照省、市、区的字段顺序构建，如图6-11所示。

在录入省市区数据时，必须严格遵循层级顺序：先按省份排序，再按城市归类，确保同一省份及下属城市的数据连续排列，避免出现顺序混乱，否则将导致三级联动下拉菜单的分级调用功能失效。录入完成的省市区表格如图6-12所示。

若现有数据源表格中存在省市区乱序的情况，可通过多条件排序功能快速实现数据规范化整理。以乱序的省市区表格为例，调整方法为：选中数据源表格中的任意单元格（如A1），单击"数据"选项卡下的"排序"按钮；在弹出的"排序"页面中勾选右上角的"数据包含标题"选项，将首行的"排序依据"设置为"省"；单击左上角的"添加条件"按钮，将新增的"次要关键字"设置为"市"，如图6-13a所示；单击"确定"按钮，即可批量实现依次按省市顺序多条件排列数据的需求，如图6-13b所示。

	A	B	C
1	省	市	区
2			
3			
4			
5			

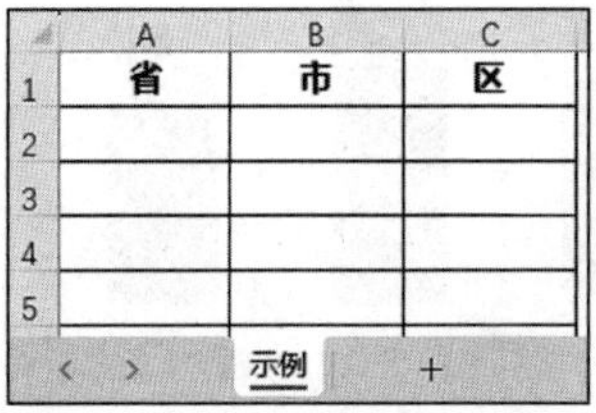

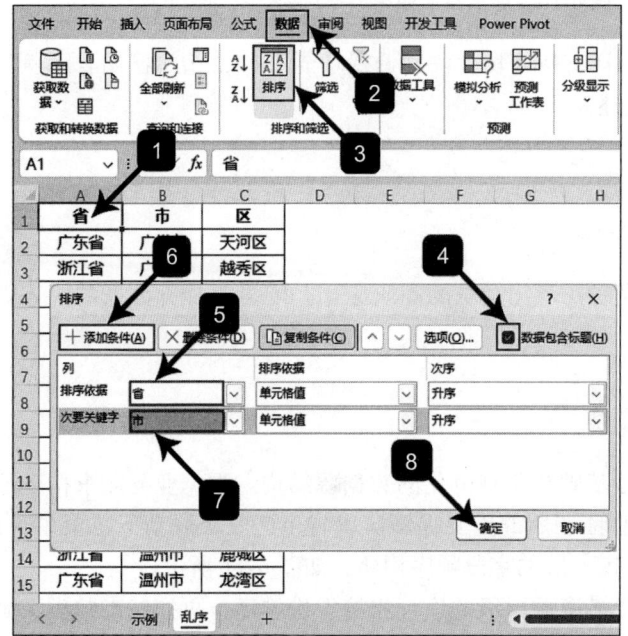

图 6-11　省市区三级联动下拉菜单的数据源结构

	A	B	C
1	省	市	区
2	广东省	广州市	天河区
3	广东省	广州市	越秀区
4	广东省	深圳市	福田区
5	广东省	深圳市	南山区
6	江苏省	南京市	秦淮区
7	江苏省	南京市	玄武区
8	江苏省	苏州市	姑苏区
9	江苏省	苏州市	虎丘区
10	浙江省	杭州市	上城区
11	浙江省	杭州市	西湖区
12	浙江省	宁波市	海曙区
13	浙江省	宁波市	江北区
14	浙江省	温州市	龙湾区
15	浙江省	温州市	鹿城区

图 6-12　录入完成的省市区表格

	A	B	C
1	省	市	区
2	广东省	广州市	天河区
3	广东省	广州市	越秀区
4	广东省	深圳市	福田区
5	广东省	深圳市	南山区
6	江苏省	南京市	玄武区
7	江苏省	南京市	秦淮区
8	江苏省	苏州市	姑苏区
9	江苏省	苏州市	虎丘区
10	浙江省	杭州市	西湖区
11	浙江省	杭州市	上城区
12	浙江省	宁波市	海曙区
13	浙江省	宁波市	江北区
14	浙江省	温州市	鹿城区
15	浙江省	温州市	龙湾区

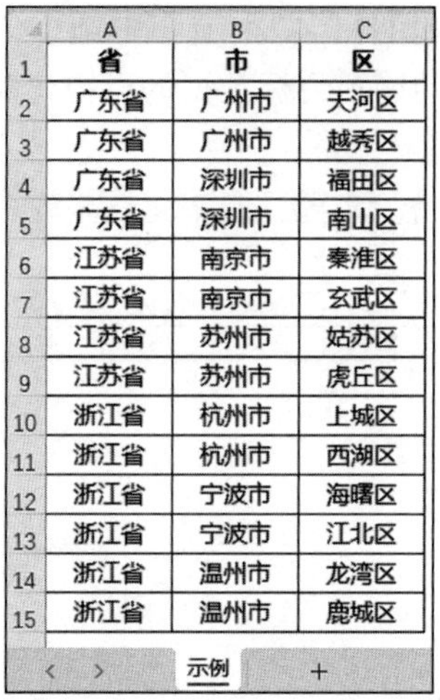

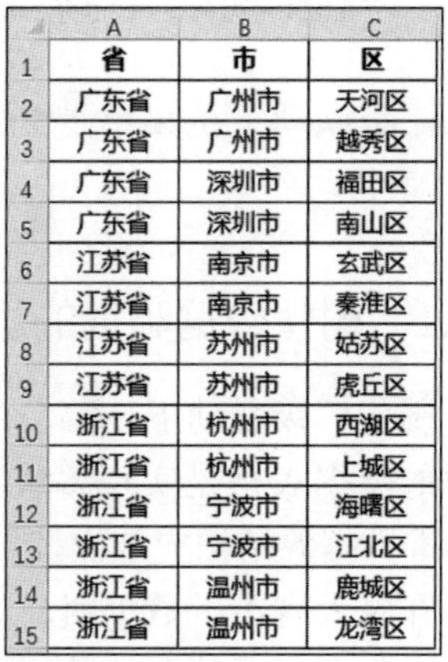

a）进行相关设置　　b）排序好的表格

图 6-13　通过多条件排序功能快速实现数据规范化整理

保证数据源表格按规范结构排布后，即可运用定义名称和公式实现跨层级数据的动态引用。

6.2.2 动态引用与定义名称

通过 Excel 公式可以实现数据区域的动态引用，根据条件变化自动调整引用范围。配合定义名称功能，可以将这些动态引用封装为具有明确语义的命名范围，不仅便于重复调用，还能够有效提高公式的可读性。

在构建省市区三级联动下拉菜单时，需要完成以下3个核心配置步骤。

1）定义"省"命名范围：动态引用数据源中的所有省份信息，建立一级菜单的数据基础。

2）配置"市"动态引用：基于用户选择的省份，通过公式实现二级联动，自动筛选并引用该省份下属的市级数据区域。

3）配置"区"条件引用：根据用户选择的城市智能匹配并引用对应的区级数据，完成三级联动体系。

捋清思路后，即可在 6.2.1 节的规范化数据源结构基础上使用公式和定义名称实现数据的动态引用，具体操作步骤如下。

（1）确定省市区三级联动下拉菜单的创建区域。

在 E1:G1 单元格区域输入标题行，指定 E2:G2 单元格区域分别作为省、市、区条件的三级联动下拉菜单创建区域，如图 6-14 所示。

图 6-14　确定省市区三级联动下拉菜单的创建区域

（2）创建自定义名称"省"

1）在"示例"工作表中单击"公式"选项卡下的"定义名称"按钮；在弹出的"新建名称"页面的"名称"输入框中输入"省"，在"引用位置"输入框中输入用于动态引用省数据区域的公式，然后单击"确定"按钮，如图 6-15 所示。

2）单击"公式"选项卡下的"名称管理器"按钮，在弹出的"名称管理器"页面中选中要查看的名称（如省），在"引用位置"输入框中即可查看对应的公式，如图 6-16 所示。

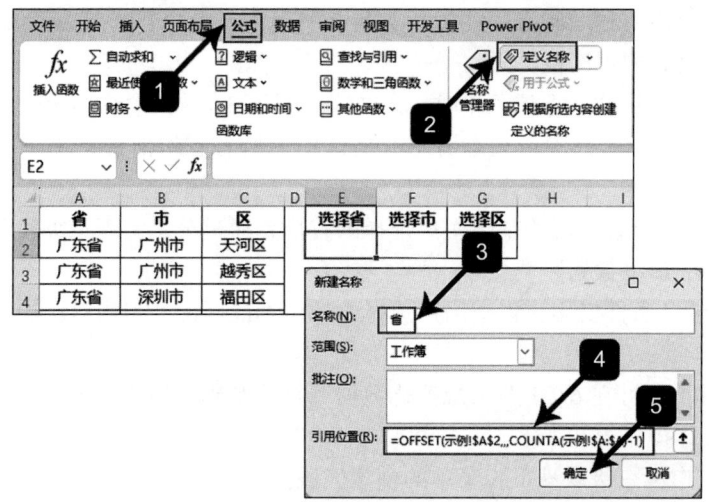

图 6-15 创建自定义名称 "省"

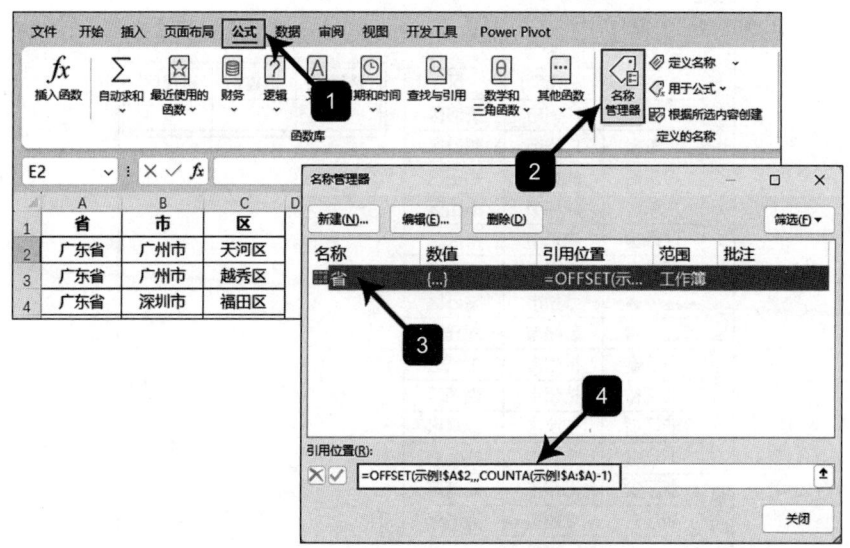

图 6-16 在名称管理器中查看已创建的名称

> **注意** 读者不必照抄这些公式。可从本书前言获取配套素材的下载方式，打开对应编号的示例文件，即可详细查看或快速复制公式。

（3）创建自定义名称"市"

按照第（2）步中的方法（见图 6-15）继续创建自定义名称"市"，所用公式如下：

=OFFSET(示例 !$B$2,MATCH(示例 !$E$2, 示例 !$A:$A,0)−2,,
  COUNTIF(示例 !$A:$A, 示例 !$E$2))

(4)创建自定义名称"区"

按照第(2)步中的方法(见图6-15)继续创建自定义名称"区",所用公式如下:

=OFFSET(示例!$C$2,MATCH(示例!$F$2,示例!$B:$B,0)-2,,
COUNTIF(示例!$B:$B,示例!$F$2))

设置好"省""市"和"区"定义名称后,就可以开始创建三级联动下拉菜单了。

6.2.3 省市区三级联动选择器

省市区三级联动选择器是通过Excel中的"数据验证"功能实现的,具体操作步骤如下。

(1)设置一级下拉菜单

1)选中要设置一级下拉菜单的单元格(如E2),单击"数据"选项卡下的"数据验证"按钮;在弹出的"数据验证"页面中,在"允许"下方的下拉列表中选中"序列"选项,在"来源"输入框中输入"=省",单击"确定"按钮,如图6-17所示。

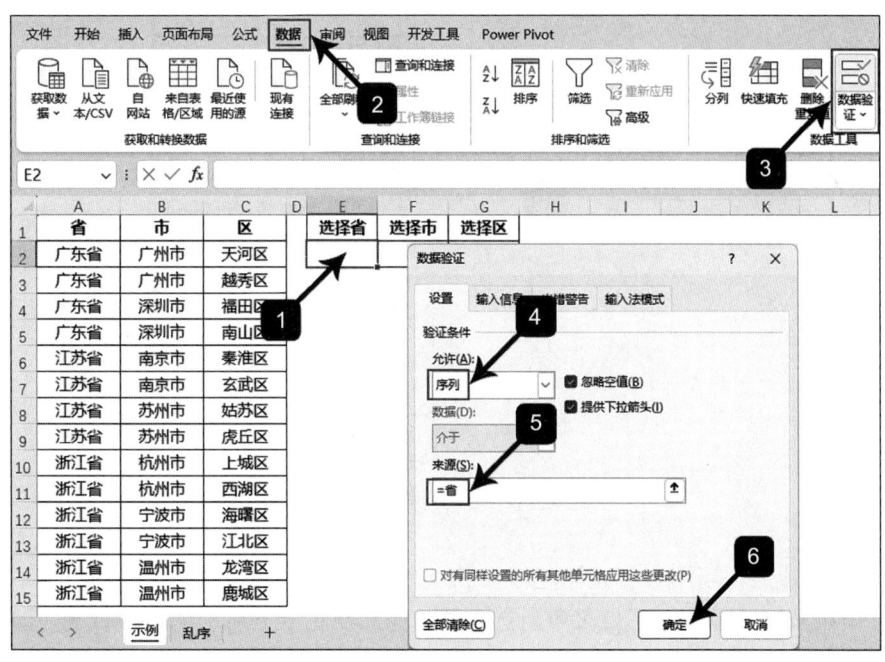

图6-17 设置一级下拉菜单

2)设置完成后,当用户将光标定位至E2单元格时,单元格右侧会自动出现下拉按钮;单击下拉按钮可以展开下拉列表,便于用户快捷选择条件(如浙江省),如图6-18所示。

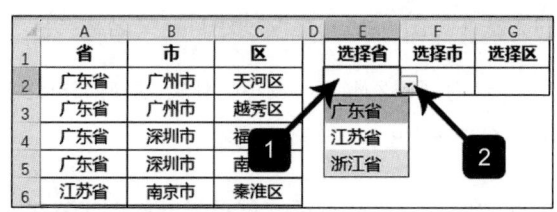

图 6-18 设置完成后的一级下拉菜单

（2）设置二级下拉菜单

1）选中要设置二级下拉菜单的单元格（如 F2），单击"数据"选项卡下的"数据验证"按钮；在弹出的"数据验证"页面中，在"允许"下方的下拉列表中选中"序列"选项，在"来源"输入框中输入"=市"，单击"确定"按钮，如图 6-19 所示。

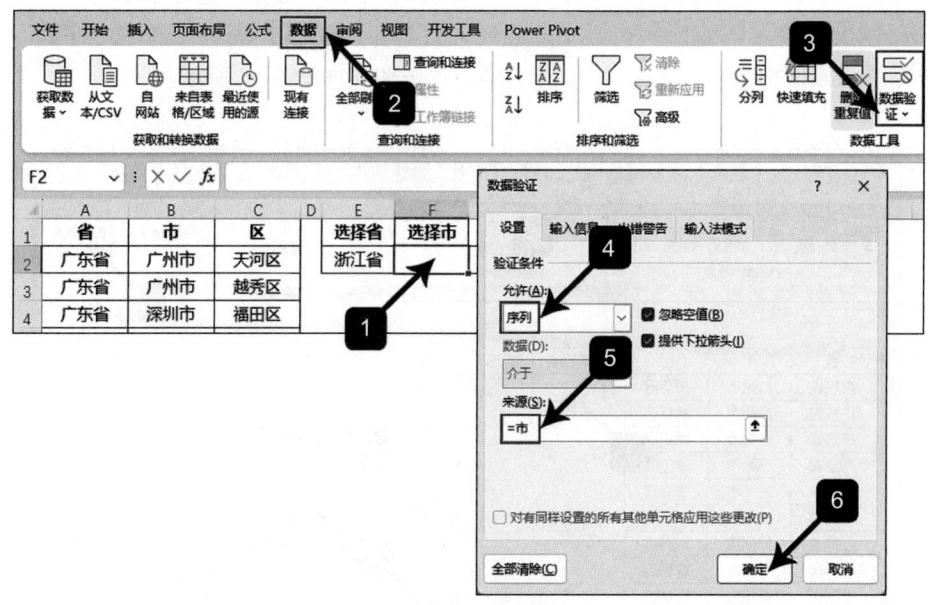

图 6-19 设置二级下拉菜单

2）设置完成后，当用户将光标定位至 F2 单元格时，单元格右侧会自动出现下拉按钮；单击下拉按钮可以显示一级下拉菜单所选省份（如浙江省）下对应的城市列表（即杭州市、宁波市、温州市），便于用户快捷选择条件（如温州市），如图 6-20 所示。

（3）设置三级下拉菜单

1）选中要设置三级下拉菜单的单元格（如 G2），单击"数据"选项卡下的"数据验证"按钮；在弹出的"数据验证"页面中，在"允许"下方的下拉列表中选中"序列"选项，在"来源"输入框中输入"=区"，单击"确定"按钮，如图 6-21 所示。

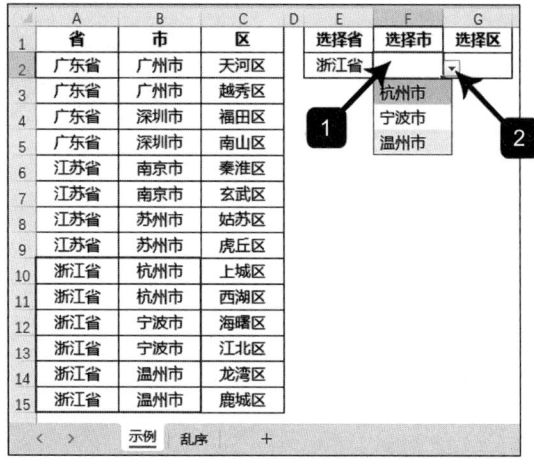

图 6-20 设置完成后的二级下拉菜单

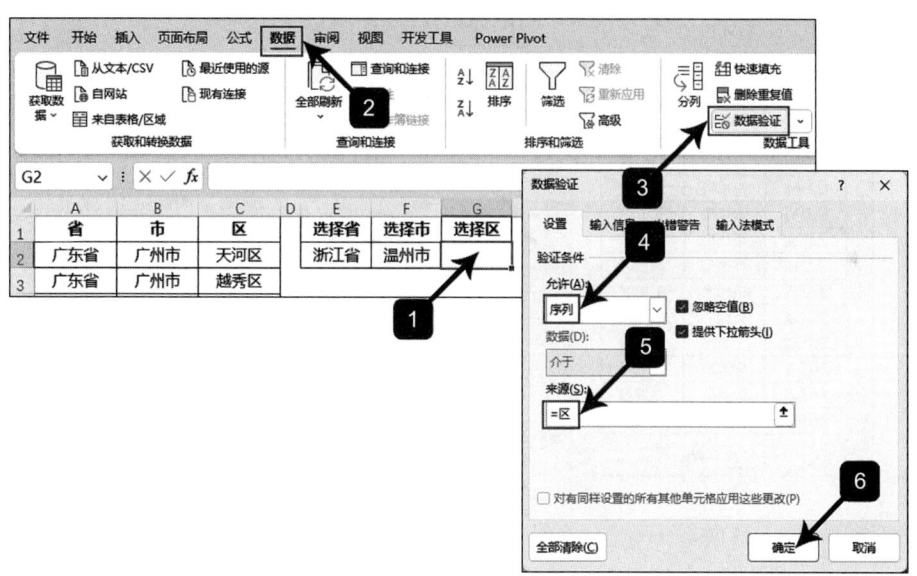

图 6-21 设置三级下拉菜单

2）设置完成后，当用户将光标定位至 G2 单元格时，单元格右侧会自动出现下拉按钮；单击下拉按钮可以显示二级下拉菜单所选城市（如温州市）下对应的区列表（即龙湾区、鹿城区），便于用户快捷选择条件（如龙湾市），如图 6-22 所示。

至此，省市区三级联动下拉菜单已制作完成。更改上级菜单选项即可实时刷新下级菜单的下拉列表。例如，在一级菜单中选择"江苏省"后，二级菜单的下拉列表会自动更新为"南京市"和"苏州市"；在二级菜单中选择"南京市"后，三级菜单的下拉列表会自动更新为"秦淮区"和"玄武区"，如图 6-23 所示。

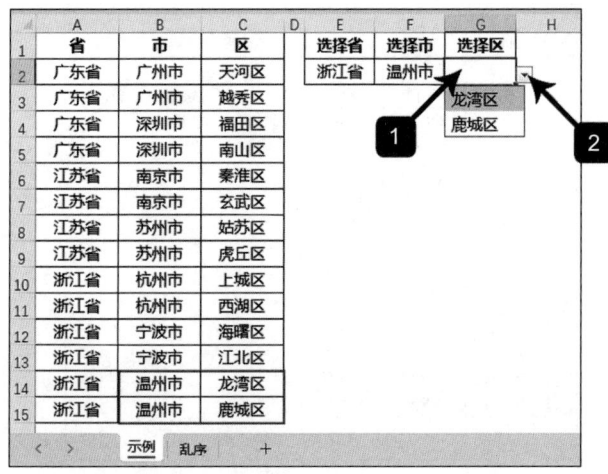

图 6-22 设置完成后的三级下拉菜单

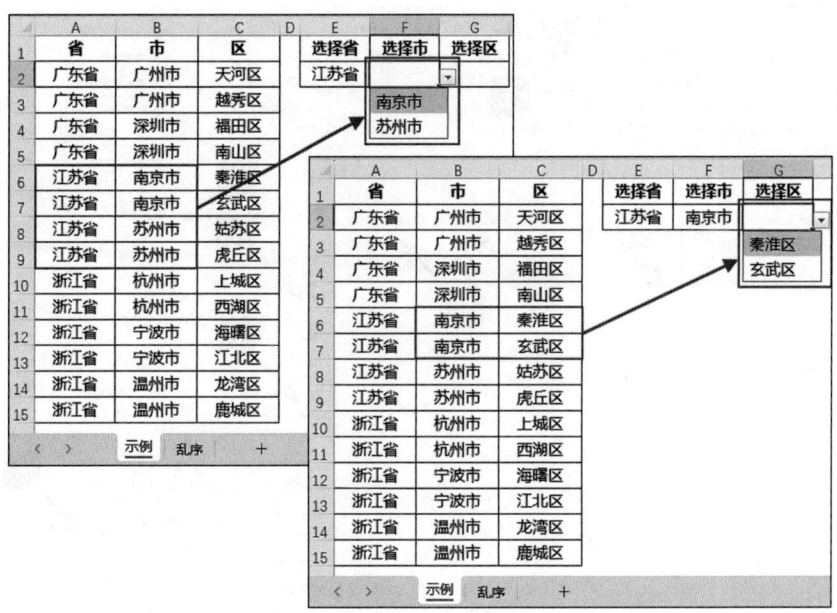

图 6-23 省市区三级联动下拉菜单更新效果

6.3 开发工具控件

开发工具控件是构建高效交互式动态图表的核心技术,本节将重点解析三大实用控件的功能实现与业务价值。

6.3.1 组合框

在动态图表设计中引入组合框控件，能够为用户提供便捷的下拉选项菜单。这种交互方式具有双重优势：一方面通过预设选项实现高效选择，显著提升用户体验；另一方面能够有效规范数据输入，避免因手动录入导致的错误数据。下面将结合具体示例详细讲解该功能的实现方法与技术要点。

某企业的质检统计表中记录了各生产线产品的主要缺陷类型及对应的不合格品数量，如图 6-24 所示。

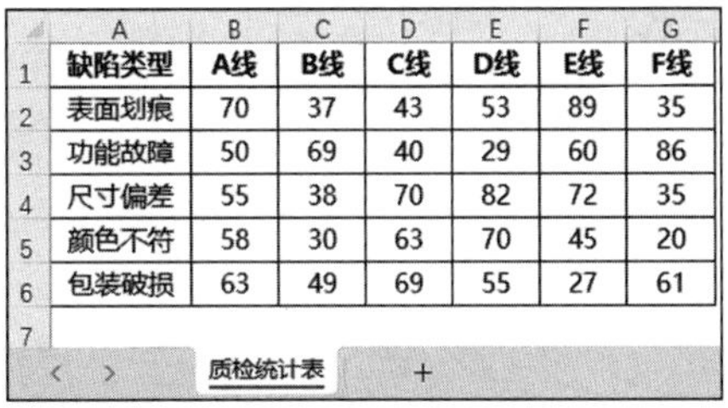

图 6-24　某企业的质检统计表

现需要根据用户的交互指令（指定缺陷类型）对比各条生产线的不合格品数量。这种需求可以通过在图表中引入组合框控件实现，具体操作步骤如下。

（1）插入并设置组合框控件

1）单击"开发工具"选项卡下的"插入"按钮，在展开的下拉页面中单击"组合框（窗体控件）"按钮，如图 6-25 所示。

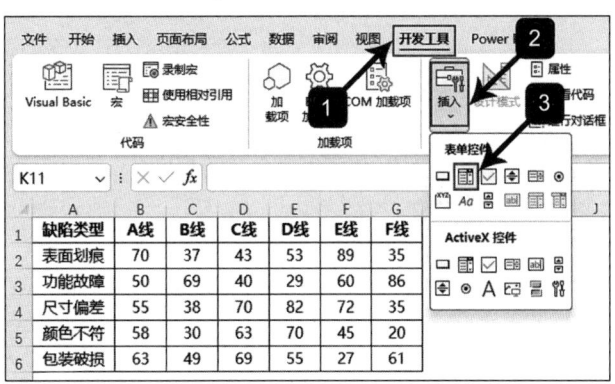

图 6-25　插入开发工具控件

2）按住左键拖动鼠标绘制一个合适大小的组合框控件；在其上单击鼠标右键，在弹出的快捷菜单中单击"设置控件格式"选项，如图 6-26a 所示；在弹出的"设置对象格式"页面中将光标定位至"数据源区域"右侧的输入框，在 Excel 工作表中选中 A2:A6 单元格区域；然后将光标定位至"单元格链接"右侧的输入框，在 Excel 工作表中选中 C8 单元格，单击"确定"按钮，如图 6-26 所示。

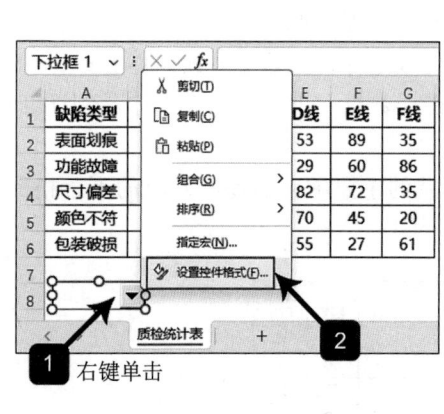 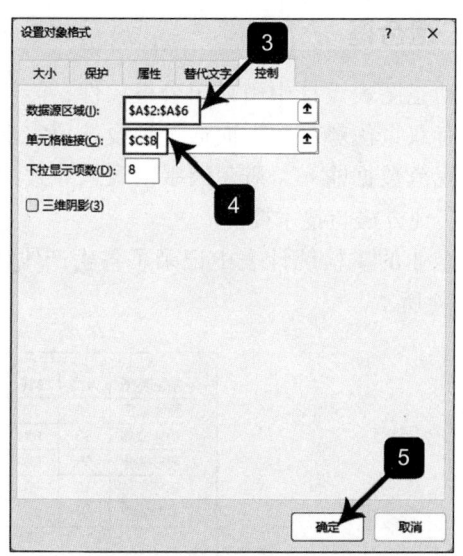

a）单击"设置控件格式"选项　　　　b）设置数据源区域和单元格链接

图 6-26　设置组合框的数据源区域和单元格链接

3）设置完成后，单击组合框下拉按钮即可自动展开下拉列表；从中选择预设选项后，单元格链接（C8）会返回该选项在下拉列表中相对位置的数字（1），如图 6-27 所示。

（2）引用控件的单元格链接并构建图表数据源。

1）在 Excel 工作表中确定图表数据源的构建区域（如 A10:G11 区域），将标题行复制至 A10:G10 区域，如图 6-28 所示。

图 6-27　在组合框中选择预设选项后的显示效果　　图 6-28　确定图表数据源的构建区域

2）选中 A11:G11 单元格区域，在编辑栏中输入以下数组公式：

=OFFSET(A1:G1,C8,0)

3）输入公式后按"Ctrl+Shift+Enter"组合键进行确认。此时，编辑栏中数组公式的首尾两端会自动添加一对英文半角的大括号 {}，表明数组公式输入成功，如图 6-29 所示。

注意 输入数组公式后需要按"Ctrl+Shift+Enter"组合键确认,才能确保Excel执行数组计算。如果直接按Enter键,将无法返回正确结果。数组公式两端的{}务必通过组合键输入产生,不可在编辑栏中手动输入。采用正确方法输入的数组公式,当光标定位至其所在的编辑栏时,{}会消失不见;按"Esc"键撤销编辑状态后,数组公式两端的{}会重新出现。

(3) 创建图表并进行美化。

选中A10:G11单元格区域创建柱形图,设置图表标题并对图表进行美化,如图6-30所示。

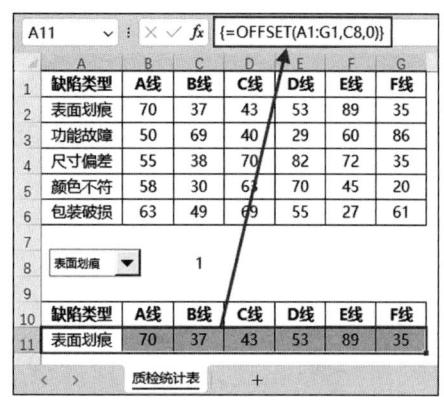

图6-29 输入数组公式后的显示效果

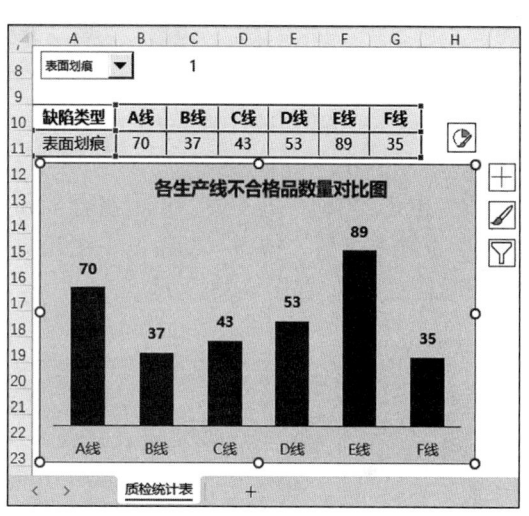

图6-30 创建柱形图并美化图表

(4) 将组合框控件与图表绑定

1) 选中组合框控件的外边框,单击"形状格式"选项卡下的"上移一层"按钮,在展开的下拉列表中单击"置于顶层"选项,如图6-31所示。

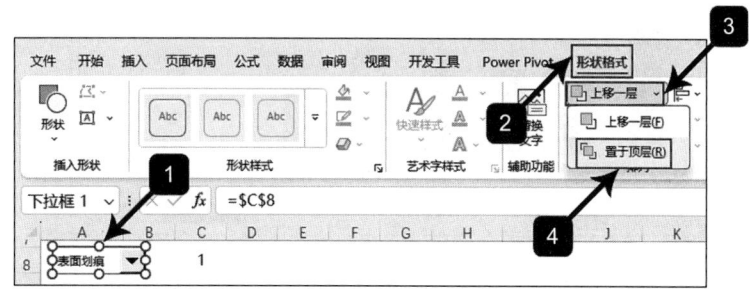

图6-31 将组合框控件置于顶层

2) 将组合框控件拖入图表区域并放置到合适的位置,如图6-32所示。

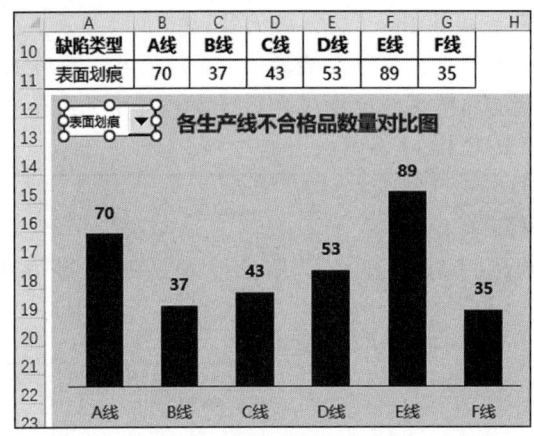

图 6-32　将组合框控件放置到合适的位置

3）按住"Ctrl"键不放,单击组合框和柱形图;同时选中控件与图表后,单击"形状格式"选项卡下的"排列"按钮,在展开的页面中单击"组合"按钮,在其下拉页面中单击"组合"选项,如图 6-33 所示。

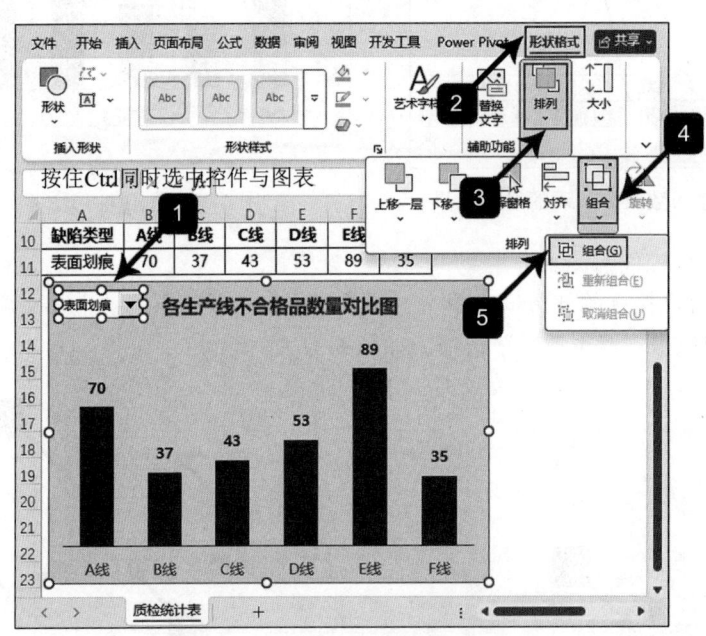

图 6-33　同时选中控件与图表

4）设置完成后,单击图表外边框即可同时移动组合框与柱形图。当用户在组合框中更改选项后,柱形图会展示对应的数据对比情况,如图 6-34 所示。

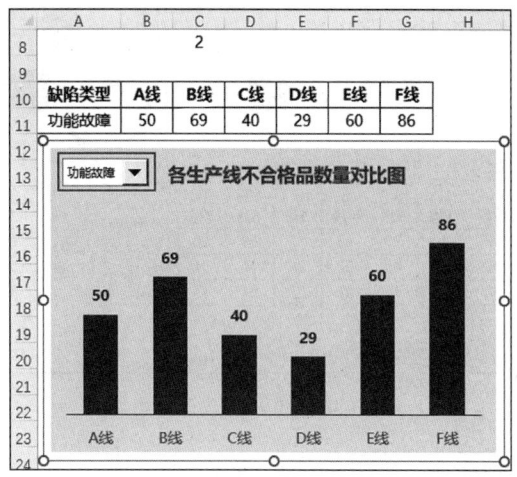

图 6-34　更改组合框选项即可自动更新图表

6.3.2　复选框

在动态图表设计中引入复选框控件，能够通过联动公式进行逻辑判断，实现数据的动态可视化呈现。这种交互设计赋予了用户自主控制权，允许用户通过勾选操作灵活调控图表中显示的数据系列或属性特征。当用户勾选特定条件时，系统会基于 IF 条件函数对数据源进行智能筛选，动态构建符合条件的数据集合；若未勾选，则可通过 NA 函数自动隐藏相应数据或根据预设规则调整数据属性值。这种创新的交互方式不仅实现了图表元素的智能切换，还通过直观的操作界面显著提升了用户体验，使数据展示更具交互性和用户友好性。下面将结合具体示例详细讲解该功能的实现方法与技术要点。

某企业的区域销售统计表中记录了北京、上海和广州区域在全年各月份的销售数据，如图 6-35 所示。

区域	1月	2月	3月	4月	5月	6月	7月	8月	9月	10月	11月	12月
北京	66	40	18	46	17	88	50	32	19	88	60	33
上海	62	85	46	58	84	76	31	19	35	38	58	40
广州	87	14	78	37	57	81	11	29	66	23	55	44

图 6-35　某企业的区域销售统计表

现需要根据用户的交互指令展示指定区域的全年销售趋势。这种需求可以通过在图表中引入复选框控件实现，具体操作步骤如下。

（1）插入复选框控件并设置单元格链接。

1）单击"开发工具"选项卡下的"插入"按钮，在展开的下拉页面中单击"复选框（窗体控件）"按钮，如图 6-36 所示。

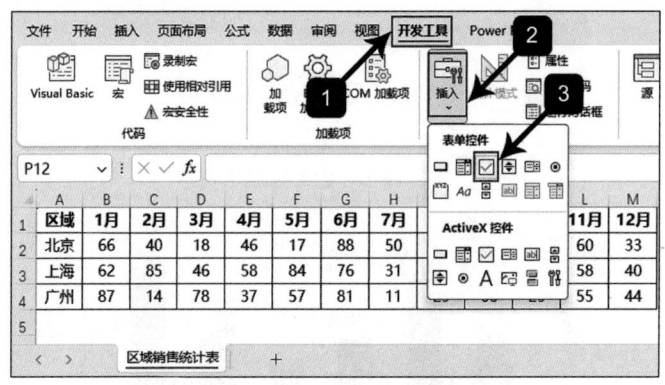

图 6-36 插入复选框控件

2)按住左键拖动鼠标绘制一个合适大小的复选框控件,将名称改为"北京";在其上单击鼠标右键,在弹出的快捷菜单中单击"设置控件格式"选项;在弹出的"设置控件格式"页面中,将光标定位至"单元格链接"右侧的输入框,在 Excel 工作表中选中 B6 单元格,单击"确定"按钮,如图 6-37 所示。

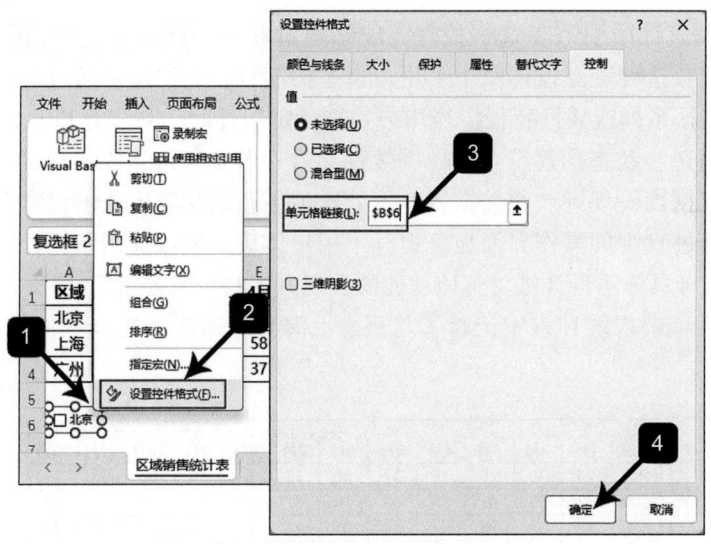

图 6-37 设置复选框的单元格链接

3)采用同样的方法插入并设置复选框"上海"和"广州",将单元格链接分别设置为 B7 单元格和 B8 单元格,如图 6-38 所示。

4)检查单元格链接的设置是否正确。单击复选框时,其右侧的单元格链接应返回 "TRUE",取消勾选后应返回"FALSE",如图 6-39 所示。

(2)构建图表数据源

1)在 Excel 工作表中选定图表数据源的构建区域(如 A10:M13 区域),设置标题行和区域名称,如图 6-40 所示。

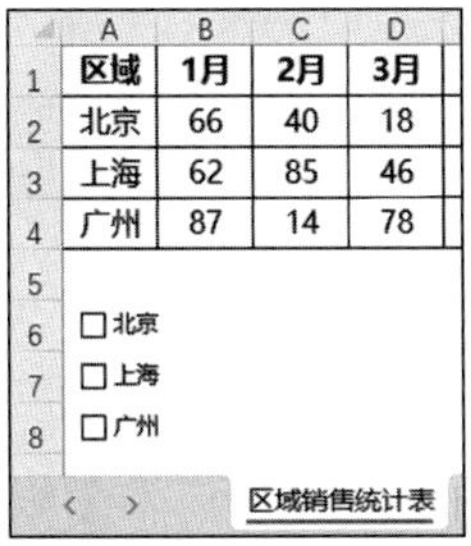

区域	1月	2月	3月
北京	66	40	18
上海	62	85	46
广州	87	14	78

☐北京
☐上海
☐广州

区域销售统计表

图 6-38　插入并设置复选框“上海”和“广州”

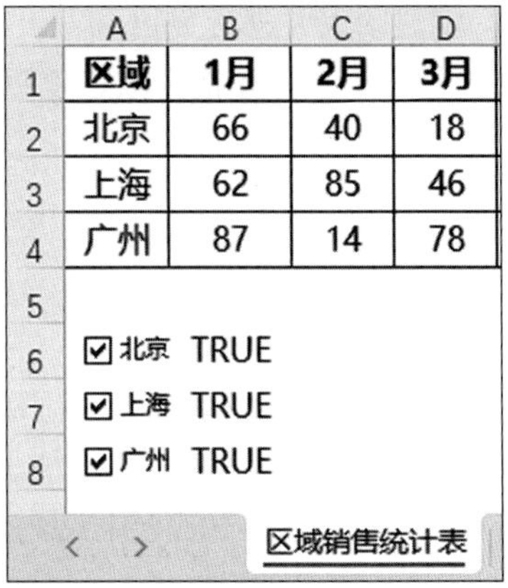

区域	1月	2月	3月
北京	66	40	18
上海	62	85	46
广州	87	14	78

☑北京 TRUE
☑上海 TRUE
☑广州 TRUE

区域销售统计表

图 6-39　勾选复选框后的显示效果

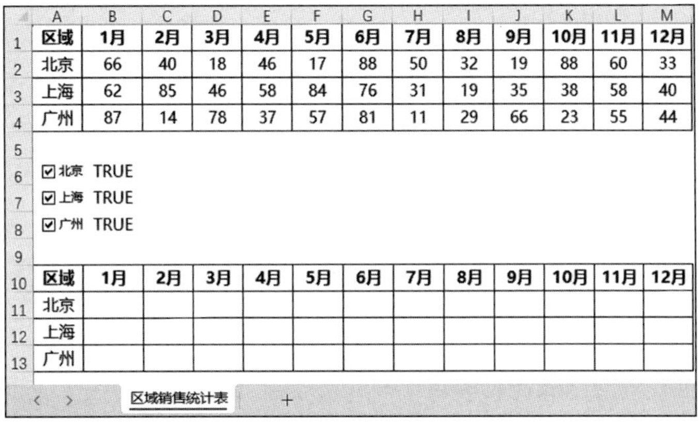

区域	1月	2月	3月	4月	5月	6月	7月	8月	9月	10月	11月	12月
北京	66	40	18	46	17	88	50	32	19	88	60	33
上海	62	85	46	58	84	76	31	19	35	38	58	40
广州	87	14	78	37	57	81	11	29	66	23	55	44

☑北京 TRUE
☑上海 TRUE
☑广州 TRUE

区域	1月	2月	3月	4月	5月	6月	7月	8月	9月	10月	11月	12月
北京												
上海												
广州												

区域销售统计表

图 6-40　选定图表数据源的构建区域

2）在 B11 单元格输入公式，然后将公式依次向右填充、向下填充，如图 6-41 所示。

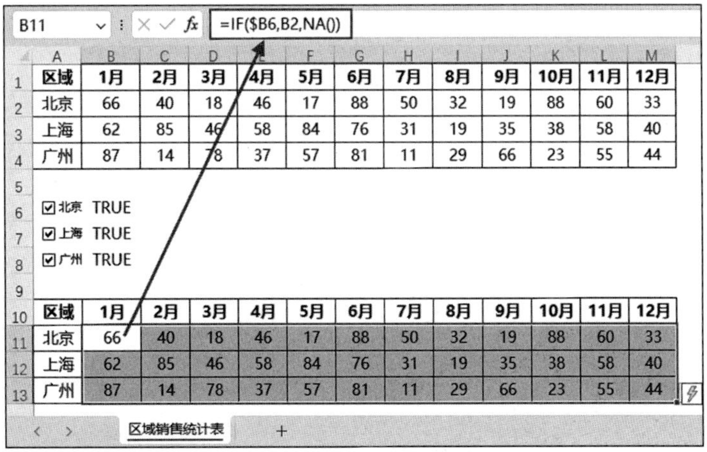

B11　=IF($B6,B2,NA())

区域	1月	2月	3月	4月	5月	6月	7月	8月	9月	10月	11月	12月
北京	66	40	18	46	17	88	50	32	19	88	60	33
上海	62	85	46	58	84	76	31	19	35	38	58	40
广州	87	14	78	37	57	81	11	29	66	23	55	44

☑北京 TRUE
☑上海 TRUE
☑广州 TRUE

区域	1月	2月	3月	4月	5月	6月	7月	8月	9月	10月	11月	12月
北京	66	40	18	46	17	88	50	32	19	88	60	33
上海	62	85	46	58	84	76	31	19	35	38	58	40
广州	87	14	78	37	57	81	11	29	66	23	55	44

区域销售统计表

图 6-41　使用公式构建图表数据源

（3）创建图表并进行美化

选中 A10:M13 单元格区域创建折线图，设置图表标题并美化图表，设置完成后的显示效果如图 6-42 所示。

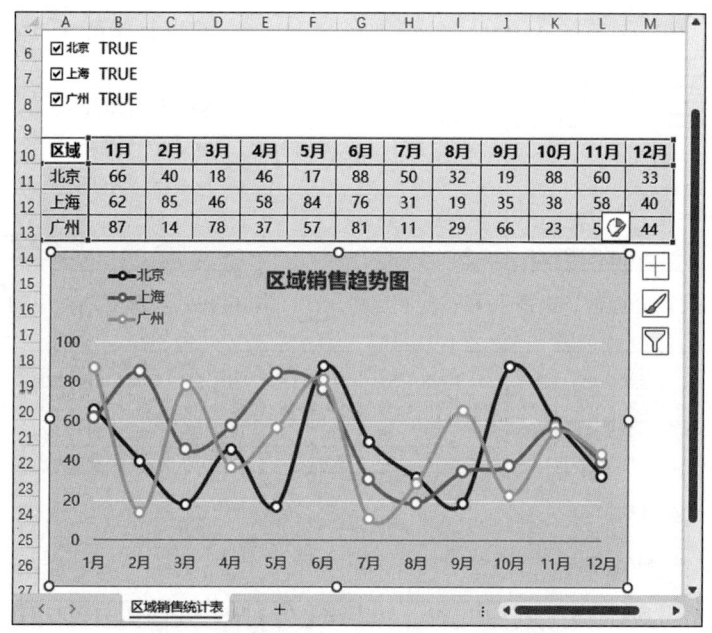

图 6-42　根据公式构建的图表数据源创建图表

（4）将复选框控件与图表进行绑定

将复选框控件置于顶层并拖入图表区域，然后将它与图表进行绑定，如图 6-43 所示。

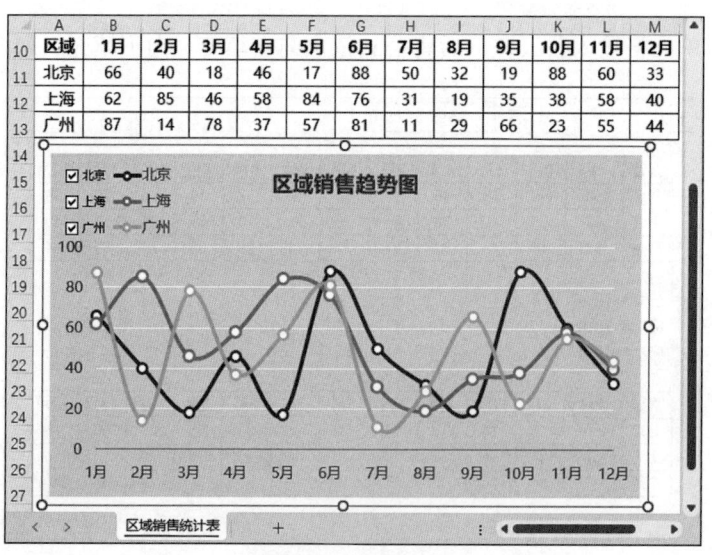

图 6-43　将复选框控件与图表进行绑定

当用户仅勾选"北京"复选框时,因为图表数据源区域中"上海"和"广州"的公式计算结果为#N/A,所以图表会自动隐藏该数据系列,仅展示北京区域的销售趋势图,如图 6-44 所示。

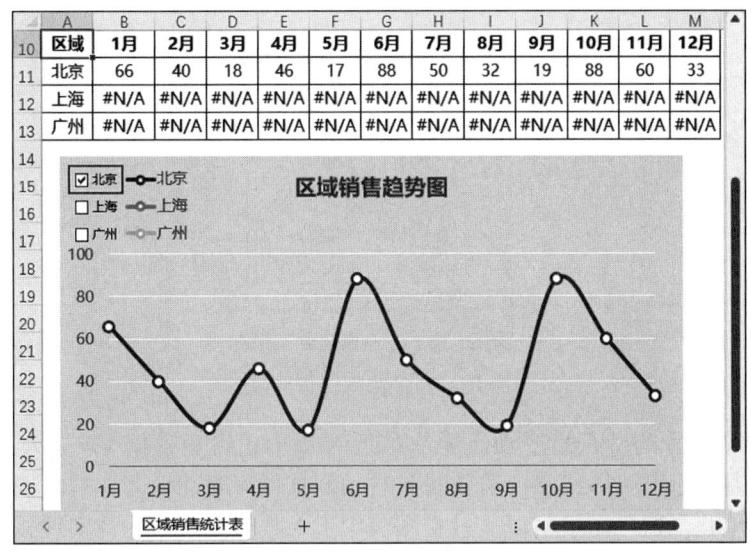

图 6-44　仅勾选"北京"复选框的显示效果

当用户同时勾选"北京"和"广州"复选框时,这两个所选区域的数据正常生成。由于图表数据源中"上海"的公式计算结果为#N/A,所以在图表中不显示上海的数据,仅展示北京和广州区域的销售趋势图,显示效果如图 6-45 所示。

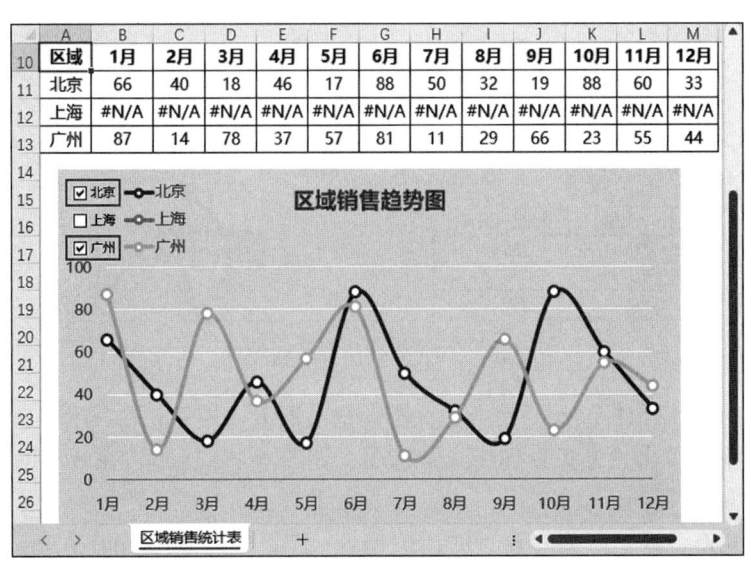

图 6-45　勾选"北京"和"广州"复选框的显示效果

6.3.3 数值调节钮

在动态图表设计中引入数值调节钮控件，能够帮助用户精准调节参数步长。下面将结合具体示例详细讲解该功能的实现方法与技术要点。

某企业的销售统计表中记录了 2025 年 1～6 月份每天的销售额数据，如图 6-46 所示。

图 6-46　某企业的销售统计表

现需要根据用户的交互指令动态提取最近 N 周的销售额数据（按 7 天/周计算）。系统将基于当前基准日期（2025 年 7 月 1 日）自动倒推计算时间区间，并可视化展示该时段内的销售趋势变化。这种需求可以通过在图表中引入数值调节钮控件实现，具体操作步骤如下。

（1）插入数值调节钮控件并设置单元格链接

1）单击"开发工具"选项卡下的"插入"按钮，在展开的下拉页面中单击"数值调节钮（窗体控件）"按钮，如图 6-47 所示。

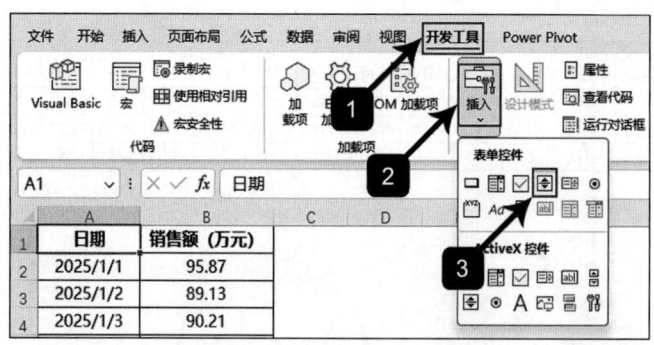

图 6-47　插入数值调节钮控件

2）按住左键拖动鼠标绘制一个合适大小的数值调节钮控件；在其上单击鼠标右键，在弹出的快捷菜单中单击"设置控件格式"选项，如图 6-48a 所示；在弹出的"设置控件格式"页面中，将"当前值""最小值"和"步长"设置为 1，将"最大值"设置为 52；将光标定位至"单元格链接"右侧的输入框，在 Excel 工作表中选中 D2 单元格，单击"确定"按钮，如图 6-48 所示。

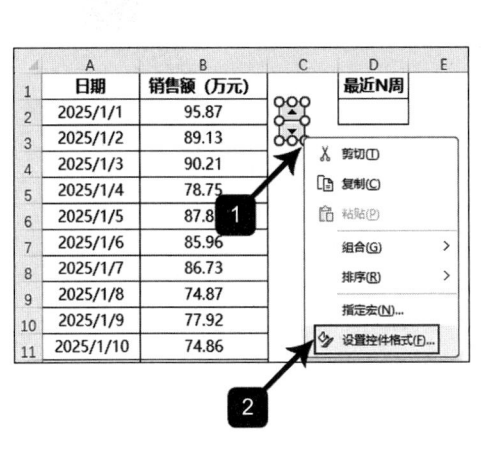
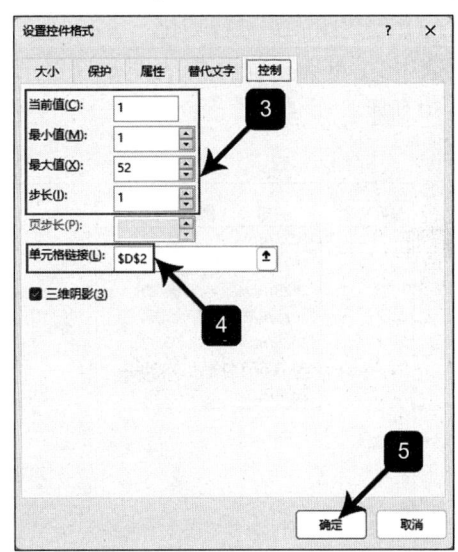

a）单击"设置控件格式"选项　　　　　　　　b）进行相关设置

图 6-48　设置控件与 Excel 工作表的单元格链接

（2）构建图表数据源

1）在 Excel 工作表的 F1:G1 单元格区域设置图表数据源的标题行，在 F2 单元格使用公式引用控件的单元格链接（D2），构建图表数据源，以动态提取最近 N 周的数据，如图 6-49 所示。

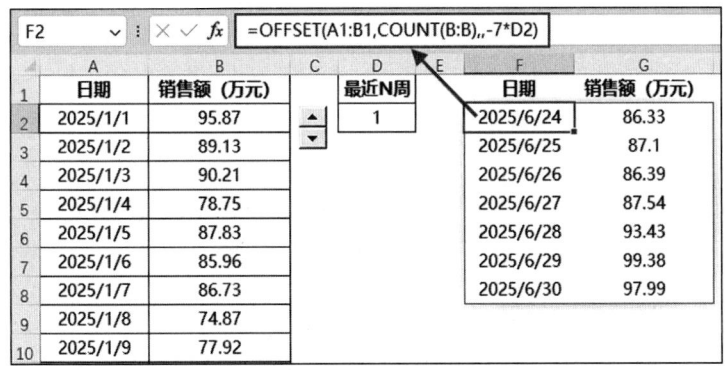

图 6-49　构建图表数据源

2）该公式的计算原理为：以起始单元格（A1:B1）作为基准区域，向下偏移行数为 COUNT（B:B），向右偏移列数为 0（公式中的第 3 个参数为空，默认为 0），引用高度为 -7*D2（负值表示向上扩展选取范围）。D2=1 时，公式会提取最后 7 天的销售数据；D2=2 时，公式会提取最后 14 天的销售数据……以此类推，动态提取最近 N 周（按 7 天 / 周计算）的数据作为图表数据源。

(3)创建图表并进行美化

选中 F1 单元格插入折线图,设置图表标题并美化图表,设置完成后的显示效果如图 6-50 所示。

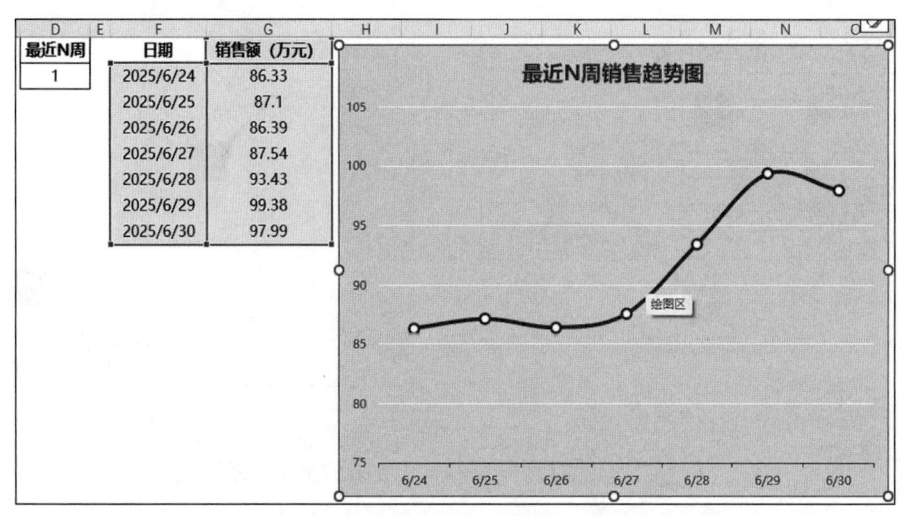

图 6-50　根据公式构建的图表数据源创建图表

(4)将数值调节按钮控件与图表进行绑定

将数值调节钮控件置于顶层并拖入图表区域,然后将它与图表进行绑定,如图 6-51 所示。

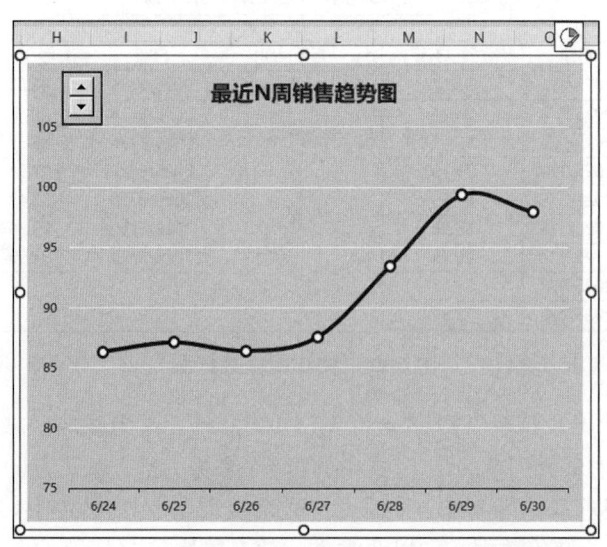

图 6-51　将数值调节按钮控件与图表进行绑定

当用户单击数值调节钮控件中的"▲"时，折线图会自动扩展引用范围，每单击 1 次增加 7 天。展示最近 2 周销售趋势的图表数据源和折线图如图 6-52 所示。

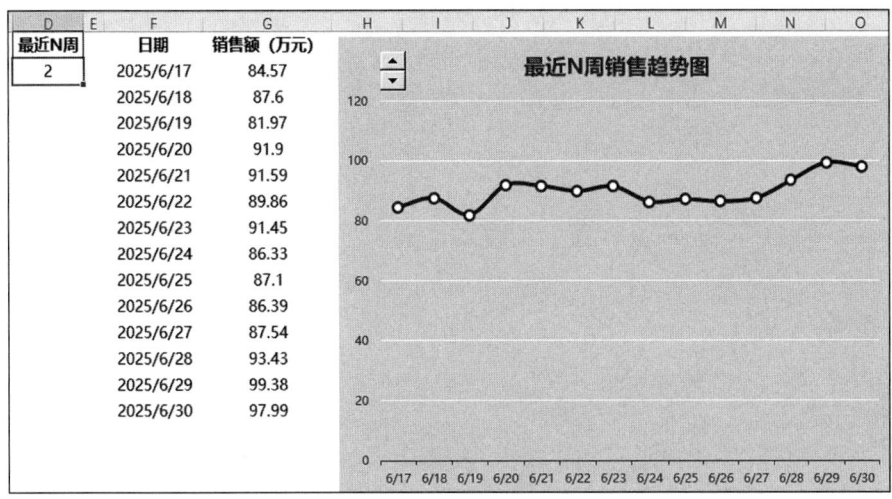

图 6-52　展示最近 2 周销售趋势的图表数据源和折线图

第二部分 *Part 2*

看板设计与系统集成

- 第7章 数据看板设计基础
- 第8章 仪表盘动态图表制作
- 第9章 看板体系构建、开发与系统集成

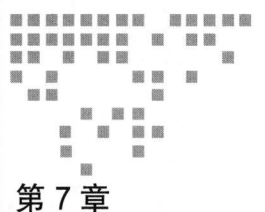

第 7 章

数据看板设计基础

在数据驱动决策的时代,数据看板作为信息呈现的核心载体,承担着将复杂数据转化为直观洞察的重要使命。本章将系统剖析数据看板设计的底层逻辑,从业务需求的精准捕捉到视觉表达的审美构建,完整呈现看板设计的科学方法论。通过解析看板架构的三维设计要素(即业务需求、布局框架和场景适配),深入探讨如何通过三层需求分析法实现数据与决策的无缝对接,并针对 PC 端、移动端、大屏等不同终端场景提出差异化设计策略,帮助读者构建符合用户认知规律与商业价值诉求的数据可视化方案。

7.1 看板架构设计三要素

看板架构设计是数据可视化的核心骨架,直接决定信息传递效率与决策价值。

7.1.1 业务需求设计

在制作数据看板之前进行业务需求设计具有重要意义。传统看板设计常因需求模糊导致指标堆砌、逻辑混乱,而根据业务需求进行分层设计可以避开绝大部分传统设计中的弊病,成功建立"业务目标→分析逻辑→决策支持"的闭环。很多资深设计师采用的三层需求分析法(即关键指标、分析维度、决策层级)的核心逻辑如下。

1. 关键指标层:使用公式动态计算核心 KPI 指标

1)筛选关键指标:根据企业需求或指定原则(如 SMART 原则)筛选出关键指标 KPI。

2)使用公式动态计算:通过 Excel 公式实现自动计算,确保指标结果能够与数据源同步更新。

2. 分析维度层：确定分析方法及维度钻取路径

1）确定分析方法：根据具体需求选择趋势分析（与时间轴上的数据对比）、对比分析（与竞品或目标值对比）、构成分析（对占比进行拆解）、分布分析（用于异常检测）或相关分析（进行相关性统计）等。

2）确定维度钻取路径：设计按层级钻取数据的路径，如"全年→季度→月份→天"或"全国→大区→省份→门店"等。

3. 决策层级层：体现高管、中层、执行层看板的差异化特点

1）高管层：关注战略目标达成度，需全局总览指标（如达成率、ROI、市场份额等），图表类型以战略仪表盘、大字 KPI 图为主。

2）中层：关注过程监控，需掌握趋势分析、异常预警（如环比增长率、目标达成进度等），图表类型以折线图、柱形图或条形图、饼图或圆环图为主。

3）执行层：关注操作细节，需查看明细数据钻取（如门店日销量排行等），图表类型以表格、数据透视表和数据透视图为主。

7.1.2 布局框架设计

布局框架设计是可视化呈现的核心环节，直接决定了信息的传递效率和用户体验。布局框架设计主要包括 4 种模式：F 型视觉动线、中心放射式、网格布局式和瀑布流垂直式，分别适用于快速浏览、KPI 监控、多指标对比和移动端适配等场景。合理选择布局方案能显著提升数据洞察效率，增强决策支持能力。

1. F 型视觉动线设计

- 视觉路径：遵循"顶部横向浏览→垂直向下扫描→二次横向浏览"的 F 型视觉轨迹。
- 设计优势：贴合用户自然浏览习惯，特别适合需要快速获取关键信息的运营监控场景。
- 应用建议：将核心指标沿 F 型路径排布，确保用户在最短时间内捕捉重点数据。

F 型视觉动线设计的示意图如图 7-1 所示。

2. 中心放射式设计

- 核心架构：采用环形图或仪表盘居中展示核心 KPI（如总销售额、利润率），向外辐射关联指标（如区域或产品维度数据、时序趋势等）。
- 设计哲学：采用"核心→衍生"的层次化设计理念，实现从宏观到微观的数据穿透分析。
- 交互优势：支持用户从中心指标自然过渡到关联维度，构建完整分析链路。

中心放射式设计的示意图如图 7-2 所示。

3. 网格布局式设计

- 排版体系：基于等分栅格系统（推荐 4×3 或 5×4）实现图表矩阵化排布。

❑ 设计规范：严格遵循亲密性、对齐、重复和对比四大视觉设计原则。
❑ 场景价值：完美平衡多指标并置展示的需求与视觉可读性，适用于跨维度对比分析。

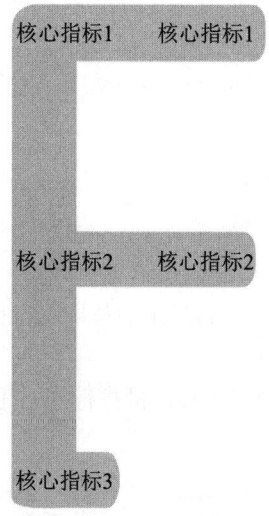

图 7-1　F 型视觉动线设计的示意图

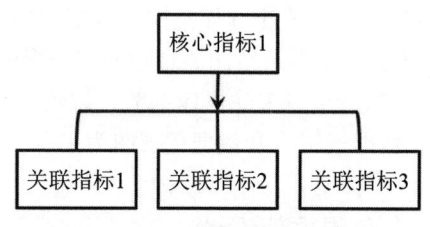

图 7-2　中心放射式设计的示意图

网格布局式设计的示意图如图 7-3 所示。

指标1图表	指标2图表	指标3图表	指标4图表
指标5图表	指标6图表	指标7图表	指标8图表
指标9图表	指标10图表	指标11图表	指标12图表

图 7-3　网格布局式设计的示意图

4．瀑布流垂直式设计

❑ 信息层级管理：单屏聚焦 1～2 个核心图表，通过折叠或展开的设计方式控制信息密度。
❑ 交互优化：采用符合拇指热区的滑动操作模式，同时固定导航栏，确保用户浏览的连贯性。
❑ 移动特性：采用纵向信息流排布方式，适配竖屏阅读，借助手势操作进一步提升移动端用户体验。

瀑布流垂直式设计的示意图如图 7-4 所示。
在实际工作中设计看板架构时，建议结合具体业务

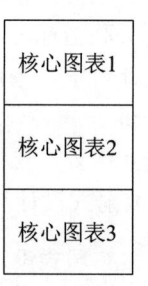

图 7-4　瀑布流垂直式设计的示意图

场景，混合使用多种布局模式。例如，在移动端 KPI 监控场景中，可采用"顶部 F 型关键指标导航 + 中部放射式核心 KPI 仪表盘 + 底部瀑布流明细数据"的三段式复合式布局方案。

7.1.3 场景适配设计

数据看板的设计必须充分考虑用户的使用场景和终端特性（如 PC 端、移动端及大屏），通过制定差异化的交互与视觉方案确保数据可读性和操作体验。以下是针对不同终端特性的专业适配方案。

1. PC 端设计：深度分析场景

（1）交互增强设计
- 动态筛选：集成下拉菜单（用于时间范围选择）、切片器（用于维度切换）、参数控件（用于公式调整）等交互元素。
- 数据联动：支持主看板与明细数据之间的双向交互，如地图下钻、图表联动过滤等。

（2）空间利用优势
- 充分利用宽屏特性，采用多栏布局实现指标的并行对比。
- 支持多标签页设计，构建层次化分析路径。

2. 移动端设计：轻量化浏览场景

（1）布局优化策略
- 严格遵循单列瀑布流布局，确保纵向浏览动线清晰。
- 采用卡片式设计隔离不同数据模块，保持呼吸感。

（2）移动专属适配
- 字号基准大于或等于 14 磅，关键数据放大至 18 磅以上。
- 交互热区的大小大于或等于 48×48 磅，符合手指触控规范。
- 精简文本内容，采用数据标签搭配图标化提示的方式。

3. 大屏设计：远距观看场景

（1）视觉可读性规范
- 基础字号大于或等于 24pt，核心指标字号需大于或等于 36pt（以 5 米视距标准为参考）。
- 强制使用无衬线字体，如思源黑体、Arial 等。
- 采用深色背景或浅色系背景（推荐冰蓝色 #DBE6EB），以降低屏幕眩光。

（2）色彩增强方案
- 主色饱和度提升 20% 以上，确保在远距离也能轻松辨识。
- 关键数据使用动态流光效果，增强视觉焦点。
- 避免使用纯白（#FFFFFF）等高亮度背景色。

7.2 专业化视觉设计

数据看板的视觉设计是商业决策的无声推手，直接影响着信息获取效率与洞察深度。本节聚焦 Excel 数据可视化场景，从风格适配、科学配色到字体规范三大维度构建设计框架。

7.2.1 风格适配

Excel 数据看板的风格定位会直接影响用户对数据可信度的第一印象，因此需根据业务场景、受众属性及汇报层级选择适配的视觉语言。以下为三大主流风格的技术实现方案。

1. 商务风格：企业级数据分析报告

（1）配色体系

- 主色：深青色（#00526D）。
- 辅色：青绿色（#00A4DC）。
- 强调色：红色（#F15A40）。
- 背景色：冰蓝色（#DBE6EB）。

（2）关键步骤

- 根据业务需求计算相关指标，构建图表数据源。
- 根据分析需求选择图表类型，分别制作图表并进行美化处理。
- 设计并搭建数据看板，添加看板主题及图表说明。

商务风格的数据看板示意图如图 7-5 所示。

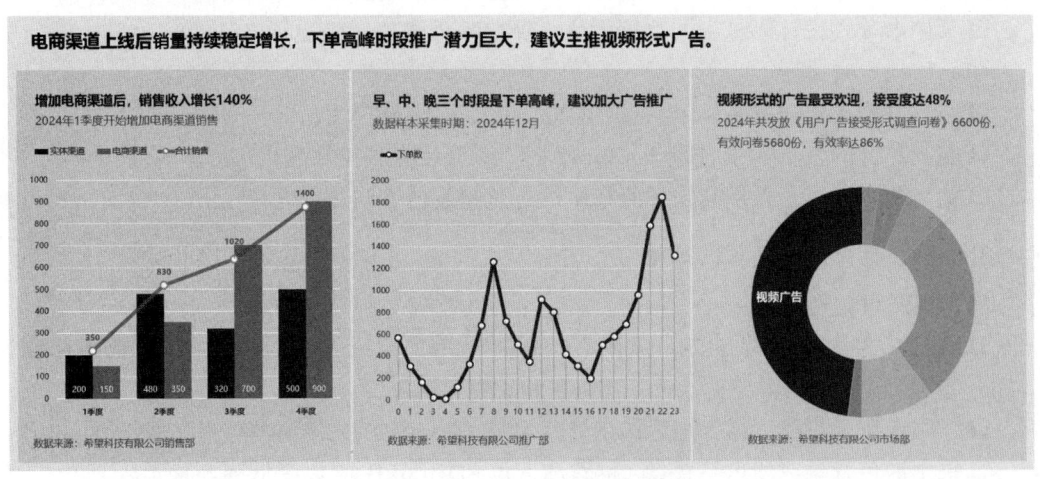

图 7-5　商务风格的数据看板示意图

（3）注意事项

- 图表中包含的颜色不应超过 3 种，过多会使看板显得杂乱无章，破坏统一风格。
- 强调色占比需控制在 20% 以内，仅用于标注关键数据，过度使用会适得其反，影响数据呈现效果。

2. 科技风格：动态数据运营分析看板

（1）配色体系
- 主色：青绿色（#45CFD9）。
- 辅色：蓝色（#5B9BD5）。
- 强调色：橙色（#F5821F）。
- 背景色：深蓝色（#021A3C）。

（2）关键步骤
- 对数据源进行整合与清洗，计算核心指标。
- 选择分析方法，制作图表并进行美化。
- 搭建数据看板，添加主题及说明。

科技风格的数据看板示意图如图 7-6 所示。

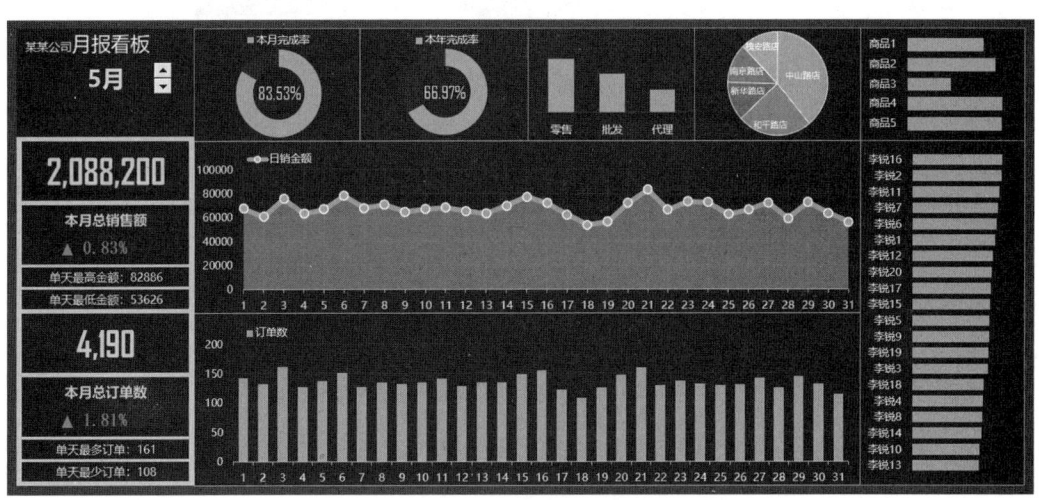

图 7-6　科技风格的数据看板示意图

（3）注意事项
- 避免使用纯白色文字，改用浅灰色（RGB 230，230，230），提高暗色背景下的可读性。
- "发光"等特效元素不宜超过 3 处，防止视觉噪声干扰核心指标的展示。

3. 极简风格：内部汇报或高频报表

（1）配色体系
- 主色：深灰色（#575452）。
- 辅色：浅灰色（#BCBDC0）。
- 背景色：灰白色（#F2F2F2）。

（2）关键步骤

❏ 整理报表需要的数据，计算对应指标。
❏ 使用黑白灰单色系制作图表，简约雅致。
❏ 按主次排列图表顺序，调整报表布局。

极简风格的数据看板示意图如图 7-7 所示。

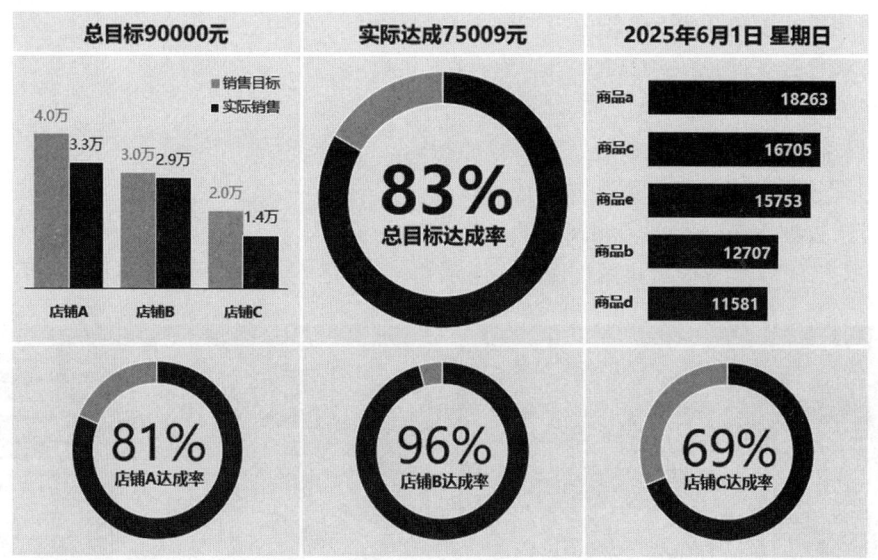

图 7-7　极简风格的数据看板示意图

（3）注意事项

❏ 严禁使用过多颜色或字体。色彩方面，仅限定使用黑白灰单色系；字体选择上，中英文各确定一种即可，禁用艺术字效果。
❏ 不得用亮色作为强调色；关键数据应仅通过颜色深浅和字号大小来建立层次，突出重点。

7.2.2　科学配色

1. 配色原则

配色设计的核心原则在于以业务目标为导向，基于用户画像进行精准匹配。有效的配色方案必须同时满足两个关键维度：一是服务于数据传达的核心目的；二是契合目标受众的视觉认知特征，涵盖年龄层次、性别差异、文化背景及行业属性等多方面因素。这种双重视角下的设计思维能够显著提升色彩的信息传递效率，使数据呈现更具表现力和业务说服力。

需要特别强调的是，优秀的配色设计绝非生搬硬套地使用模板。在实际业务场景中，金融风控看板所需的冷静克制风格与电商大促仪表盘追求的视觉冲击效果必然存在本质差异。读者可结合 2.3 节讲述的动态配色方法论（包含场景化示例及常见误区解析），根据具体需求灵活调整设计策略。这种原则性与灵活性的结合，正是专业数据可视化与业余设计的本质区别所在。

2. 取色工具

在数据可视化设计过程中，精准的色彩控制直接影响着信息传达效率。专业的取色工具能帮助设计师显著提高工作效率，达到事半功倍的效果。具体说明如下。

- 快速提取企业 VI 标准色值，确保看板符合品牌规范。
- 从优秀设计案例中学习配色方案，提升视觉表现力。
- 实现多图表间的色彩一致性，避免主观色差导致的认知混乱。

ColorPix 是一款可在屏幕上快速取色的工具，并且能根据鼠标指向位置的颜色获取对应的 Pixel、RGB、HEX、HSB、CMYK 代码。读者可从本书 7.2.2 节的配套素材中下载 ColorPix，详见本书前言部分提供的配套素材下载指引。

3. 注意事项

在数据看板和动态图表设计过程中，配色不仅影响美观度，更直接关系到信息的可读性、专业性和用户体验。不合理的配色可能导致数据误解和视觉疲劳，甚至影响决策效率。以下是必须规避的常见配色陷阱及其优化方案。

（1）避免使用纯黑色

纯黑色在屏幕上会产生过强的明暗对比（尤其是在暗色模式下），带来强烈的视觉压迫感，长时间观看易引发疲劳。在印刷场景中，纯黑色容易因油墨堆积出现"渗色"现象，影响细节呈现。为此，可将纯黑色转换为深灰或中灰色（亮度范围在 20%～80% 之间），提升辨识舒适度。

（2）制定色盲友好方案

约 8% 的男性及 0.5% 的女性存在红绿色盲或色弱的情况，传统的红绿对比会对该类人群造成视觉障碍。为解决这一问题，可将红绿对比转换为橙蓝组合，这种配色方案对色觉障碍人士仍能保持较高的可辨识度。

7.2.3 字体规范

在专业的数据看板和动态图表设计领域，字体选择直接影响着信息传达效率和视觉专业性。恰当的字体选择能带来诸多积极效果，具体说明如下。

- 提升可读性：确保数据在不同设备和分辨率下清晰可辨。
- 强化专业性：构建统一的字体体系，彰显严谨的数据态度。
- 优化空间利用：紧凑的字体排版可有效提升信息密度。
- 增强品牌识别：企业级报表通过 VI 字体可建立视觉一致性。

在实际应用中，以下建议可供参考。

1）中文字体选择：应优先选择无衬线字体，如黑体、微软雅黑、思源黑体等。该类字体在小字号下仍能保持清晰辨识度,避免衬线字体常见的笔画粘连问题。

2)英文及数字选择:需遵循功能优先原则,即常规数据使用 Arial 字体保证可读性,空间受限时采用 Arial Narrow 字体,节省 15% 的宽度。

3)禁用艺术字体,因为艺术字体在屏幕上显示时会产生锯齿边缘;印刷时英文数字字号应比中文大 1 磅,以确保清晰度。

7.3 看板类型设计

数据看板是企业决策的视觉中枢,合理设计看板类型能显著提升数据洞察效率。本节将重点解析 Excel 数据看板的三大典型范式:从聚焦核心指标的大字 KPI 看板设计,到多维联动的多图组合看板构建,最后深入解读具有动态监测价值的指针仪表盘看板,系统掌握不同场景下的数据看板设计要领与实现路径。

7.3.1 大字 KPI 看板

大字 KPI 看板通过视觉冲击力直击业务核心,是管理层每日必看的决策工具。下面详细解析该类型数据看板的设计要领与实现路径。

(1)设计要领

- 极简主义:采用"核心指标+关联数据"的结构模式,直接展现业务核心,去除无关干扰。
- 对比强化:使用颜色对比、字号大小差异和图标符号等方式强化对比效果,突出重点数据。
- 动态联动:通过下拉菜单、切片器或控件等工具实现图表的动态联动,支持多维度可视化分析。

(2)实现路径

- 数据准备:整理数据源,构建指标池并设置计算字段。
- 布局设计:采用田字格划分法确保视觉平衡,合理调配主次指标的位置及布局。
- 交互优化:添加下拉菜单或控件,并将它们与数据透视表进行关联,实现数据的动态刷新。

(3)效果预览

大字 KPI 数据看板的效果预览如图 7-8 所示。

7.3.2 多图组合看板

多图组合看板可以解决单一图表难以承载复杂业务逻辑的难题,通过空间叙事揭示数据之间的关联。下面详细解析该类型数据看板的设计要领与实现路径。

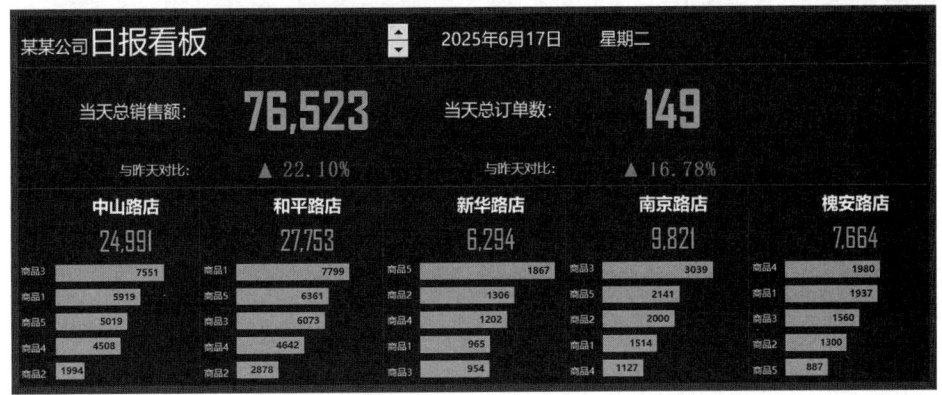

图 7-8　大字 KPI 数据看板的效果预览

（1）设计要领

多图组合看板采用三级信息层级设计，全方位满足各级管理层的决策需求。
- 战略层：以大字 KPI 的形式重点突出核心指标，让管理层能迅速把握业务的关键方向和重点目标。
- 战术层：运用对比类条形图与占比类饼图的组合，直观展示不同数据之间的对比关系及各部分在整体中的占比情况。
- 执行层：借助趋势类折线图和关键节点标注的方式，清晰呈现数据随时间的变化趋势及重要转折点。

（2）实现路径
- 黄金三角布局：核心指标置顶，重要数据靠左，明细数据下沉。
- 多图表排版：精心规划看板布局，合理划分版面，锚定各个图表的位置，确保多图在缩放时能保持一致性。
- 色彩控制系统：遵循三色原则，即主色占 60%，辅助色占 30%，强调色占 10%。

（3）效果预览

多图组合数据看板的效果预览如图 7-9 所示。

7.3.3　指针仪表盘看板

指针仪表盘看板通过拟物化设计实现数据温度感知，成为核心指标监控及 KPI 拆解分析的重要展现工具。下面详细解析该类型数据看板的设计要领与实现路径。

（1）设计要领
- 刻度系统：采用环形图模拟表盘，将 0°～270° 弧区划分为有效读数范围，避免全圆设计导致的读数模糊问题。
- 指针控制：通过散点图变形实现指针效果，使用公式计算指针的 X、Y 坐标值。
- 辅助标识：使用渐变光圈填充中圈圆环，同时通过链接文本框标识内圈圆环数据。

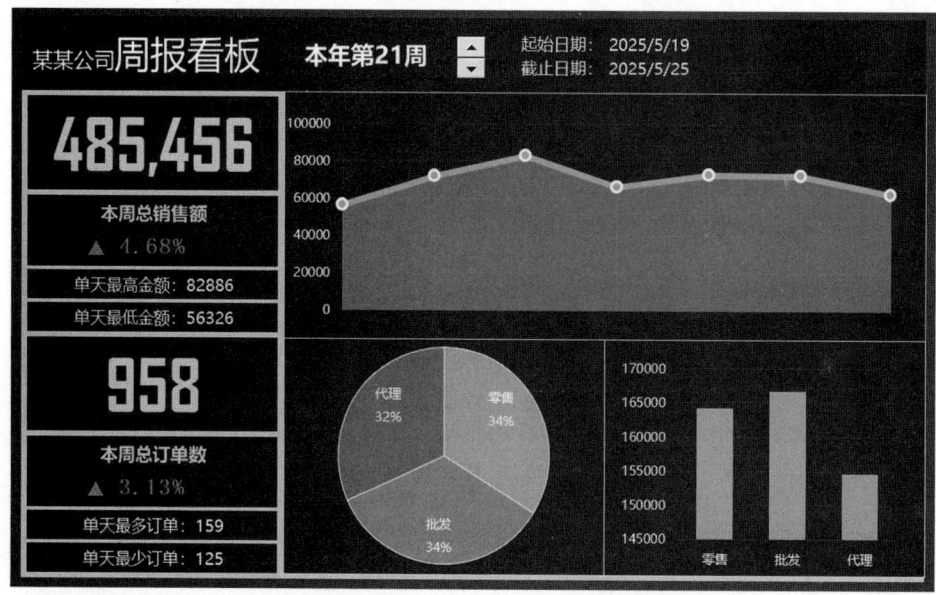

图 7-9　多图组合数据看板的效果预览

（2）实现路径

- 数据准备：构建图表数据源，包括内圈圆环、中圈圆环、外圈圆环、刻度标签、指针原点和终点的 X、Y 坐标值。
- 表盘制作：使用多层圆环组合图制作表盘，并合理设置表盘刻度值。
- 指针控制：通过散点图变形的方式制作指针，并设置指针的轴心位置和箭头指向效果。
- 表盘标识：插入动态文本框，将它与数据源进行链接，以实时标识数值，并对仪表盘进行美化。

（3）效果预览

指针仪表盘数据看板的效果预览如图 7-10 所示。

图 7-10　指针仪表盘数据看板的效果预览

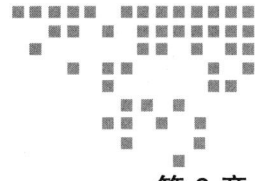

第 8 章 仪表盘动态图表制作

在数据可视化领域,仪表盘动态图表凭借直观展示关键指标(如 KPI)的能力,成为商业分析与决策支持的重要工具。本章系统剖析仪表盘的核心构成与动态交互逻辑,从底层原理到细节设计进行层层递进式讲解:首先解析组合图表的构成要素与动态指针的运行机制,随后深入探讨表盘的三层圆环结构设计与渐变填充技巧,最后聚焦指针的动态控制方法,通过理论与实践相结合的方式,帮助读者掌握从数据源构建到视觉优化的完整实施流程。

8.1 制作原理

理解仪表盘动态图表的底层逻辑是高效设计与开发的核心前提,本节将会详细介绍仪表盘的制作原理。

8.1.1 仪表盘组合图拆解

某企业的招聘统计表如图 8-1 所示。

下面将基于数据源(如 D2 单元格)构建动态指针仪表盘,确保当数据发生变化时,仪表盘的指针能够实时响应并自动更新,从而直观反映关键指标的变动情况。

制作完成的仪表盘如图 8-2 所示。

该仪表盘由圆环图和散点图组合而成,构成该组合图的数据系列和图表类型如图 8-3 所示。

其中,圆环图用于构建表盘及刻度环,散点图用于构建指针原点及箭头指向。下面分别展开讲解。

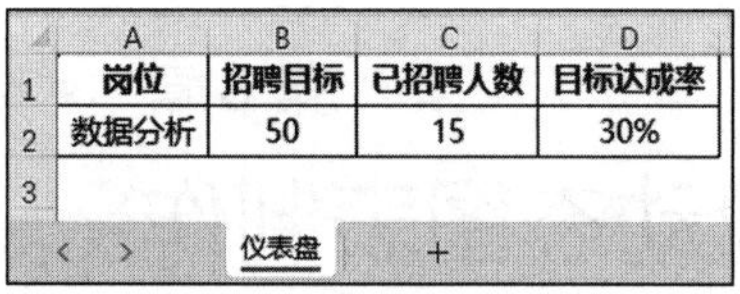

图 8-1　某企业的招聘统计表

图 8-2　制作完成的仪表盘

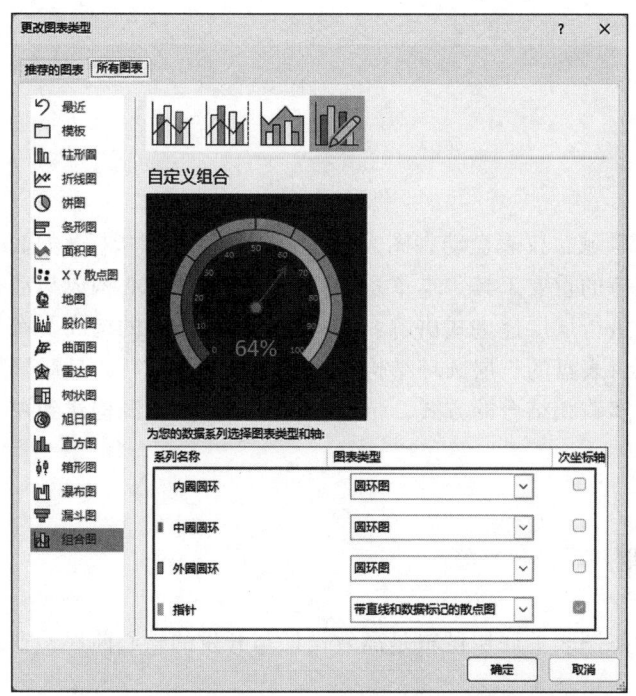

图 8-3　构成组合图的数据系列和图表类型

8.1.2　表盘构建原理解析

仪表盘的表盘由 3 层圆环图构建而成，其雏形图如图 8-4 所示。

各层圆环图的功能解析如下。

❑ 内圈圆环图用于标识刻度环，刻度范围为 0 ~ 100，以 10 为间隔单位。

❑ 中圈圆环图用于渐变填充表盘颜色，实现从红色到绿色的渐变填充效果。

❑ 外圈圆环图用于添加表盘外层边框，呈现青绿色外环效果。

在初始雏形图的基础上，需要将表盘的起始角度（竖直上方）沿顺时针方向旋转 225°，将表盘对正。设置完成后的效果如图 8-5 所示。

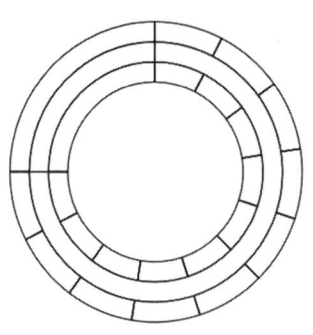 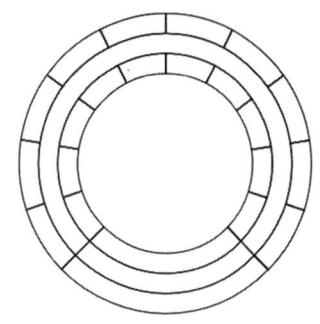

图 8-4　由 3 层圆环图构建而成的表盘雏形图　　图 8-5　将表盘的起始角度从 0°顺时针旋转 225°

表盘对正后，保留上方的 270°扇形区域，将表盘竖直下方 90°的扇形区域隐藏，如图 8-6 所示。

8.1.3　指针构建原理解析

仪表盘的指针由散点图构建而成，其构建原理如下。
- 使用公式根据核心指标的数值构建散点图的数据源。
- 在 3 层圆环图组合图（表盘）中插入散点图作为指针。
- 设置散点图 X、Y 轴系列值的数据来源，将它们链接至核心指标所在单元格。

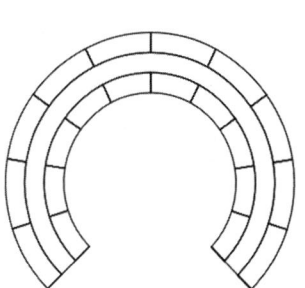

图 8-6　隐藏表盘下方 90°的扇形区域

- 将散点图 X、Y 坐标轴的最小值和最大值分别设置为 -1 和 1，使原点（0，0）处于图表中心位置。
- 将指针起点（原点）和终点用线条连接起来。
- 设置指针的起点样式（圆点轴心）和终点样式（指针箭头）。

由散点图构建的指针起点和终点如图 8-7 所示。

将散点图的起点和终点使用线条连接后的效果如图 8-8 所示。

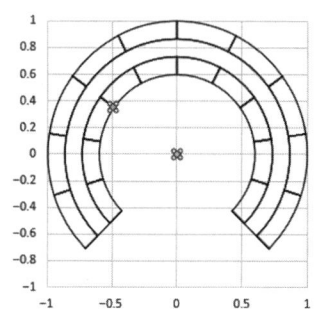 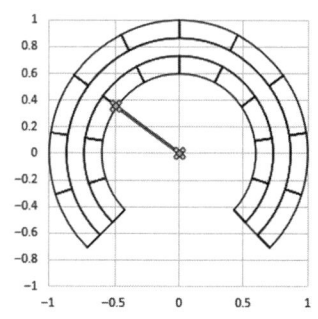

图 8-7　由散点图构建的指针起点和终点　　图 8-8　将散点图的起点和终点使用线条连接后的效果

由于散点图的数据源采用动态公式自动计算生成，当核心业务指标数值发生变化时，散点图的 X、Y 坐标值会实时同步更新，从而确保图表中的连接线（即指针）能够自动调整指向，实现数据的动态可视化效果。

8.2 表盘制作

表盘制作是实现动态仪表盘的关键技巧，本节将系统讲解如何通过三个同心圆环结构构建专业级仪表盘。

8.2.1 构建表盘数据源

构建表盘数据源的具体操作步骤如下。

1）在 A4:D4 单元格区域输入图表数据源的标题行，分别为内圈圆环、中圈圆环、外圈圆环和刻度标签。

2）在 A5:D27 单元格区域根据要拆分的扇形数量和大小输入对应的数值。

3）在“刻度标签”系列中，将最下方的数值设定为表盘指针所指向的刻度值，并将这些数值与数据源中核心指标所在的单元格进行关联。

设置完成后的表盘数据源如图 8-9 所示。

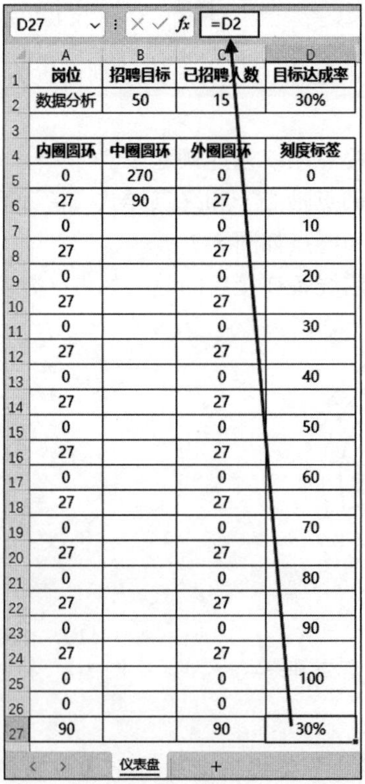

	A	B	C	D
1	岗位	招聘目标	已招聘人数	目标达成率
2	数据分析	50	15	30%
3				
4	内圈圆环	中圈圆环	外圈圆环	刻度标签
5	0	270	0	0
6	27	90	27	
7	0		0	10
8	27		27	
9	0		0	20
10	27		27	
11	0		0	30
12	27		27	
13	0		0	40
14	27		27	
15	0		0	50
16	27		27	
17	0		0	60
18	27		27	
19	0		0	70
20	27		27	
21	0		0	80
22	27		27	
23	0		0	90
24	27		27	
25	0		0	100
26	0		0	
27	90		90	30%

图 8-9 设置完成后的表盘数据源

8.2.2 创建圆环图

创建圆环图的具体操作步骤如下。

1）选中 A4:C27 单元格区域，单击"插入"选项卡下的"插入饼图或圆环图"按钮，在展开的下拉列表中选择"圆环图"选项，如图 8-10 所示。

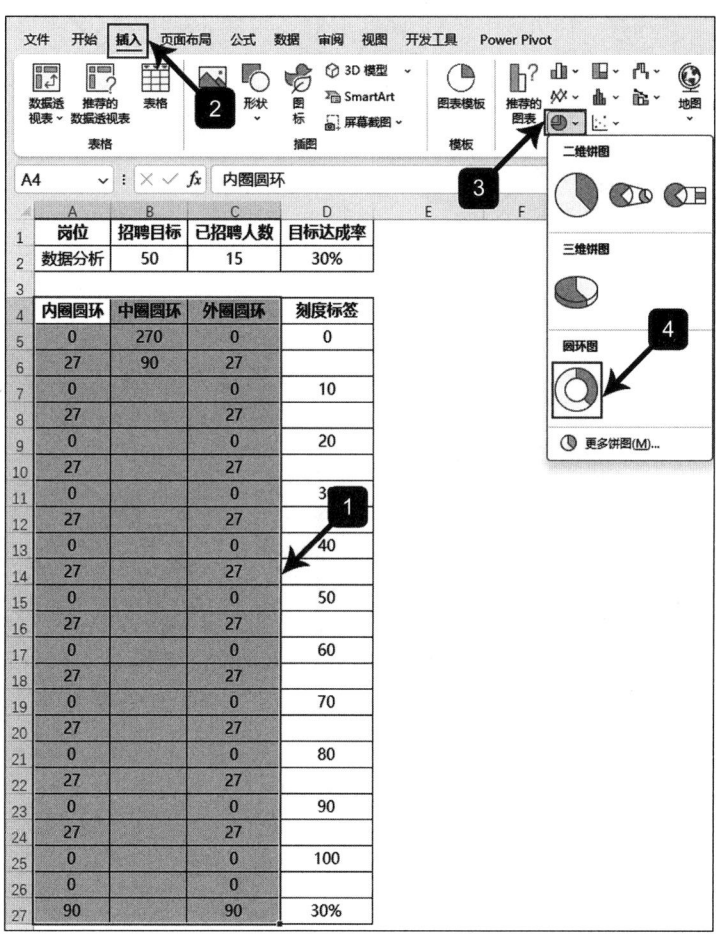

图 8-10 插入圆环图

2）插入圆环图后，双击任意圆环系列，在弹出的"设置数据系列格式"页面中，将"第一扇区起始角度"设置为 225°，将"圆环图圆环大小"设置为 60%，如图 8-11 所示。

3）在圆环图中双击正下方的 90° 扇区，在弹出的"设置数据点格式"页面中勾选"填充"下方的"无填充"选项，将圆环图中正下方的 3 层扇区隐藏起来，如图 8-12 所示。

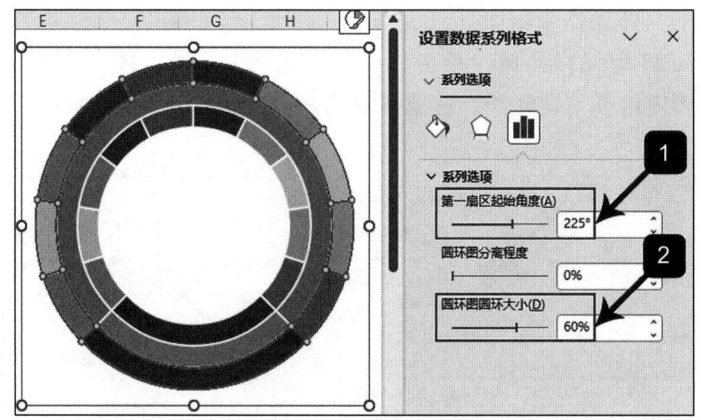

图 8-11 设置圆环图的起始角度和圆环大小

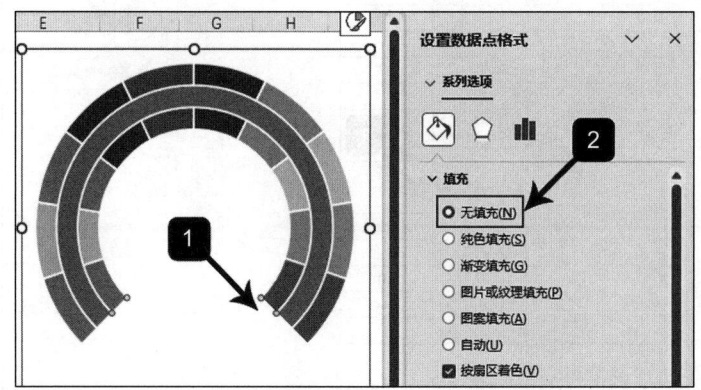

图 8-12 将圆环图中正下方的 3 层扇区隐藏

8.2.3 制作内圈圆环

制作内圈圆环的具体操作步骤如下。

1）双击内圈圆环,在弹出的"设置数据系列格式"页面中勾选"填充"下方的"无填充"选项,在"边框"下方勾选"无线条"选项,如图 8-13 所示。

2）选中内圈圆环,单击右上角的"添加图表元素"按钮,在弹出的"图表元素"页面中勾选"数据标签"选项,如图 8-14 所示。

3）双击内圈圆环图中的数据标签,在弹出的"设置数据标签格式"页面中勾选"标签选项"下方的"单元格中的值"选项;在弹出的"数据标签区域"对话框中选中 D5:D27 单元格区域,单击"确定"按钮,如图 8-15 所示。

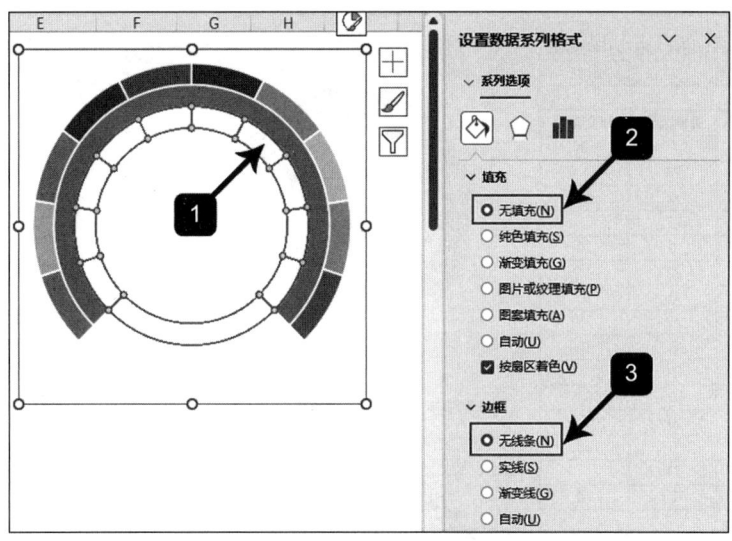

图 8-13 设置内圈圆环的填充和边框

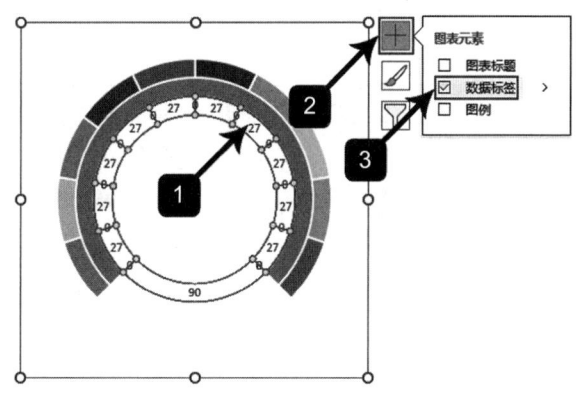

图 8-14 添加数据标签

4）在"标签选项"下方取消勾选"值"和"显示引导线"选项，如图 8-16 所示。

5）选中数据标签，设置字体颜色和大小；拖动正下方的核心指标数值到合适位置，并将它放大显示，设置完成后的显示效果如图 8-17 所示。

8.2.4 制作中圈圆环

制作中圈圆环的具体操作步骤如下。

双击中圈圆环，在弹出的"设置数据点格式"页面中勾选"填充"下方的"渐变填充"选项，将"角度"设置为 0°；在"渐变光圈"下方设置两个停止点，将停止点 1 的"颜色"设置为"红色"，停止点 2 的"颜色"设置为"绿色"；在"边框"下方勾选"无线条"选项，如图 8-18 所示。

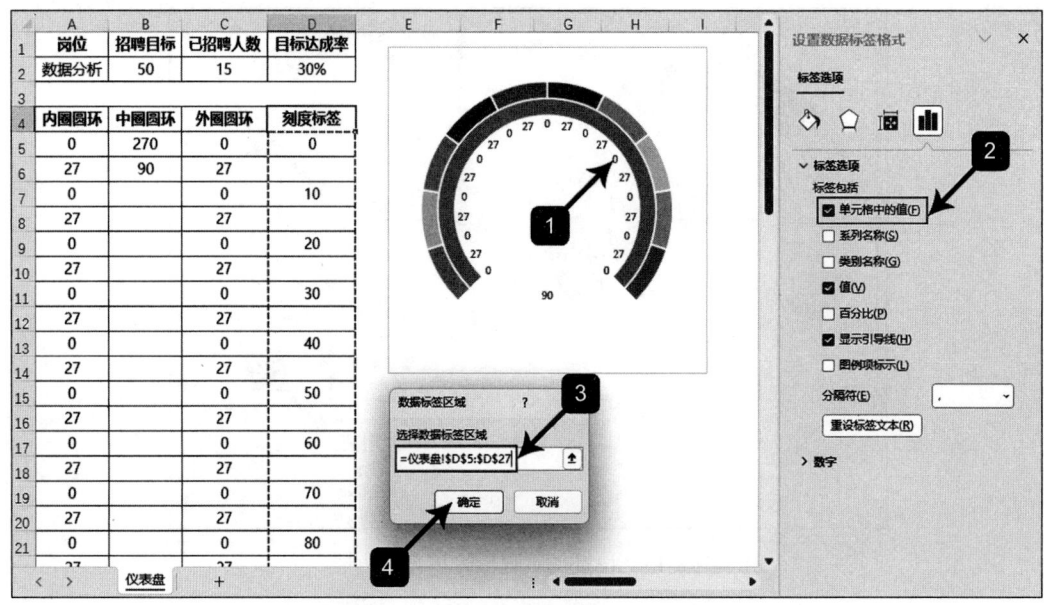

图 8-15 设置内圈圆环图的数据标签

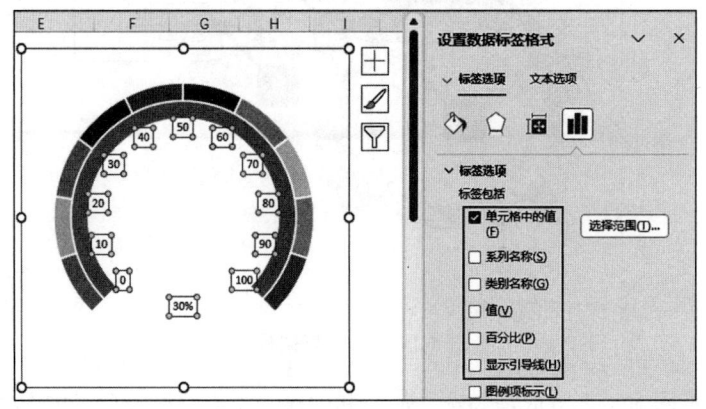

图 8-16 在"标签选项"下方取消勾选"值"和"显示引导线"选项

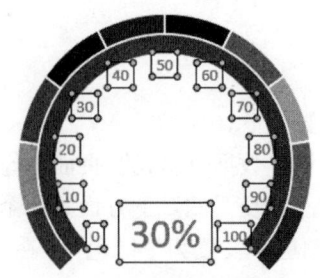

图 8-17 设置数据标签的颜色和大小

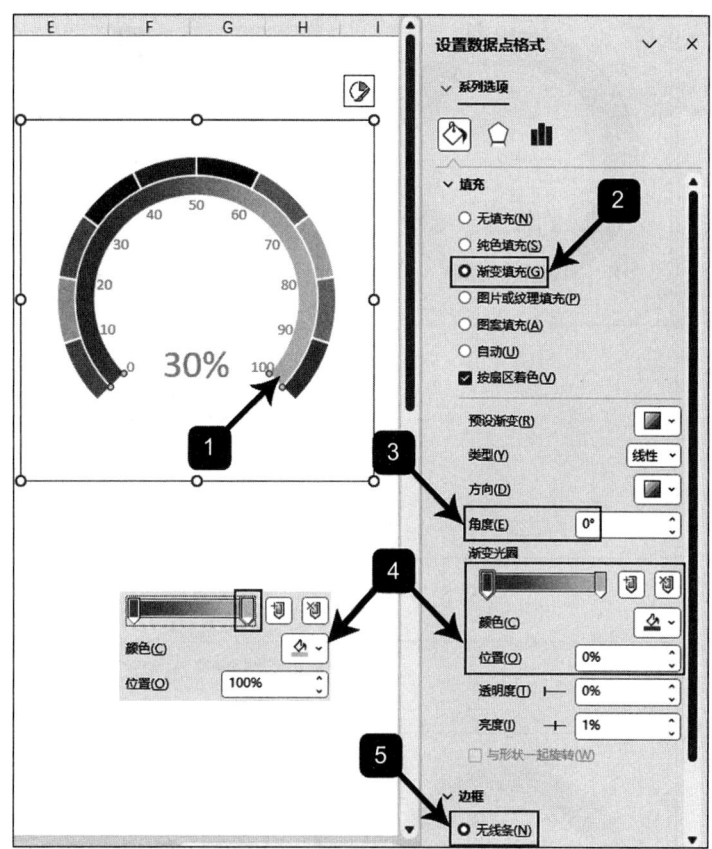

图 8-18 制作中圈圆环

8.2.5 制作外圈圆环

制作外圈圆环的具体操作步骤如下。

1）双击外圈圆环，在弹出的"设置数据系列格式"页面中勾选"填充"下方的"纯色填充"选项，将"颜色"设置为"青绿色（#00CCFF）"；在"边框"下方勾选"实线"选项，将"颜色"设置为"深灰色"，将"宽度"设置为0.5磅，如图8-19所示。

2）单独选中外圈圆环图中正下方的90°扇区，在"填充"下方勾选"无填充"选项，在"边框"下方勾选"无线条"选项，如图8-20所示。

至此，表盘制作完成。

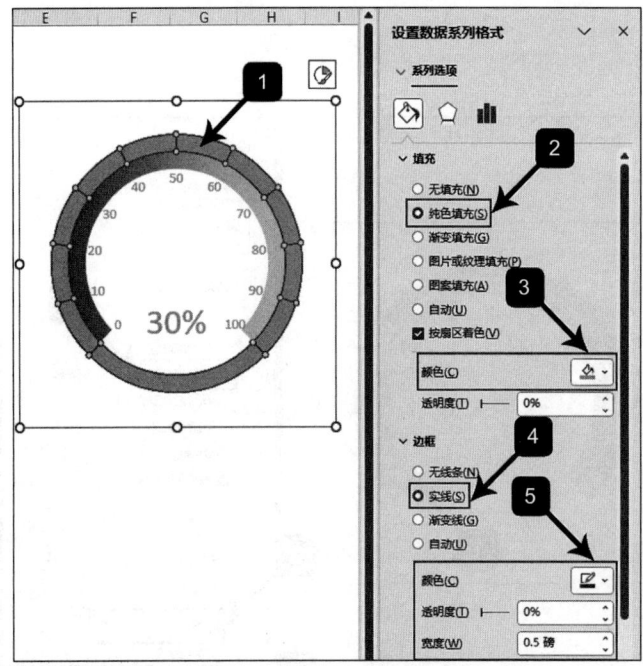

图 8-19　设置外圈圆环

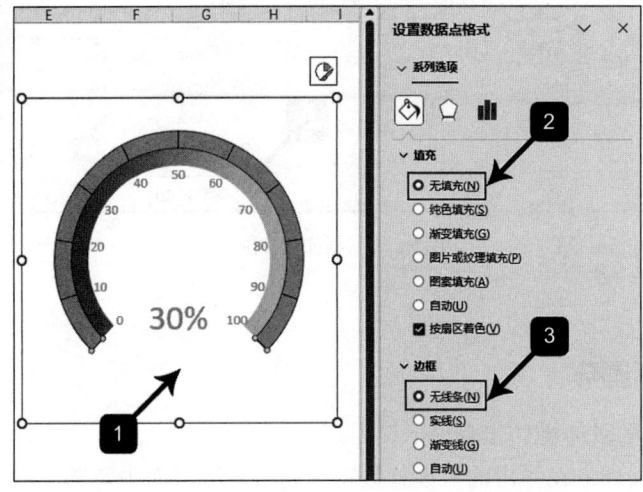

图 8-20　隐藏外圈圆环图中正下方的 90° 扇区

8.3　指针控制

指针控制是实现动态仪表盘效果的核心技术。本节将系统讲解从数据构建到指针美化的全流程操作。

8.3.1　构建指针数据源

构建指针数据源的具体操作步骤如下。

1）在 F4:H6 单元格区域构建用于制作指针的散点图数据源，并按需要设置表头字段、指针原点和指针终点的 X、Y 坐标值。其中指针原点的坐标直接填写为（0，0），指针终点的坐标先空出，后续通过公式计算结果来填充。设置好表头后的散点图数据源结构如图 8-21 所示。

	A	B	C	D	E	F	G	H
1	岗位	招聘目标	已招聘人数	目标达成率				
2	数据分析	50	15	30%				
3								
4	内圈圆环	中圈圆环	外圈圆环	刻度标签		散点图	X	Y
5	0	270	0	0		指针原点	0	0
6	27	90	27			指针终点		
7	0		0	10				

仪表盘

图 8-21　设置好表头后的散点图数据源结构

2）在 G6 单元格输入如下公式，计算指针终点的 X 坐标值：

```
=0.6*COS(RADIANS(225-D2*270))
```

在 G6 单元格输入如下公式，计算指针终点的 Y 坐标值：

```
=0.6*SIN(RADIANS(225-D2*270))
```

3）设置完成后的散点图数据源如图 8-22 所示。

	A	B	C	D	E	F	G	H
1	岗位	招聘目标	已招聘人数	目标达成率				
2	数据分析	50	15	30%				
3								
4	内圈圆环	中圈圆环	外圈圆环	刻度标签		散点图	X	Y
5	0	270	0	0		指针原点	0	0
6	27	90	27			指针终点	-0.4854	0.35267
7	0		0	10				
8	27		27					

仪表盘

图 8-22　设置完成后的散点图数据源

8.3.2　创建散点图

创建散点图的具体操作步骤如下。

1）选中圆环图中任意数据系列，单击“图表设计”选项卡下的“选择数据”按钮；在弹出的"选择数据源"页面中单击"添加"按钮,在弹出的"编辑数据系列"页面中将"系列名称"设置为"指针",单击"确定"按钮;然后回到"选择数据源"页面后再次单击"确定"按钮,如图8-23所示。

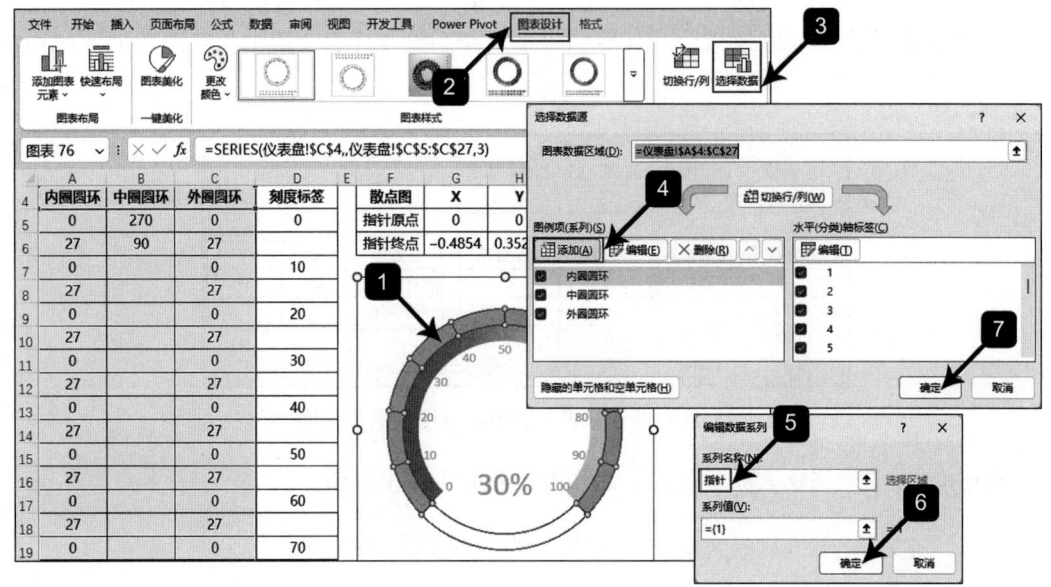

图8-23 在圆环图中添加数据系列"指针"

2)在圆环图中选中新添加的数据系列(最外圈圆环),单击"图表设计"选项卡下的"更改图表类型"按钮;在弹出的"更改图表类型"页面中单击"指针"系列右侧的下拉按钮,在展开的下拉列表中选中"散点图"选项,单击"确定"按钮,如图8-24所示。

3)选中圆环图中任意数据系列(如最外圈圆环),单击"图表设计"选项卡下的"选择数据"按钮,在弹出的"选择数据源"页面中选中"指针"系列;单击"编辑"按钮,在弹出的"编辑数据系列"页面中将"X轴系列值"设置为"=仪表盘!$G$5:$G$6",将"Y轴系列值"设置为"=仪表盘!$H$5:$H$6",单击"确定"按钮;然后回到"选择数据源"页面再次单击"确定"按钮,如图8-25所示。

4)双击纵坐标轴,在弹出的"设置坐标轴格式"页面中将"坐标轴选项"下"边界"的"最小值"设置为-1,将"最大值"设置为1;采用同样的方法将横坐标轴的"最小值"和"最大值"分别设置为-1和1,如图8-26所示。

5)双击纵坐标轴,在"设置坐标轴格式"页面中,单击"标签位置"右侧的下拉按钮,在展开的下拉列表中选中"无"选项,将坐标轴隐藏起来,如图8-27所示。

第 8 章　仪表盘动态图表制作 ❖ 195

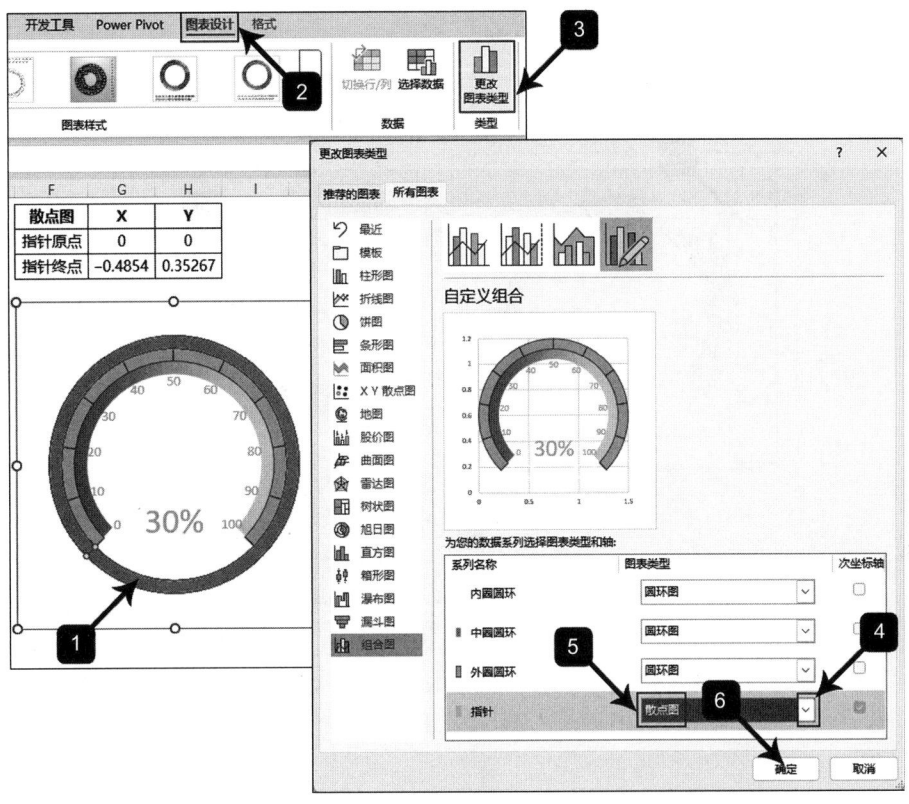

图 8-24　将"指针"数据系列的图表类型设置为散点图

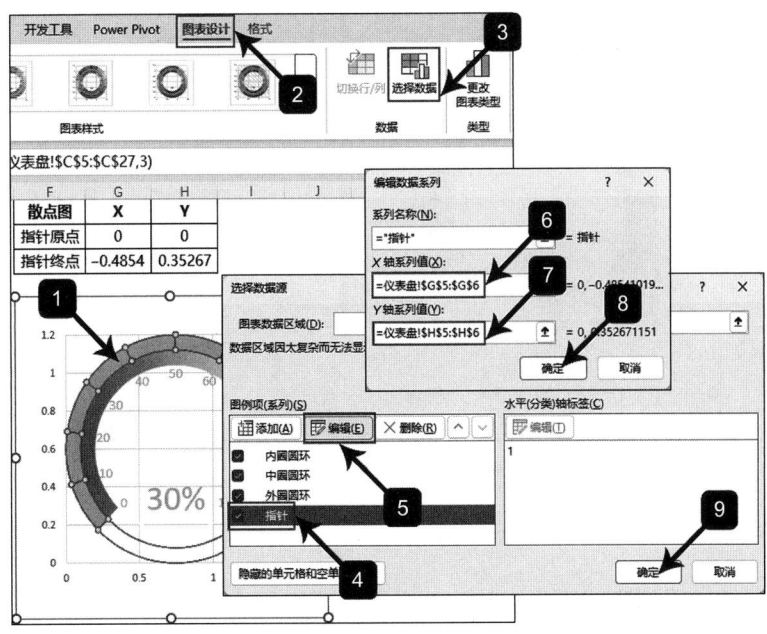

图 8-25　设置散点图 X、Y 轴系列值的数据来源

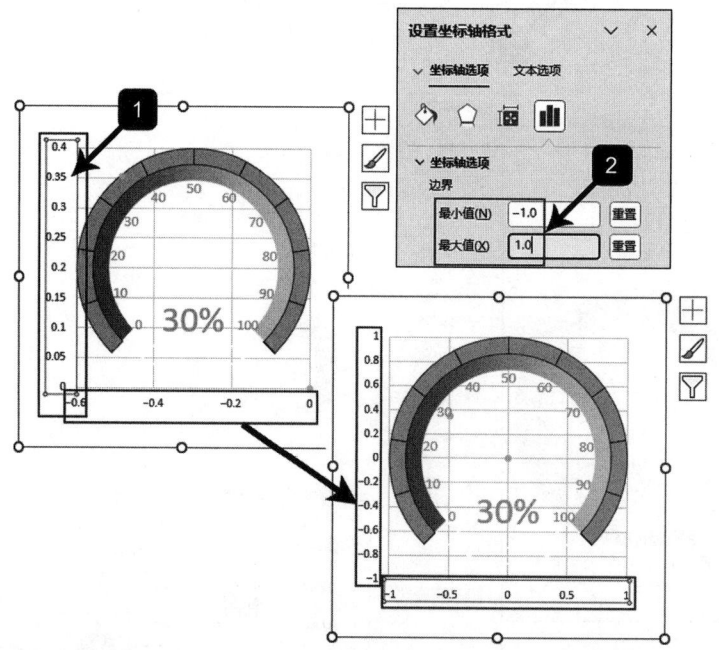

图 8-26　将横纵坐标轴的"最小值"和"最大值"分别设置为 -1 和 1

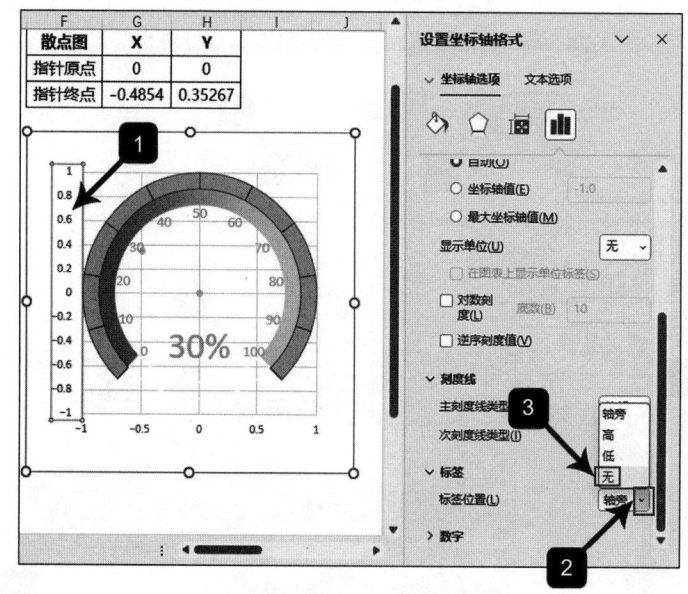

图 8-27　隐藏纵坐标轴

6）采用同样的方法隐藏横坐标轴，然后选中网格线按"Delete"键将它清除，设置完成后的效果如图 8-28 所示。

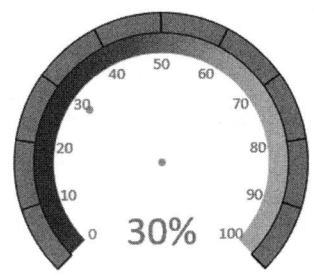

图 8-28　隐藏横纵坐标轴及删除网格线后的效果

该图表中由散点图生成的两个黄色数据点分别作为指针的原点和终点，将两点相连即可显示指针。

8.3.3　设置指针的颜色与线条

设置指针颜色与线条的具体操作步骤如下。

选中散点图生成的两个数据点，在"设置数据系列格式"页面中勾选"线条"下方的"实线"选项，将"颜色"设置为"红色"，将"宽度"设置为 3 磅，如图 8-29 所示。

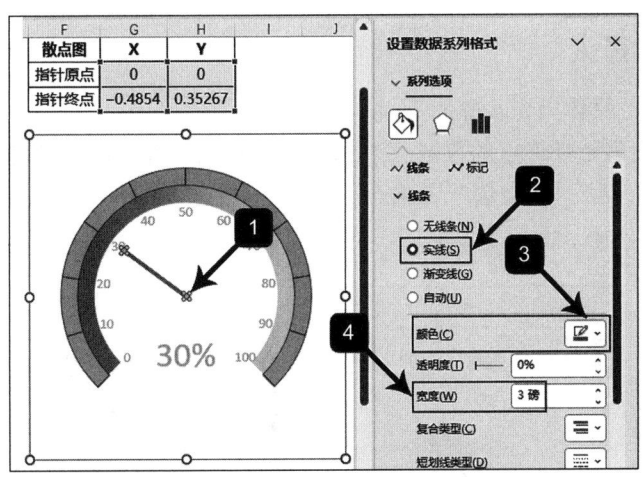

图 8-29　设置指针的颜色与线条

8.3.4　设置指针轴心

设置指针轴心的具体操作步骤如下。

单独选中代表指针原点的数据点（中心），在"设置数据点格式"页面中单击"标记"选项，在"标记选项"下方勾选"内置"选项，设置"类型"为"圆点"，"大小"为 15；在"填充"下方勾选"纯色填充"选项，将"颜色"设置为"灰色"；在"边框"下方勾选"实线"选项，将"颜色"设置为"红色"，将"宽度"设置为 2 磅，如图 8-30 所示。

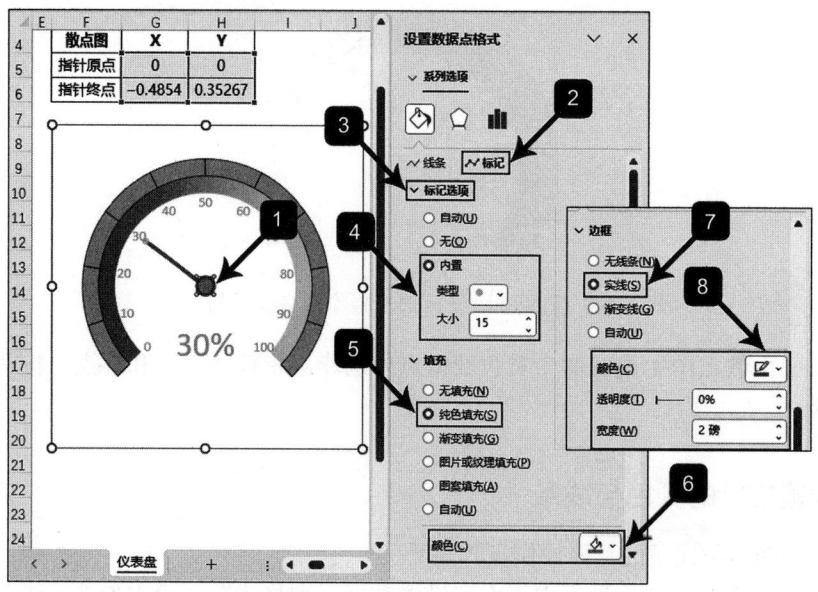

图 8-30　设置指针轴心

8.3.5　设置指针箭头

设置指针箭头的具体操作步骤如下。

1）单独选中代表指针终点的数据点（外端点），在"设置数据点格式"页面中单击"标记"选项，在"填充"下方勾选"无填充"选项，在"边框"下方勾选"无线条"选项，如图 8-31 所示。

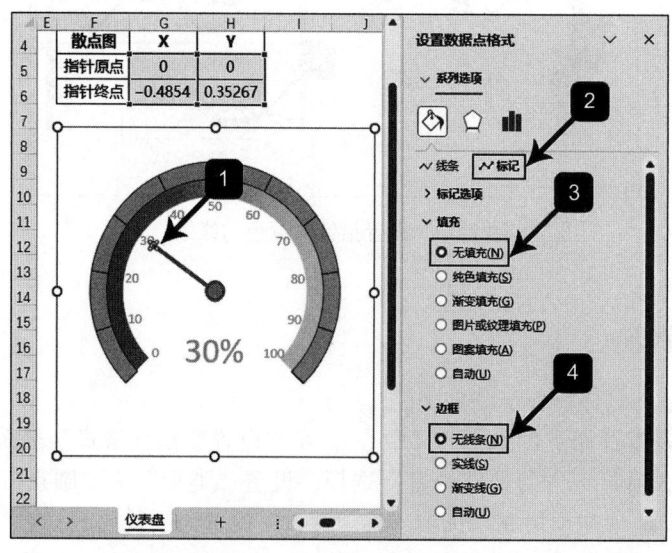

图 8-31　隐藏指针箭头的外端点

2)选中指针的结尾箭头,在"设置数据系列格式"页面中单击"线条"选项,在"线条"下方勾选"实线"选项,将"颜色"设置为"红色","宽度"设置为3磅,如图8-32a所示;单击"结尾箭头类型"右侧的下拉按钮,在展开的下拉列表中选中"燕尾箭头",如图8-32b所示;单击"结尾箭头粗细"右侧的下拉按钮,在展开的下拉列表中选中右下角的"右箭头9",如图8-32c所示。

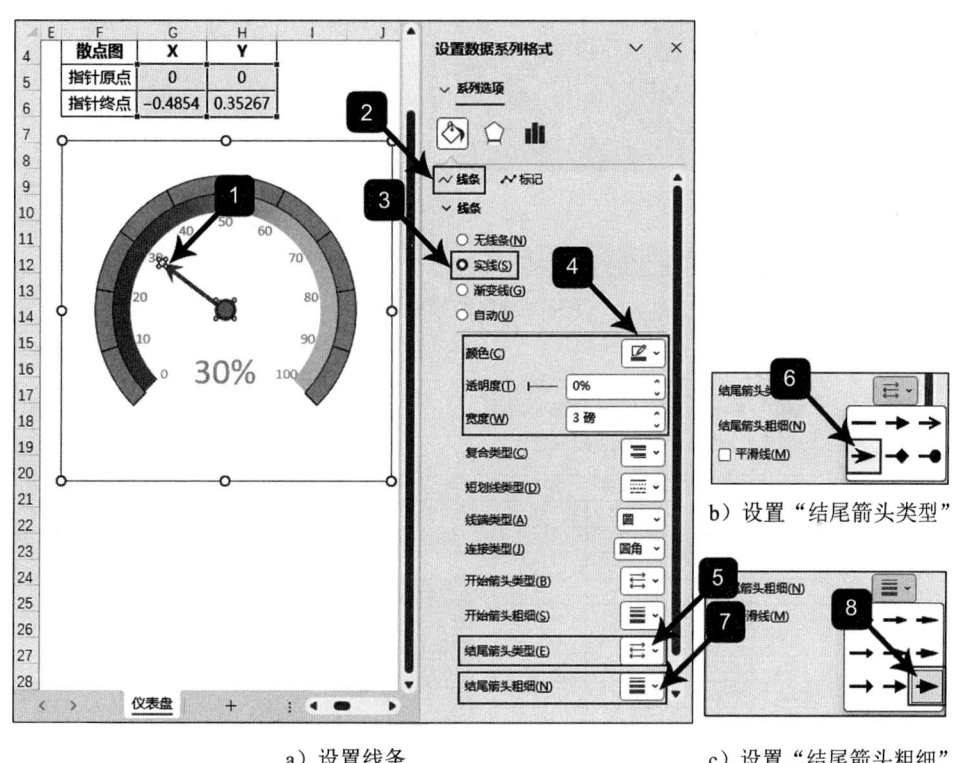

a)设置线条　　　　　　　　　　c)设置"结尾箭头粗细"

图8-32 设置指针结尾箭头的类型和粗细

3)选中图表,双击外边框,在弹出的"设置图表区格式"页面中勾选"填充"下方的"纯色填充"选项,将"颜色"设置为"深灰色",在"边框"下方勾选"无线条",如图8-33所示。

4)设置完成后的仪表盘可以跟随数据源动态更新。当数据源中的已招聘人数(C2)变更为32时,仪表盘图表中的指针会对应指向64%处,如图8-34所示。

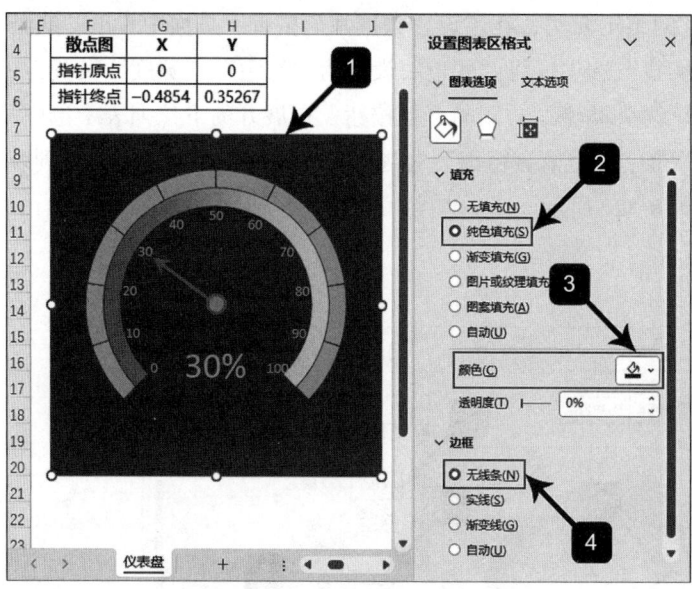

图 8-33 设置图表区的填充颜色与边框

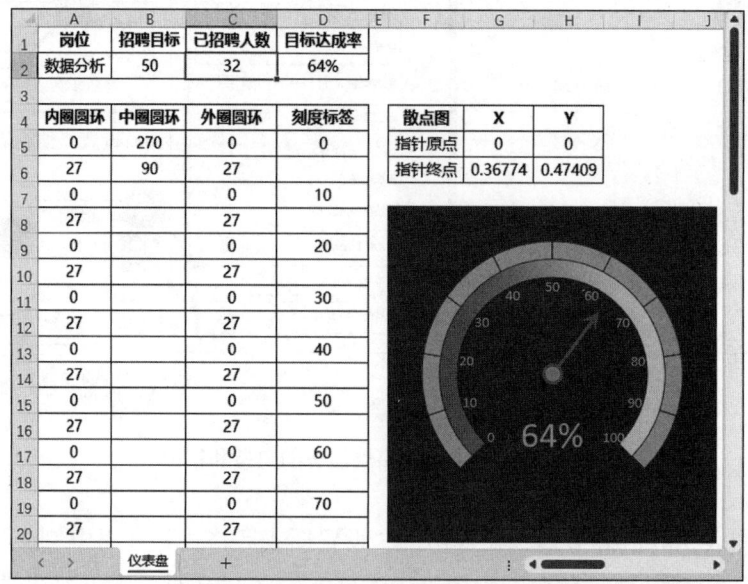

图 8-34 仪表盘跟随数据源动态更新

第9章 Chapter 9

看板体系构建、开发与系统集成

数据看板分析体系所驱动的业务决策已成为企业核心竞争力的关键要素。本章聚焦于智能看板体系的构建与系统集成,从核心指标筛选、动态计算逻辑设计、可视化组件开发到标准化图表模型搭建,逐步剖析如何打造灵活、高效、可扩展的数据展示与分析平台。通过构建多维条件触发的智能指标体系与数据驱动的可视化方案,企业能够实现从数据采集到决策支持的闭环管理,显著提升业务洞察力与运营响应速度。

9.1 智能指标体系构建

智能指标体系构建是数据驱动决策的神经中枢,直接决定了业务洞察的精度与时效性。本节将系统阐释从业务需求到技术落地的完整路径:通过场景化分析需求筛选并提取关键指标池,构建多维度条件触发的动态计算体系,最终实现指标公式与数据源动态关联的智能体系。

9.1.1 基于业务场景筛选核心指标

下面结合一个示例介绍基于业务场景筛选核心指标的过程及方法。某企业的订单表如图 9-1 所示。

现需要根据订单表中每天的销售记录在 Excel 中制作日报数据看板,并按照选定日期汇报展示当天的总体销售情况以及 4 家门店(中山路店、和平路店、新华路店和南京路店)的销售情况。基于以上业务场景和需求可以筛选出以下 4 类指标。

	A	B	C	D	E	F
1	订单编号	日期	区域	商品	金额	业务员
2	D00001	2025/1/1	新华路店	商品B	475	李锐20
3	D00002	2025/1/1	新华路店	商品B	958	李锐13
4	D00003	2025/1/1	新华路店	商品A	168	李锐19
5	D00004	2025/1/1	中山路店	商品C	347	李锐7
6	D00005	2025/1/1	南京路店	商品E	994	李锐12
49998	D49997	2025/12/31	和平路店	商品E	354	李锐17
49999	D49998	2025/12/31	中山路店	商品C	783	李锐19
50000	D49999	2025/12/31	和平路店	商品B	705	李锐8
50001	D50000	2025/12/31	新华路店	商品A	384	李锐2

订单表

图 9-1 某企业的订单表

（1）核心业务指标（主展示区）

- ❑ 总销售额：选定日期全部门店的销售总额。
- ❑ 总订单量：当日完成的交易订单总数。
- ❑ 分店业绩分布：中山路店、和平路店、新华路店和南京路店的独立销售额。

（2）分析维度指标（辅助分析区）

- ❑ 各门店商品销售额：按日期和门店向下钻取各商品销售额。
- ❑ 各门店商品销售排行：按销售额降序展示各门店商品的销售表现。

（3）环比分析指标（动态标识区）

- ❑ 昨日对比数据：展示前一日总销售额和总订单量的基准值。
- ❑ 日环比增长率：计算当日较前日的业绩变化百分比。

（4）环境参考指标（表头信息区）

- ❑ 日期标识显示：采用 YYYY 年 MM 月 DD 日的格式。
- ❑ 星期标识：特别标注出星期序号（从周一到周六、周日）。

9.1.2 构建多维条件触发的动态计算体系

在构建多维条件触发的动态计算体系时，可以新建一个专门的工作表，用于集中管理以下 4 类核心指标：核心业务指标、分析维度指标、环比分析指标和环境参考指标。

同时，还需要预先规划并设置与交互控件相链接的目标单元格区域，使用户能够通过操作交互控件（如日期选择器等）来驱动整个动态计算体系。系统会根据用户选定的参数（如特定日期）自动触发公式的重新计算，从而实现分析结果的动态指向和实时更新。

构建动态计算体系的具体操作步骤如下。

1）在 Excel 中新建一张工作表，将它命名为“计算”，用于动态计算、存放和集中管理各类指标，如图 9-2 所示。

	A	B	C
1		起始日期:	
2		控件链接单元格:	
3		选定日期:	
4		昨天日期:	
5		今日总销售额:	
6		昨天总销售额:	
7		今日总订单数:	
8		昨天总订单数:	
9			

订单表 计算

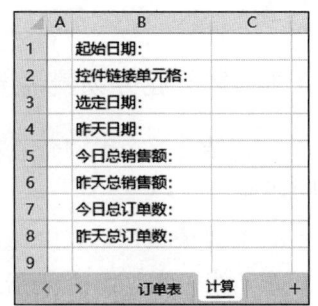

图 9-2 按需要输入相关指标后的计算表效果

2）在C:F列留出公式计算的位置后，在右侧构建多维条件（日期、门店、商品）触发的数据统计表，如图9-3所示。

图9-3　多维条件（日期、门店、商品）触发的数据统计表

9.1.3　实现公式与数据源的动态关联架构

本模型采用动态关联架构设计，通过用户选定的日期驱动公式与数据源之间的数据交互逻辑。具体实现路径如下。

- ❑ 基准日期确定：系统优先在计算表中通过起始日期与控件链接单元格之间的逻辑关系计算目标日期（此为临时方案）。
- ❑ 动态计算机制：以该日期为基准，自动触发核心指标及关联指标的公式运算。
- ❑ 扩展性设计：当前虽未部署数据看板控件，但已预留接口逻辑，后续插入日期选择控件即可无缝升级为交互式日期选择模式。

采用该设计架构的关键优势包含以下两点。

- ❑ 临时方案与最终方案的计算逻辑完全兼容，可确保开发阶段过渡的平滑性。
- ❑ 控件接入后仅需绑定预设的链接单元格，无须重构计算体系。

实现公式与数据源动态关联的具体操作步骤如下。

1）在C1单元格输入起始日期（如2025-1-1），在C2单元格输入任意数字（如156），在C3单元格输入公式，根据起始日期和C2中的数字生成选定日期，如图9-4所示。

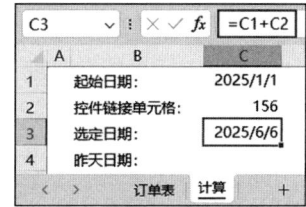

图9-4　根据起始日期和C2中的数字生成选定日期

2）根据"选定日期"计算核心业务指标和其他关联指标。

计算"昨天日期"，在C4单元格输入以下公式：

$$=C3-1$$

计算"今日总销售额"，在C5单元格输入以下公式：

=SUMIF(订单表!B:B,计算!C3,订单表!E:E)

计算“昨日总销售额”，在 C6 单元格输入以下公式：

=SUMIF(订单表 !B:B, 计算 !C4, 订单表 !E:E)

计算“今日总订单数”，在 C7 单元格输入以下公式：

=COUNTIF(订单表 !B:B,C3)

计算“昨日总订单数”，在 C8 单元格输入以下公式：

=COUNTIF(订单表 !B:B,C4)

这些公式会根据“选定日期”（C3）对订单表中的数据进行条件筛选和动态计算，计算结果如图 9-5 所示。

	A	B	C
1		起始日期:	2025/1/1
2		控件链接单元格:	156
3		选定日期:	2025/6/6
4		昨天日期:	2025/6/5
5		今日总销售额:	61904
6		昨天总销售额:	79950
7		今日总订单数:	117
8		昨天总订单数:	155

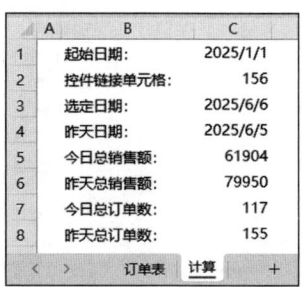

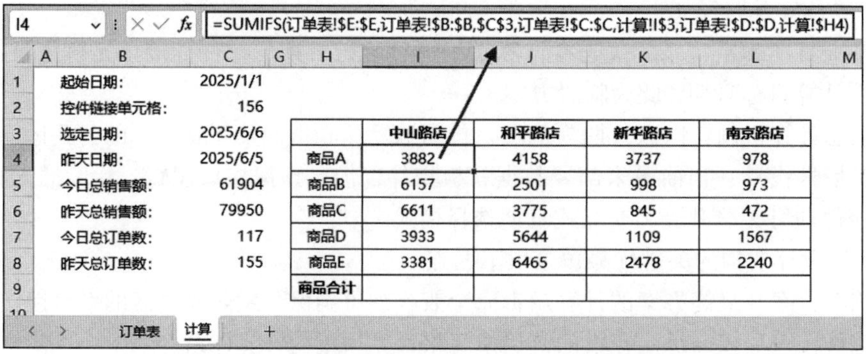

图 9-5　根据“选定日期”进行条件筛选和动态计算

3）在右侧的数据统计表中，根据多维条件（日期、门店、商品）自动计算对应的销售数据，方法为：在 I4 单元格输入公式，将公式向右填充、向下填充，计算结果如图 9-6 所示。

	B	C
1	起始日期:	2025/1/1
2	控件链接单元格:	156
3	选定日期:	2025/6/6
4	昨天日期:	2025/6/5
5	今日总销售额:	61904
6	昨天总销售额:	79950
7	今日总订单数:	117
8	昨天总订单数:	155

	中山路店	和平路店	新华路店	南京路店
商品A	3882	4158	3737	978
商品B	6157	2501	998	973
商品C	6611	3775	845	472
商品D	3933	5644	1109	1567
商品E	3381	6465	2478	2240
商品合计				

图 9-6　根据多维条件自动计算对应的销售数据

4）按门店汇总选定日期下所有商品的合计销售额，如图 9-7 所示。

	B	C
1	起始日期:	2025/1/1
2	控件链接单元格:	156
3	选定日期:	2025/6/6
4	昨天日期:	2025/6/5
5	今日总销售额:	61904
6	昨天总销售额:	79950
7	今日总订单数:	117
8	昨天总订单数:	155

	中山路店	和平路店	新华路店	南京路店
商品A	3882	4158	3737	978
商品B	6157	2501	998	973
商品C	6611	3775	845	472
商品D	3933	5644	1109	1567
商品E	3381	6465	2478	2240
商品合计	23964	22543	9167	6230

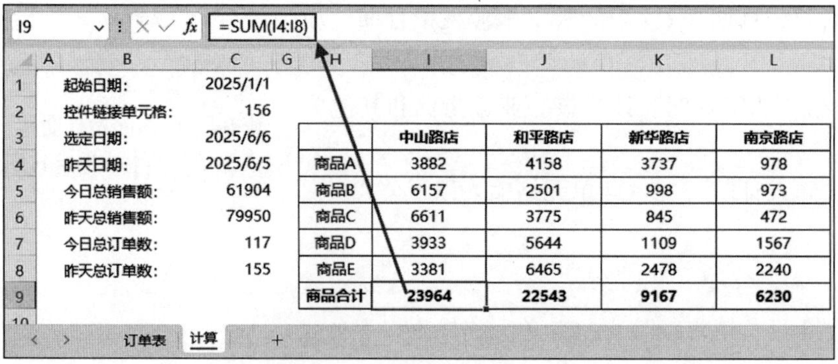

图 9-7　按门店汇总选定日期下所有商品的合计销售额

9.2 智能可视化组件开发

智能可视化组件作为数据驱动决策的核心技术载体，其体系化构建需要遵循科学的技术路径。本节将系统阐述构建智能可视化体系的三层技术架构：首先，基于公式实现自动化逻辑判断体系；其次，通过数据驱动条件格式实现动态可视化呈现；最终，借助链接图片技术实现跨表动态展示。这三个技术层级环环相扣，共同构建了企业级智能可视化解决方案的技术闭环，显著提升数据决策效率和精准度。

9.2.1 构建基于公式的自动化逻辑判断体系

构建基于公式的自动化逻辑判断体系，具体操作步骤如下。

1）在 E5 单元格输入如下公式，根据"今日总销售额"和"昨日总销售额"计算日销售额的增减情况：

$$=IF(C5>C6," \blacktriangle ",IF(C5=C6,"=" ," \blacktriangledown "))$$

2）在 F5 单元格输入如下公式，计算日销售额的环比百分比变化情况，并将格式设置为百分比显示：

$$=IF(C5>C6,(C5-C6)/C5,IF(C5=C6,0,(C5-C6)/C5))$$

3）选中 E5:F5 区域，将字体调整为 16 磅，并设置为加粗显示，如图 9-8 所示。

4）选中 E5:F5 区域，按"Ctrl+C"组合键进行复制；选中 E7 单元格，按"Ctrl+V"组合键进行粘贴。此时系统将根据"今日总订单数"和"昨日总订单数"自动判断日订单数的增减情况及环比百分比变化情况，如图 9-9 所示。

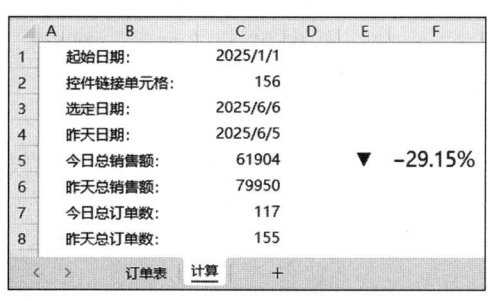

图 9-8　将判断结果及环比百分比调大加粗显示

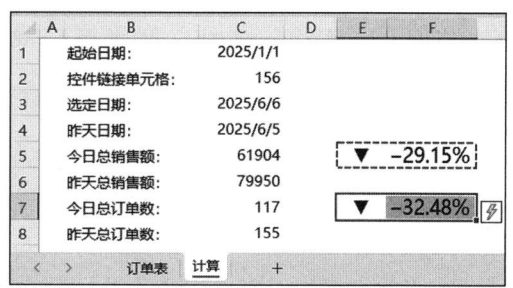

图 9-9　自动判断日订单数的增减情况及环比百分比变化情况

9.2.2 构建数据驱动条件格式的可视化方案

在实现自动化逻辑判断体系的基础上，可根据计算结果使用数据驱动条件格式进行可视化显示，具体操作步骤如下。

1. 销售额条件格式设置

（1）销售额下降时的显示设置

1）选中 E5:F5 区域，单击"开始"选项卡下的"条件格式"按钮，在展开的下拉列表中选中"新建规则"选项，如图 9-10 所示。

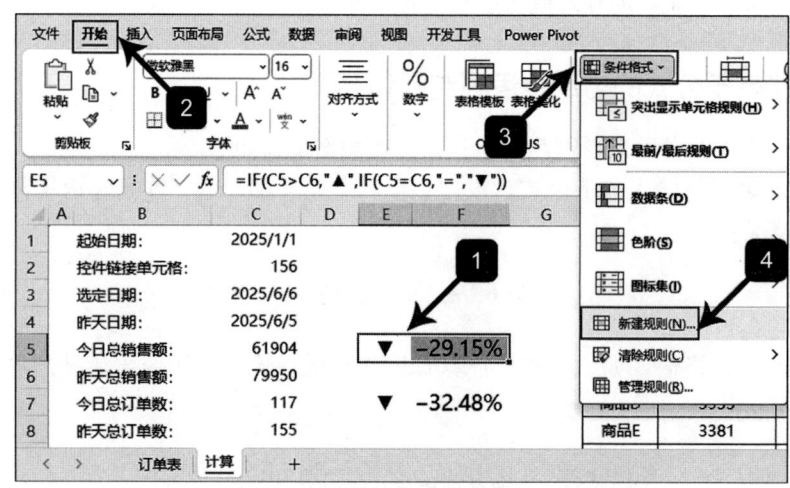

图 9-10　选中"新建规则"选项

2）在弹出的"新建格式规则"页面中单击"使用公式确定要设置格式的单元格"选项，在"为符合此公式的值设置格式"下方的输入框中输入公式"=$C$5<$C$6"；单击"格式"按钮，在弹出的"设置单元格格式"页面中将"颜色"设置为蓝绿色（#00A4DC），单击"确定"按钮，回到"新建格式规则"页面中，再次单击"确定"按钮，如图 9-11 所示。

（2）销售额上升时的显示设置

1）当今日总销售额大于昨日总销售额时，操作方法与销售额下降时的设置类似，仅需将条件格式公式改为"=$C$5>$C$6"，将"设置单元格格式"页面中的"颜色"设置为橙色（#F5821F）。

2）设置完成后，动态标识符号和环比百分比值的颜色即可根据销售额的增减情况而智能变换，显示效果如图 9-12 所示。

（3）订单数条件格式设置

设置方法参考 E5:F5 区域的条件格式规则，只需将原公式中的单元格引用进行相应调整：将 C5 替换为 C7，C6 替换为 C8，即可使订单数比对结果和环比百分比值智能地变换颜色。

第 9 章 看板体系构建、开发与系统集成 ❖ 207

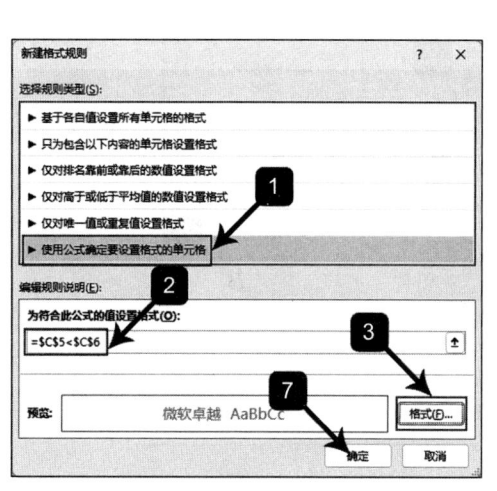
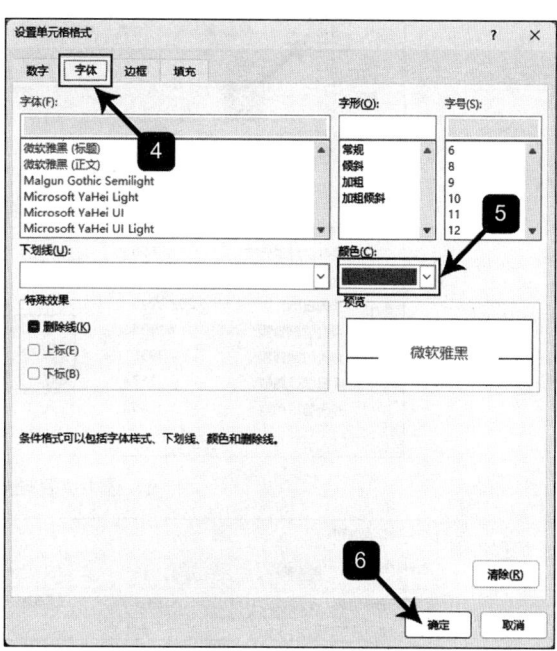

a）输入公式 　　　　　　　　　　b）设置格式

图 9-11 设置条件格式公式以及对应的格式

图 9-12 根据销售额的增减情况智能变换显示颜色

2. 条件格式规则管理

1）在 Excel 工作表中设置好的条件格式规则，可以根据需要进行查看或编辑等管理操作，具体方法为：选中已设置条件格式的单元格区域（如 E5:F7），单击"开始"选项卡下的"条件格式"按钮，在展开的下拉列表中选中"管理规则"选项，并在弹出的"条件格式规则管理器"页面中的"规则"列表中查看已设置的条件格式区域和对应公式，如图 9-13 所示。

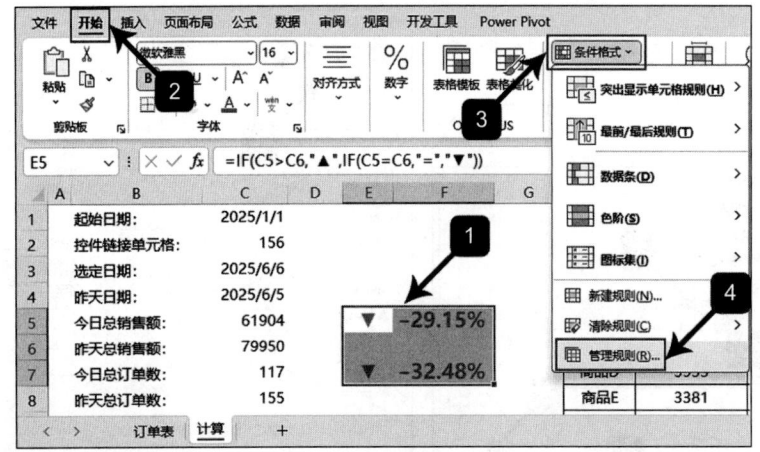

a）选中"管理规则"选项

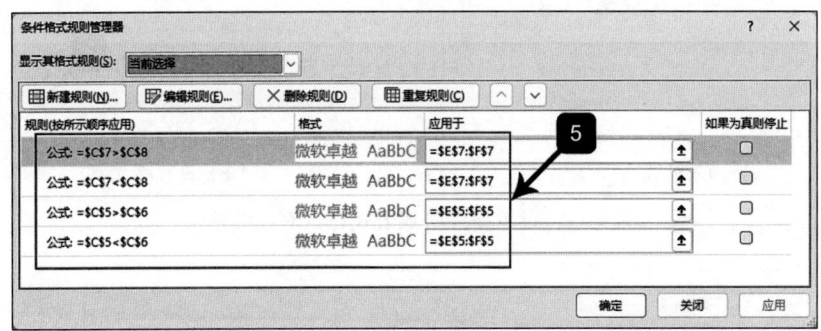

b）查看公式

图 9-13　条件格式规则的管理方法

2）在条件格式规则管理器中，用户可以根据需求编辑或删除规则，方法为：选中对应规则后，单击"编辑规则"按钮或"删除规则"按钮。

9.2.3　构建智能标识动态生成与预警系统

智能标识动态生成与预警系统借助链接图片技术实现跨表动态展示功能，可以将计算表中设置好的条件格式显示效果复制到数据看板中，用于动态标识和智能预警，提高用户决策效率。具体操作步骤如下。

1. 根据销售额的增减变动制作动态标识图片

1）选中 E5:F5 单元格区域，按"Ctrl+C"组合键进行复制；单击"开始"选项卡下的"粘贴"下拉按钮，在展开的下拉页面中选中"其他粘贴选项"中的"链接的图片"选项，如图 9-14 所示。

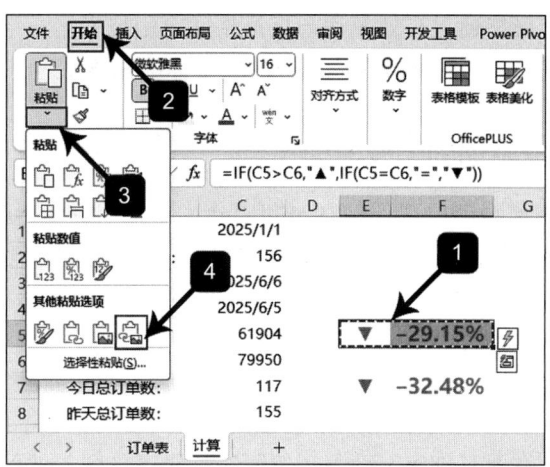

图 9-14 根据销售额的增减变动制作动态标识图片

2）粘贴成功后的图片会在原位置（E5:F5）生成，从而造成重叠显示。此时，只需将图片向上拖动一格，实现错位显示即可。

3）选中生成的动态链接图片，在编辑栏的公式中添加工作表位置引用（如"计算!"），以便后续将链接复制到数据看板所在的工作表时，图片能够保持智能标识的功能。设置完成后的显示效果如图 9-15 所示。

2. 根据订单数的增减变动制作动态标识图片

操作方法参考第 1）步中 E5:F5 区域动态图片的制作过程，仅需在 E7:F7 区域进行相应操作即可。设置完成后的显示效果如图 9-16 所示。

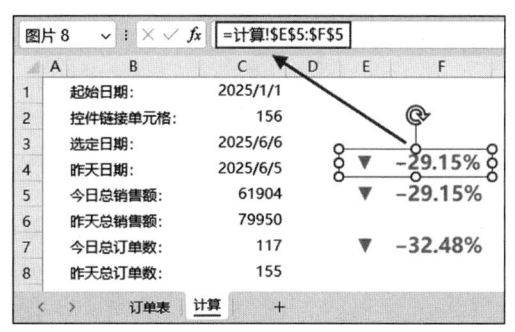

图 9-15 将设置好的动态图片进行错位显示

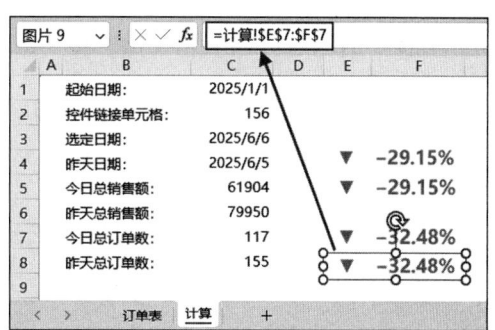

图 9-16 设置动态链接图片

9.3 动态图表组件标准化

动态图表组件标准化是提升数据可视化开发效率与优化用户体验的关键路径。本节将系统讲解如何通过构建动态数据驱动的图表模型建立基础框架，从设计规范维度实现组件视觉与交互的标准化,最终通过高效复用与批量格式应用技术达成组件生态的规模化落地。三个层次环环相扣,共同构建企业级图表组件的完整标准化体系。

9.3.1 构建动态数据驱动的图表模型

动态数据驱动图表模型的构建原理在于利用公式动态生成图表数据源。该公式会引用"选定日期"这一控制变量单元格,当用户调整选定日期时,系统会自动触发公式的重新计算,从而实时更新图表数据源。这种机制实现了图表与数据的动态联动,使图表能够即时响应数据变化,直观呈现不同时间维度的数据特征。

基于当前业务场景的分析需求,我们需要对各门店下不同商品的销售表现进行排名对比的可视化展示。鉴于 9.1.3 节已在 H3:L9 区域通过公式自动生成了门店 – 商品销售额的二维交叉分析表,现只需在此基础上对商品销售额进行降序排列,即可构建动态图表数据源。具体实现步骤如下。

1. 构建"中山路店"商品排名对比条形图的图表数据源

1)将 H12:I17 单元格区域设置为图表数据源,在 H12 单元格输入"商品",在 I12 单元格输入"中山路店"。

2)选中 I13:I17 单元格区域,输入以下数组公式:

=LARGE(OFFSET($H$4:$H$8,,MATCH(I12,$I$3:$L$3,)),ROW($1:$5))

使用"Ctrl+Shift+Enter"组合键完成公式的输入,该公式会自动提取中山路店的商品销售数据,按销售额从高到低进行动态排序,并且能随选定日期(C3)的变化而实时更新数据。

3)选中 H13:H17 单元格区域,输入以下数组公式:

=INDEX($H$4:$H$8,MATCH(I13:I17,OFFSET($H$4:$H$8,,MATCH(I12,$I$3:$L$3,)),))

使用"Ctrl+Shift+Enter"组合键完成公式的输入。该公式会自动提取中山路店的商品名称,按商品销售额从高到低进行动态排序,并且能随选定日期(C3)的变化而实时更新数据。

4)设置完成后,由公式计算动态生成的图表数据源如图 9-17 所示。

2. 构建"和平路店"商品排名对比条形图的图表数据源

1)设置 H19:I24 单元格区域为图表数据源,在标题行输入字段名称"商品"和"和平路店"。

2)选中 I20:I24 单元格区域,输入以下数组公式:

=LARGE(OFFSET($H$4:$H$8,,MATCH(I19,$I$3:$L$3,)),ROW($1:$5))

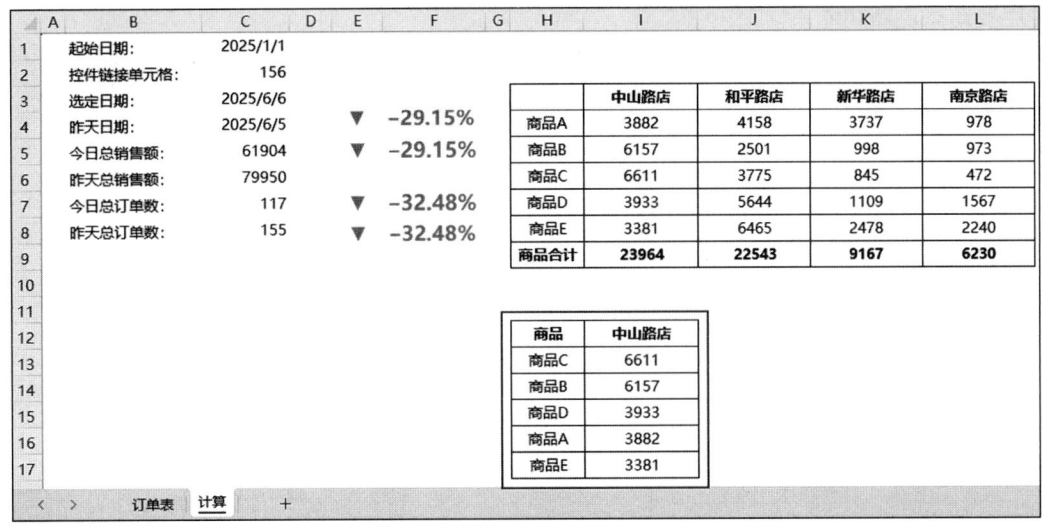

图 9-17 由公式计算动态生成的图表数据源

使用"Ctrl+Shift+Enter"组合键完成公式的输入,即可实现和平路店商品销售额的自动排序及动态更新功能。

3)选中 H20:H24 单元格区域,输入以下数组公式:

=INDEX($H$4:$H$8,MATCH(I20:I24,OFFSET($H$4:$H$8,,MATCH(I19,$I$3:$L$3,)),))

使用"Ctrl+Shift+Enter"组合键完成公式的输入,即可实现和平路店商品名称的自动排序及动态更新功能。

4)设置完成后,由公式计算动态生成的中山路店、和平路店的图表数据源如图 9-18 所示。

3. 构建"新华路店"商品排名对比条形图的图表数据源

1)设置 H26:I31 单元格区域为图表数据源,在标题行输入字段名称"商品"和"新华路店"。

2)选中 I27:I31 单元格区域,输入以下数组公式:

=LARGE(OFFSET($H$4:$H$8,,MATCH(I26,$I$3:$L$3,)),ROW($1:$5))

使用"Ctrl+Shift+Enter"组合键完成公式的输入,即可实现新华路店商品销售额的自动排序及动态更新功能。

3)选中 H27:H31 单元格区域,输入以下数组公式:

=INDEX($H$4:$H$8,MATCH(I27:I31,OFFSET($H$4:$H$8,,MATCH(I26,$I$3:$L$3,)),))

使用"Ctrl+Shift+Enter"组合键完成公式的输入,即可实现新华路店商品名称的自动排序及动态更新功能。

4）设置完成后，由公式计算动态生成的中山路店、和平路店和新华路店的图表数据源如图 9-19 所示。

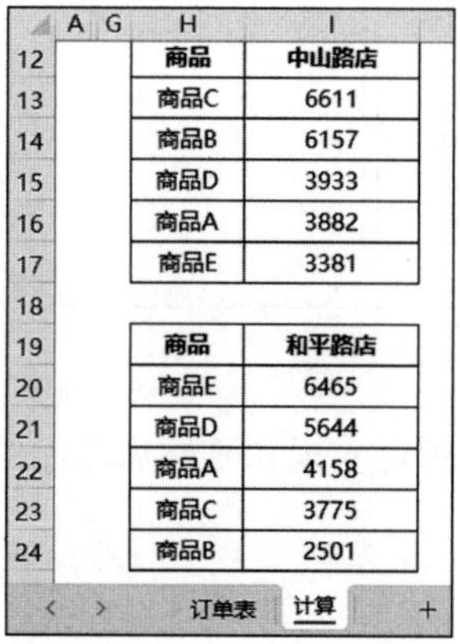

	H	I
12	商品	中山路店
13	商品C	6611
14	商品B	6157
15	商品D	3933
16	商品A	3882
17	商品E	3381
18		
19	商品	和平路店
20	商品E	6465
21	商品D	5644
22	商品A	4158
23	商品C	3775
24	商品B	2501

图 9-18　中山路店、和平路店的图表数据源

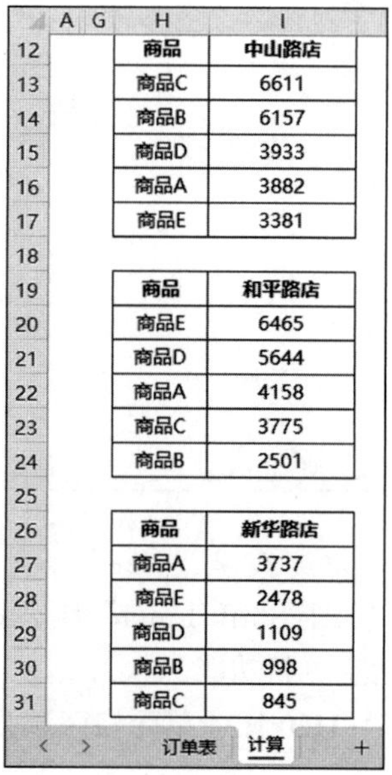

	H	I
12	商品	中山路店
13	商品C	6611
14	商品B	6157
15	商品D	3933
16	商品A	3882
17	商品E	3381
18		
19	商品	和平路店
20	商品E	6465
21	商品D	5644
22	商品A	4158
23	商品C	3775
24	商品B	2501
25		
26	商品	新华路店
27	商品A	3737
28	商品E	2478
29	商品D	1109
30	商品B	998
31	商品C	845

图 9-19　中山路店、和平路店和新华路店的图表数据源

4. 构建“南京路店”商品排名对比条形图的图表数据源

1）设置 H33:I38 单元格区域为图表数据源，在标题行输入字段名称“商品”和“南京路店”。

2）选中 I34:I38 单元格区域，输入以下数组公式：

```
=LARGE(OFFSET($H$4:$H$8,,MATCH(I33,$I$3:$L$3,)),ROW($1:$5))
```

使用“Ctrl+Shift+Enter”组合键完成公式的输入，即可实现南京路店商品销售额的自动排序及动态更新功能。

3）选中 H34:H38 单元格区域，输入以下数组公式：

```
=INDEX($H$4:$H$8,MATCH(I34:I38,OFFSET($H$4:$H$8,,MATCH(I33,$I$3:$L$3,)),))
```

使用“Ctrl+Shift+Enter”组合键完成公式的输入，即可实现南京路店商品名称的自动排序及动态更新功能。

4）设置完成后，由公式计算动态生成的中山路店、和平路店、新华路店和南京路店的图表数据源如图 9-20 所示。

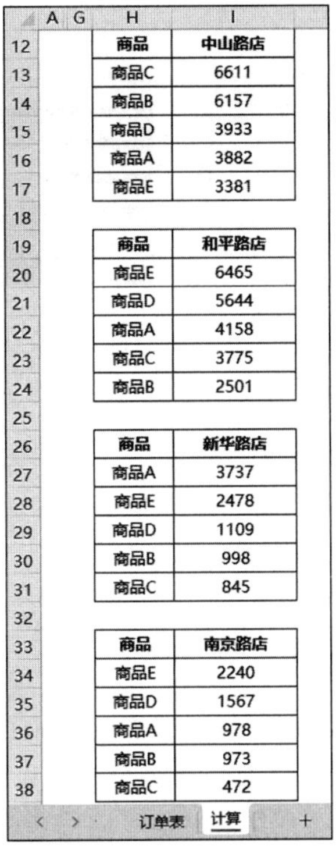

商品	中山路店
商品C	6611
商品B	6157
商品D	3933
商品A	3882
商品E	3381

商品	和平路店
商品E	6465
商品D	5644
商品A	4158
商品C	3775
商品B	2501

商品	新华路店
商品A	3737
商品E	2478
商品D	1109
商品B	998
商品C	845

商品	南京路店
商品E	2240
商品D	1567
商品A	978
商品B	973
商品C	472

图 9-20　中山路店、和平路店、新华路店和南京路店的图表数据源

完成所有门店动态数据源的构建后，即可基于业务需求创建可视化图表了。

9.3.2　标准化图表组件的设计原则与规范

为确保数据分析结果的可视化呈现具有专业性和一致性，标准化图表设计应遵循以下原则：

- ❑ 图表类型选择（详见 1.2 节和 1.3 节）。
- ❑ 配色美化原则（详见 2.3 节）。
- ❑ 字体选择原则（详见 7.2.3 节）。

除此之外，在数据看板的设计过程中，图表呈现需遵循“极简高效”和“元素精简”原则，具体规范如下。

- ❑ 采用“减法设计”思维，每个图表元素必须有其明确功能。
- ❑ 省略独立图表标题，通过看板整体布局和上下文明确图表含义。
- ❑ 数据标签与坐标轴、网格线二选一即可。

基于当前业务场景和分析需求，可根据 9.3.1 节中构建的图表数据源创建条形图，展现各门店的商品排名对比情况，具体操作步骤如下。

（1）创建“中山路店”的商品排名对比条形图

选中 H12:I17 单元格区域，创建条形图并进行美化，仅保留数据条和数据标签，设置完成后的图表效果如图 9-21 所示。

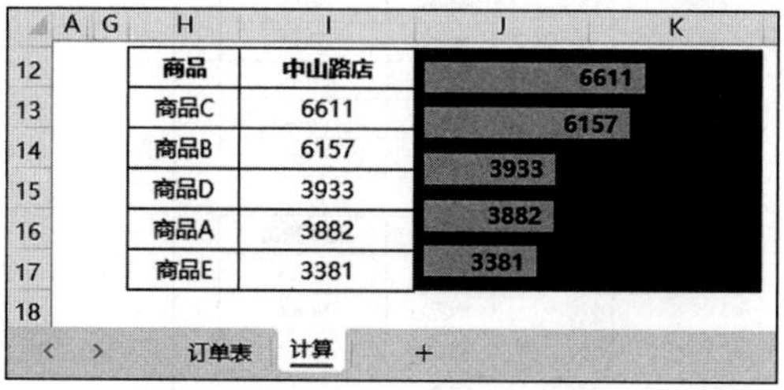

图 9-21 创建"中山路店"的商品排名对比条形图

（2）创建其他门店的商品排名对比条形图

对于和平路店、新华路店和南京路店，创建条形图采用默认样式即可，不必逐个进行设置和美化操作。

9.3.3 高效复用与格式批量应用技术

高效复用与格式批量应用技术不仅可以确保看板中所有同一类型的图表保持一致性，还能够显著提升数据可视化工作效率，避免对每个图表和元素进行重复设置。

"中山路店"已设置好格式的条形图和其他 3 家商店的默认图表如图 9-22 所示。

图 9-22 已设置好格式的条形图和其他 3 家商店的默认图表

将"中山路店"图表的格式快速应用到"和平路店"图表的具体操作步骤如下。

1)选中已设置好格式图表(中山路店)的外边框,按"Ctrl+C"组合键进行复制;单击要应用格式图表(和平路店)的外边框,单击"开始"选项卡下的"粘贴"下拉按钮,在展开的下拉列表中选中"选择性粘贴"选项;在弹出的"选择性粘贴"对话框中勾选"格式"选项,单击"确定"按钮,如图 9-23 所示。

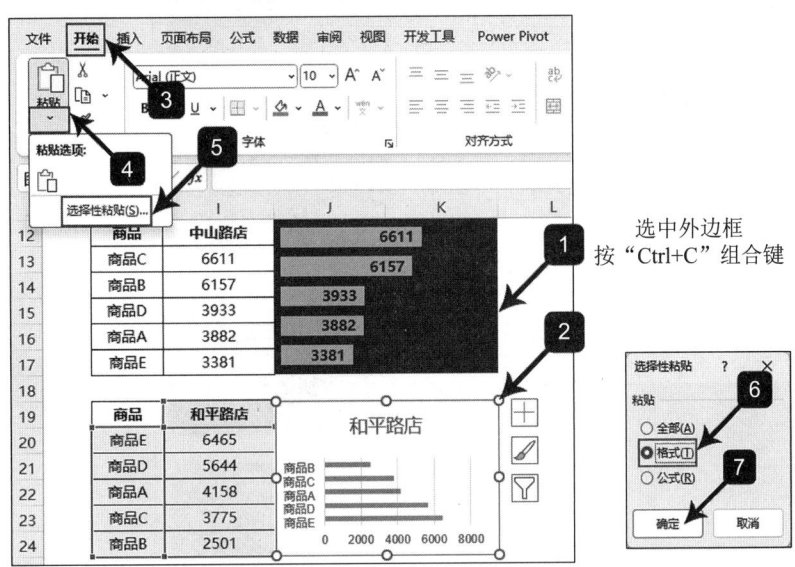

图 9-23　将"中山路店"图表的格式快速应用到"和平路店"图表

2)粘贴格式后,"和平路店"图表的显示效果如图 9-24 所示。

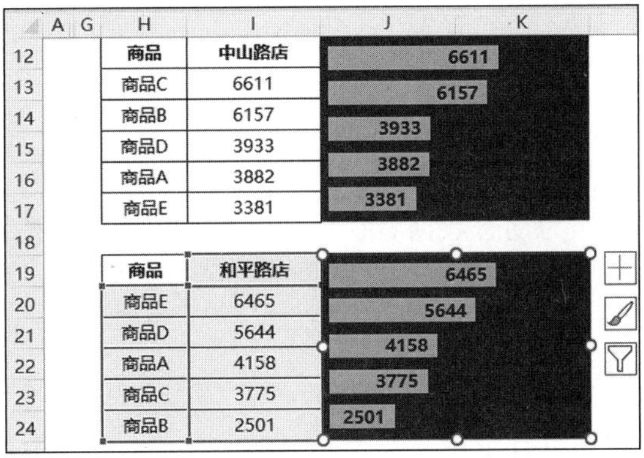

图 9-24　"和平路店"图表的显示效果

首次复制"中山路店"图表后,其格式设置规则会存储在系统的剪贴板中,方便进行多次复用与批量应用,具体操作方法为:单击第 1 个需要应用格式的图表,在"粘贴选项"中选择"选择性粘贴"中的"格式"选项;然后单击第 2 个需要应用格式的图表,按功能键

F4 即可重复上一次操作（粘贴图表格式）；依次选中后续图表，使用 F4 即可快速实现和平路店、新华路店和南京路店多个图表格式的统一。设置完成后的多张图表如图 9-25 所示。

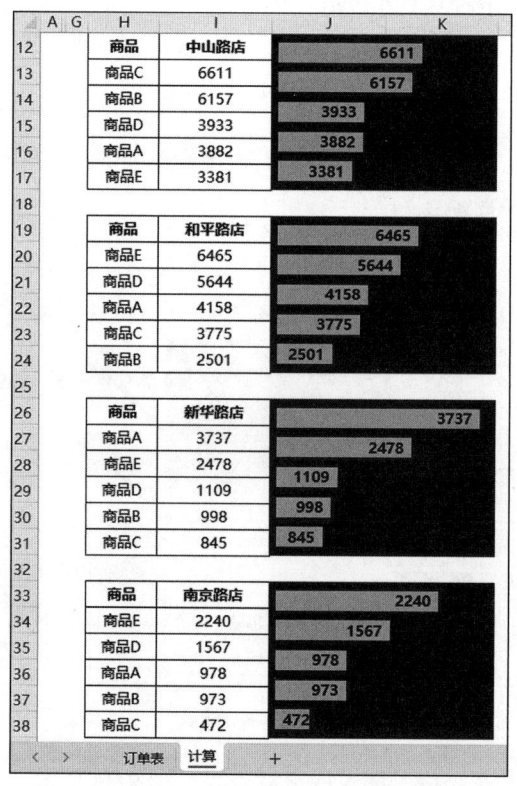

图 9-25　设置完成后的多张图表

9.4　看板组装与系统集成

看板组装与系统集成作为动态数据看板构建的核心环节，其技术实现水平直接影响着可视化系统的扩展性和终端用户体验。

9.4.1　可配置化动态表头架构设计

可配置化动态表头架构设计采用"前后端分离"的设计思路，将表头设置与看板展示分开管理，有效解决了传统看板维护中的常见问题。该架构将表头配置信息存储在独立计算表中，通过数据链接实现动态映射，避免了直接修改受保护看板工作表的操作风险。这种设计显著提升了维护效率，工作人员只需在专用计算表中更新表头配置，变更即可自动同步至展示看板，既确保了数据安全性，又简化了日常运维流程。

制作看板动态表头的具体操作步骤如下。

1）在"计算"工作表的 B10 单元格输入看板标题，如××公司日报看板，如图 9-26 所示。

2）在 Excel 中新建一张工作表，将它命名为"日报看板"。

3）在"日报看板"工作表的 C3 单元格输入公式"= 计算 !B10"，按 Enter 键确认。

4）根据需要设置"日报看板"工作表中的标题格式，如增大字号。

设置完成后的看板标题效果如图 9-26 所示。

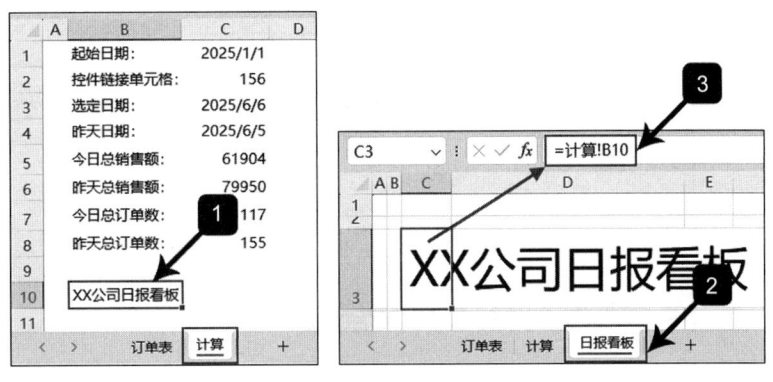

图 9-26　设置完成后的看板标题

5）为了在看板表头中添加日期对应的星期标识，先在独立计算表中使用公式生成需要的标识信息，具体实现方法为：在"计算"工作表的 D3 单元格输入公式"=TEXT（C3,"aaaa"）"，根据选定日期（C3）返回对应的星期标识，如图 9-27 所示。

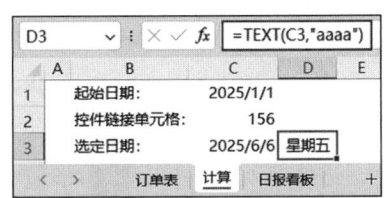

图 9-27　根据选定日期（C3）返回对应的星期标识

6）在看板标题中引用独立计算表的日期和星期信息，具体实现方法为：在"日报看板"工作表的 H3 单元格输入公式"= 计算 !C3"，按 Enter 键确认；在 J3 单元格输入公式"= 计算 !D3"，按 Enter 键确认，显示效果如图 9-28 所示。

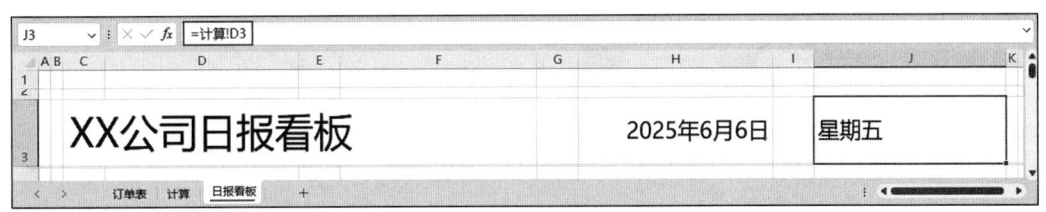

图 9-28　在看板标题中引用独立计算表的日期和星期信息

9.4.2 交互控件与数据源的智能联动机制

交互控件与数据源的智能联动机制是实现优质用户体验的核心保障。该机制通过在看板中配置智能控件，建立控件与数据源之间的动态响应关联，从而构建高效的交互体系。具体实现方式如下。

1）在"日报看板"工作表中单击"开发工具"选项卡下的"插入"按钮，在展开的下拉页面中单击"数值调节钮（窗体控件）"选项，如图 9-29 所示。

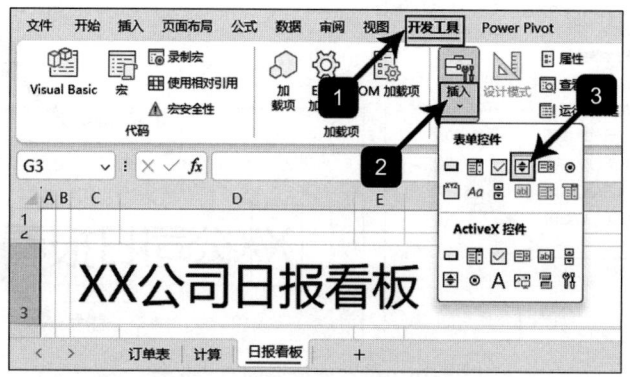

图 9-29　在日报看板中插入数值调节钮（窗体控件）

2）在 G3 单元格创建数值调节钮（窗体控件），根据需要拖放至合适大小；选中该控件，单击鼠标右键，在弹出的快捷菜单中选中"设置控件格式"选项；在弹出的"设置控件格式"页面中将"当前值"设置为 156，"最小值"设置为 0，"最大值"设置为 365，"步长"设置为 1，"单元格链接"设置为"计算!$C$2"，单击"确定"按钮，如图 9-30 所示。

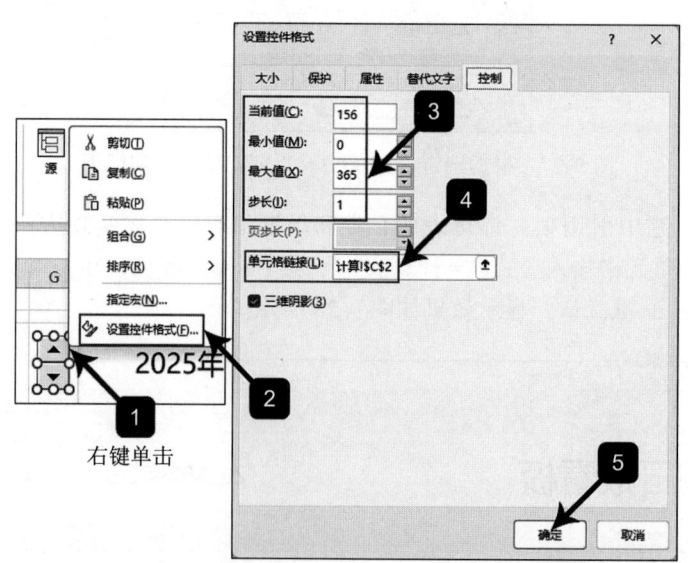

图 9-30　设置数值调节钮的控件格式和单元格链接

3）设置完成后，用户即可通过看板表头右侧的控件交互控制数据和图表的动态展示，如图 9-31 所示。

图 9-31　数据看板中的控件显示效果

9.4.3　系统化组件布局与精准对齐方案

系统化组件布局与精准对齐方案可有效保障数据看板中多元组件（包括数据表格、统计图表、指示图标、可视化图形等）在复杂场景下的精准排布与动态适配。其核心原理为：基于栅格化布局体系，通过以下两种方式实现智能适配。

❑ 在单元格内建立公式化数据链接（数据引用自"计算"工作表）。
❑ 将看板组件锚定至预设区域。

该方案的具体实现方法如下。

（1）规划布局框架并设置栅格化布局。

在"日报看板"工作表中按照规划的布局框架调整行高、列宽，并在指定位置输入核心业务指标的名称，如图 9-32 所示。

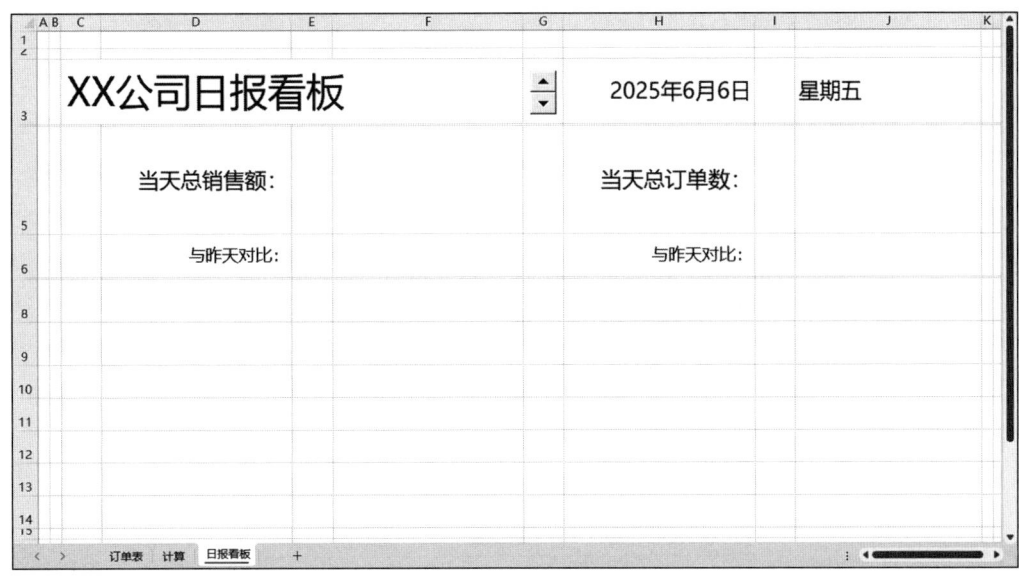

图 9-32　看板的布局框架雏形图

（2）在看板内建立公式化数据链接

1）在 F5 单元格输入"= 计算 !C5"，按 Enter 键确认，调取"当天总销售额"。

2）在 J5 单元格输入"= 计算 !C7"，按 Enter 键确认，调取"当天总订单数"。

3）在 D8、F8、H8 和 J8 单元格分别输入"= 计算 !I3""= 计算 !J3""= 计算 !K3"和"= 计算 !L3"，按 Enter 键确认，调取 4 家门店的名称。

4）在 D9、F9、H9 和 J9 单元格分别输入"= 计算 !I9""= 计算 !J9""= 计算 !K9"和"= 计算 !L9"，按 Enter 键确认，调取 4 家门店的销售额。

5）选中 C10:C14、E10:E14、G10:G14 和 I10:I14 区域，分别输入数组公式"= 计算 !H13:H17""= 计算 !H20:H24""= 计算 !H27:H31"和"= 计算 !H34:H38"，按"Ctrl+Shift+Enter"组合键确认，调取 4 家门店按销售额降序排列的商品名称。

6）在看板内建立公式化数据链接并设置字体和字号，如图 9-33 所示。

图 9-33　在看板内建立公式化数据链接并设置字体和字号

（3）锚定动态图标

1）在"计算"工作表中选中两个做好的动态图标，按"Ctrl+C"组合键进行复制，如图 9-34 所示。

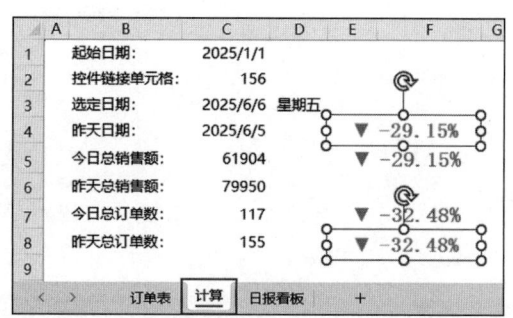

图 9-34　选中两个动态图表并进行复制

2）单击"日报看板"工作表的 F6 单元格，按"Ctrl+V"组合键进行粘贴，将两个动态图标分别移动到"当天总销售额"和"当天总订单数"的下方单元格；按住 Alt 键启用智能吸附功能，将图标精准锚定至单元格边框，设置完成后的效果如图 9-34 所示。

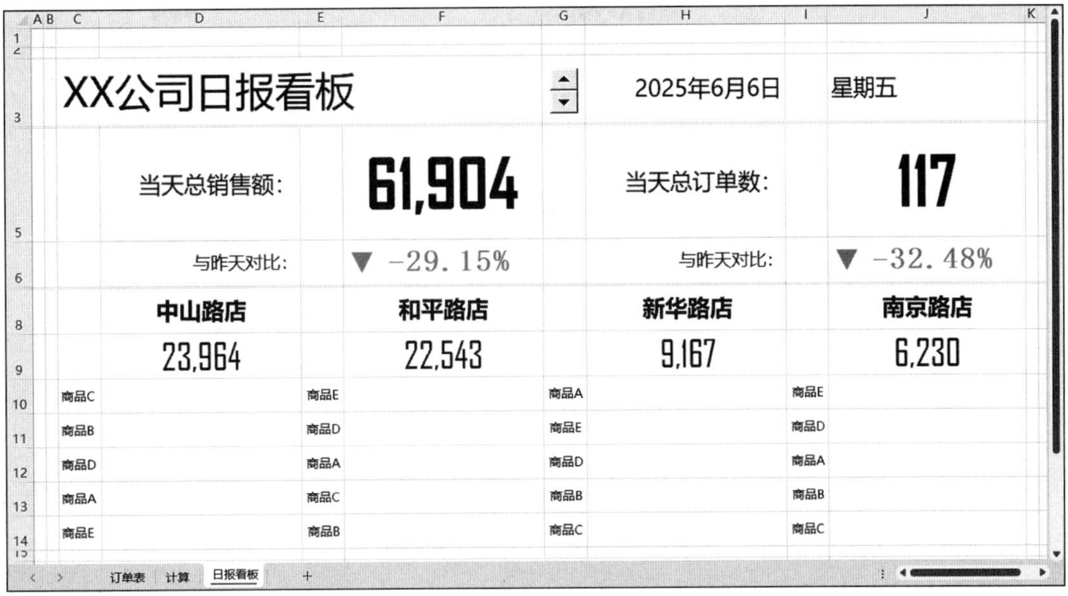

图 9-35 将动态图标锚定至看板指定位置

（4）锚定各门店图表

1）在"计算"工作表选中"中山路店"图表的外边框，按"Ctrl+C"组合键进行复制。

2）单击"日报看板"工作表的 D10 单元格，按"Ctrl+V"组合键进行粘贴；按住 Alt 键启用智能吸附功能，将条形图精准锚定至 D10:D14 区域。

3）采用同样的方法将"和平路店""新华路店"和"南京路店"的条形图分别锚定至 F10:F14、H10:H14 和 J10:J14 区域，设置完成后的效果如图 9-36 所示。

（5）设置看板外观

1）设置看板的背景颜色和边框：在"日报看板"工作表中选中 C3:J14 单元格区域，设置"背景填充颜色"为"深蓝色（#021A3C）"，看板外边框区域的"背景颜色"为"蓝色（#1F4E78）"。

2）清除看板所在工作表的行号和列标显示：单击"视图"选项卡，清除"标题""网格线"和"编辑栏"选项的勾选状态，如图 9-37 所示。

设置完成后，看板所在工作表的显示效果如图 9-38 所示。

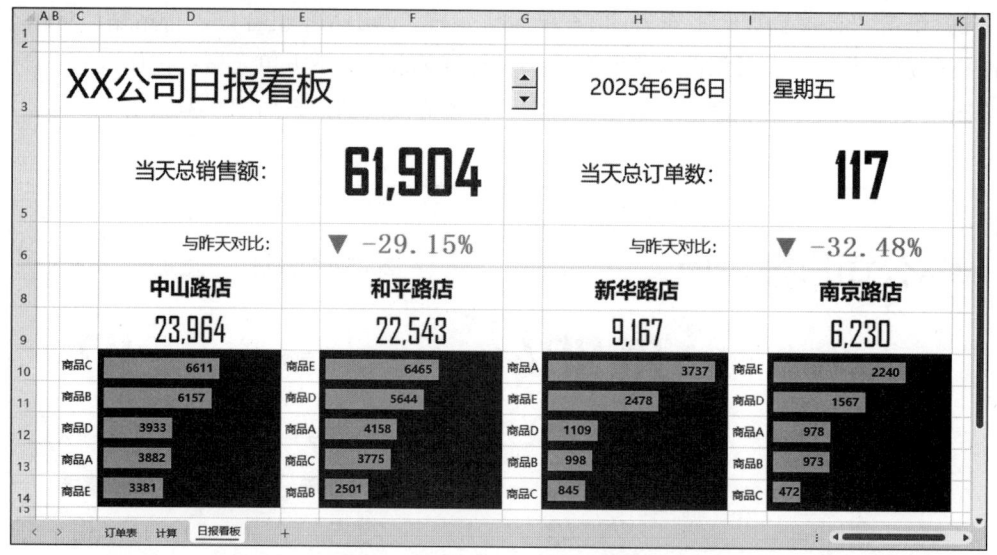

图 9-36　将各门店图表锚定至看板指定区域

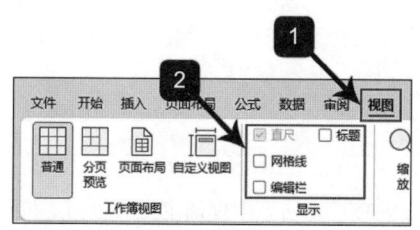

图 9-37　清除看板所在工作表的行号和列标显示

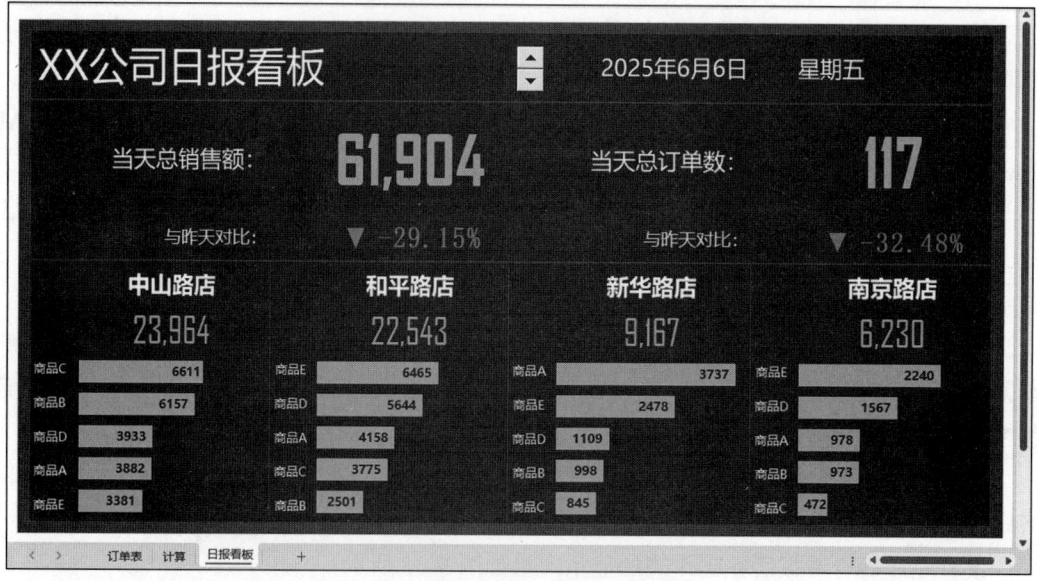

图 9-38　看板所在工作表的显示效果

第三部分 *Part 3*

多行业实战案例

- 第 10 章 数据看板可视化实战案例

第 10 章 数据看板可视化实战案例

在数据驱动决策的时代，数据看板作为信息整合与呈现的核心载体，已成为企业各业务领域的重要分析工具。本章通过销售、财务、运营、项目四大典型业务场景的实战案例，系统讲解从业务需求分析到数据看板落地的完整流程，内容涵盖业务场景拆解、数据源预处理、图表动态构建、交互式指标设计及专业级看板组装等关键技术，不仅呈现了不同部门的数据可视化诉求差异，还提炼出了"业务诉求→数据重构→图表设计→看板集成"四步方法论，帮助读者建立跨领域的数据看板设计思维。

10.1 销售分析看板

销售分析看板的价值始于精准的业务需求洞察。下面结合实战案例说明销售分析的业务场景和需求。某企业 2025 年的产品销售表中包含"日期""产品名称"和"金额"等字段，如图 10-1 所示。

序号	日期	产品名称	金额	员工名称
1	2025/1/1	产品9	84	李锐13
2	2025/1/1	产品14	76	李锐13
3	2025/1/1	产品4	38	李锐1
4	2025/1/1	产品15	96	李锐18
...	...	...	...	...
4998	2025/12/31	产品18	43	李锐3
4999	2025/12/31	产品16	11	李锐8
5000	2025/12/31	产品4	16	李锐11
5001	2025/12/31	产品9	141	李锐8

图 10-1 某企业 2025 年的产品销售表

现需要从该销售表中按产品和月份分类汇总销售金额，直观呈现 20 款产品全年的销售趋势变化，并通过横向对比分析各产品的销售表现。

在了解具体实现方案前，我建议你先采取以下操作：
- 思考如何将模糊的业务需求转化为清晰的可视化看板。
- 尝试独立完成分析看板的设计，并记录遇到的问题。

这样的学习路径能帮助你：
- 培养独立思考的能力和数据思维。
- 提升需求提炼和问题解决能力。
- 加深对看板设计和制作的理解。

后续的设计环节也建议你进行类似操作，无论你是否完成设计，带着自己的思考来阅读后续的解决方案，都会获得更好的学习效果。

10.1.1 数据结构扩展及图表数据源构建

各种指标的计算和图表数据源的构建都基于原始数据结构。当原始数据无法满足计算需求时，可以对数据结构进行扩展，使数据能够为后续计算提供依据和保障。

1. 数据结构扩展

因为本案例需要按月份统计产品销售额，而原始数据中只有"日期"字段，所以需要在表格中添加"月份"字段，具体方法为：在"销售表"的 F1 单元格输入"月份"，在 F2 单元格输入公式"=MONTH（B2）"，并按 Enter 键向下填充，Excel 会自动计算日期归属的月份，如图 10-2 所示。

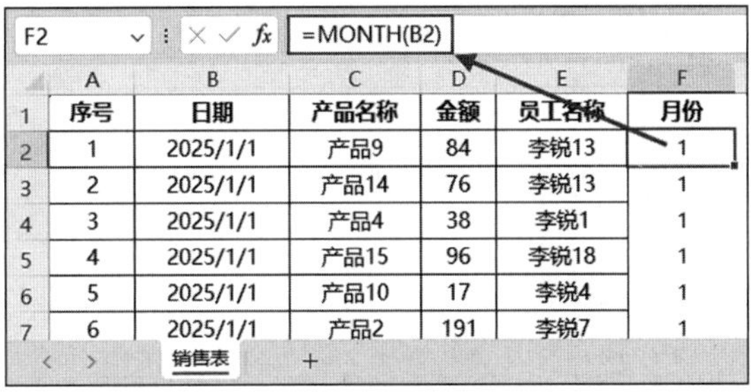

图 10-2　自动计算日期归属的月份

2. 图表数据源构建

因为扩展后的数据结构不支持直接制作展示各产品月销售趋势的折线图，所以需要在 Excel 中新建一张工作表，专门用于计算和放置构建图表数据源需要的数据，具体实现方法如下。

1）在 Excel 中新建工作表，将它命名为"计算"，并按需要设置表头和行字段，如图 10-3 所示。

产品名称	1	2	3	4	5	6	7	8	9	10	11	12
产品1												
产品2												
产品3												
产品4												
产品5												
产品6												
产品7												
产品8												
产品9												
产品10												
产品11												
产品12												
产品13												
产品14												
产品15												
产品16												
产品17												
产品18												
产品19												
产品20												

销售表 计算

图 10-3　设置完成后的表结构

2）在 B2 单元格输入公式，按 Enter 键确认，并将公式向右填充、向下填充，最后按照产品名称（左侧的行字段）和月份（标题行列字段）统计销售额，如图 10-4 所示。

B2　=SUMIFS(销售表!$D:$D,销售表!$F:$F,B$1,销售表!$C:$C,$A2)

产品名称	1	2	3	4	5	6	7	8	9	10	11	12
产品1	1338	2751	2111	2685	1895	1989	2392	2187	1219	2481	2060	1969
产品2	2580	1062	2486	2193	2096	1380	2344	1920	2286	2611	2010	1867
产品3	1809	1914	2368	1942	1360	2778	3657	2424	1311	2552	1647	2815
产品4	2597	2540	1572	1340	2838	2853	1086	2307	1922	1771	2374	3423
产品5	2386	1555	1632	2238	1430	1870	1970	1677	3135	2467	2315	1694
产品6	1995	1624	1624	1991	2999	1543	2240	1625	1817	1801	1454	2035
产品7	533	1492	3331	2010	2160	1603	1548	3042	2118	1632	2053	2026
产品8	2527	1522	2462	2056	1742	2554	2824	979	1558	2766	1114	2243
产品9	2765	1684	1654	3014	2291	2194	2495	1996	2135	2275	3604	1742
产品10	2844	2110	1961	2378	2387	1824	2203	2370	2458	2155	2060	2476
产品11	2881	1966	1278	2546	2431	2105	2595	2474	1715	2685	1466	2911
产品12	2169	2348	1977	2247	1715	1401	1428	1725	2163	2286	1607	2015
产品13	2075	2027	2968	2001	1797	1676	1835	1812	2107	2989	1971	1807
产品14	2418	2491	2847	2084	1756	1292	2286	2454	2638	2261	2401	2566
产品15	2618	1636	1867	2030	2064	1613	1575	2329	1117	1878	1750	1736
产品16	2554	3507	2356	2918	2796	2439	1809	3394	2342	1260	1972	2731
产品17	791	2363	1543	1680	1502	2163	2005	2580	2602	1217	2587	1885
产品18	2097	2149	1139	1708	1481	2172	1930	1987	2118	2492	2322	1768
产品19	3476	1561	2244	1745	1616	2002	896	2749	2270	1522	1917	2490
产品20	2418	2243	2442	2483	2327	2399	1611	1215	1075	1845	2454	1933

销售表 计算

图 10-4　按照产品名称和月份统计销售额

10.1.2　标准化图表的批量生成及格式化

标准化图表批量生成及格式化技术可以确保看板中的多张图表在视觉呈现上保持一致性，具体实现方法如下。

（1）调整图表放置区域的行高、列宽

选中“计算”工作表的 2:21 行区域，将行高设置为 50；选中 N 列，将列宽设置为 30。

（2）创建首个图表并进行标准化设置

选中 B2:M2 区域，插入折线图并进行标准化设置，包括填充颜色、线条和网格线等；删除图表标题，设置图表边框为“无线条”，并将图表锚定至 N2 单元格中，如图 10-5 所示。

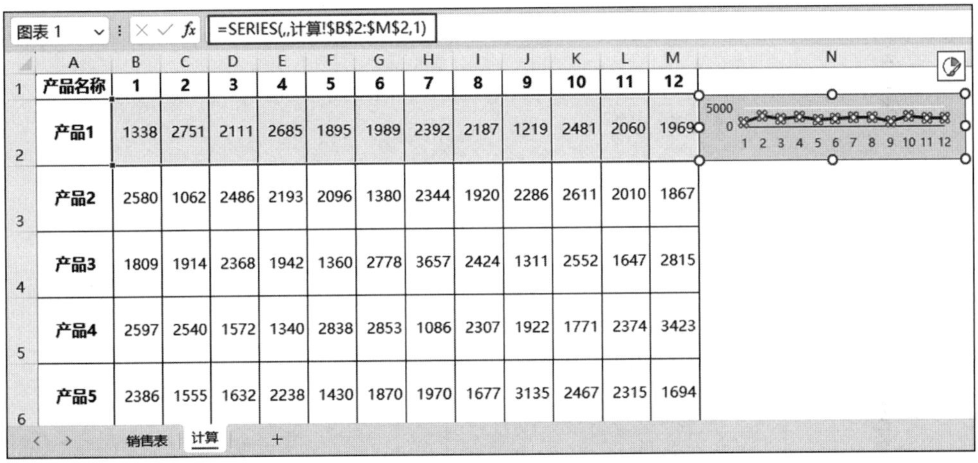

产品名称	1	2	3	4	5	6	7	8	9	10	11	12
产品1	1338	2751	2111	2685	1895	1989	2392	2187	1219	2481	2060	1969
产品2	2580	1062	2486	2193	2096	1380	2344	1920	2286	2611	2010	1867
产品3	1809	1914	2368	1942	1360	2778	3657	2424	1311	2552	1647	2815
产品4	2597	2540	1572	1340	2838	2853	1086	2307	1922	1771	2374	3423
产品5	2386	1555	1632	2238	1430	1870	1970	1677	3135	2467	2315	1694

图 10-5　创建首个图表并进行标准化设置

（3）将标准化图表批量复制到指定区域

1）在名称框输入“N2”，按 Enter 键确认，快速定位到 N2 单元格。

2）将光标移至单元格右下角的填充柄位置，此时光标会变为黑色十字形状。

3）按住鼠标左键向下拖动至 N21 单元格，松开鼠标左键即可完成 19 个图表的批量复制，如图 10-6 所示。

（4）手动调整复制出的图表的数据源

1）复制出的 19 个图表的数据源都是 B2:M2 区域，需要将数据源修改为对应行左侧的数据区域：选中 N3 单元格图表中的折线图，在编辑栏中将公式中的“计算 !$B$2:$M$2”改为“计算 !$B$3:$M$3”，按 Enter 键确认，如图 10-7 所示。

2）按照同样的方法依次调整 N4:N21 单元格区域的图表数据源。此系列手动调整的操作也可以使用 VBA 宏一键实现。

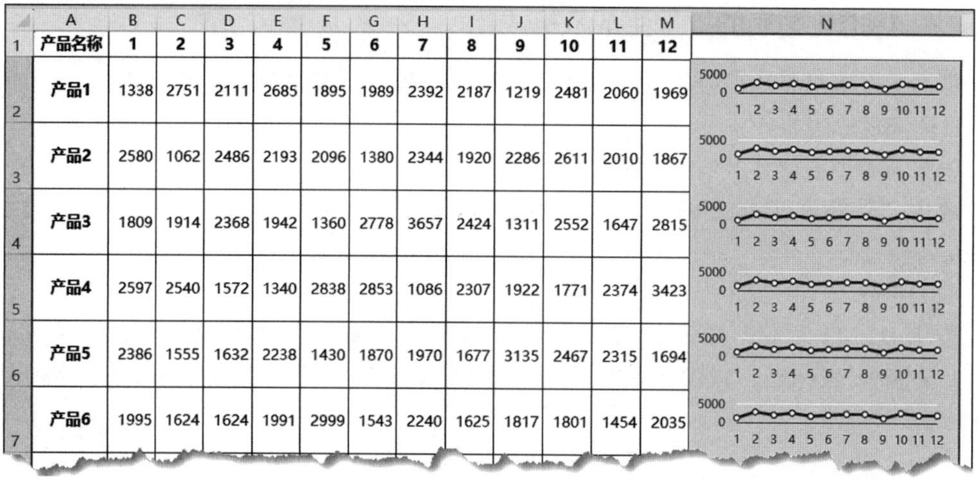

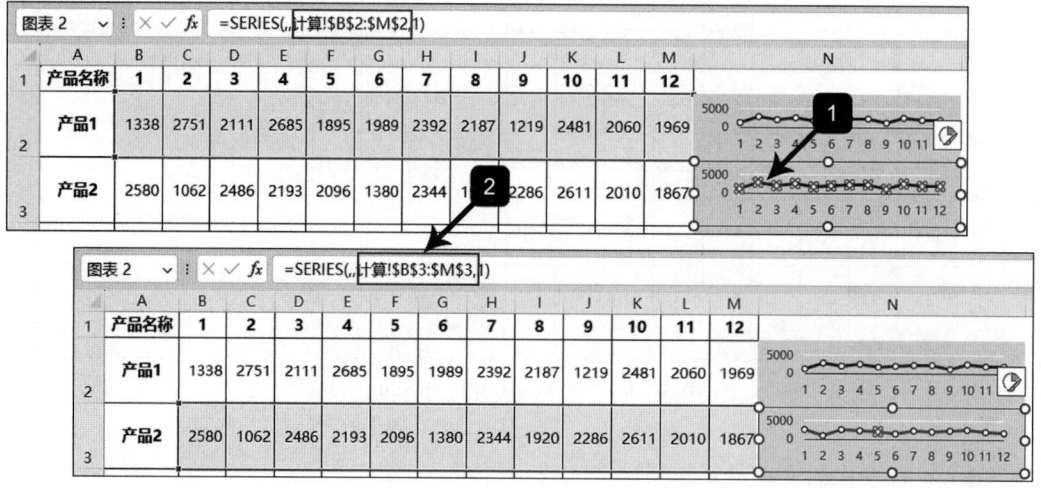

图10-6 将标准化图表批量复制到指定区域

图10-7 手动调整复制出的图表的数据源

（5）使用 VBA 宏批量调整图表数据源

1）按"Alt+F11"组合键切换至 Excel 后台，打开 VBA 编辑器。

2）右键单击工作表名称，在快捷菜单中选中"插入"选项，再在其子菜单中选中"模块"选项，在右侧的"模块 1"中输入 VBA 代码，如图10-8 所示。

3）在 Excel 前台界面单击"开发工具"选项卡下的"宏"按钮，在弹出的"宏"界面中选中"UpdateChartsData"选项，然后单击"执行"按钮，即可一键调整所有图表的数据源。

（6）按标准化图表设置批量格式化其他图表

调整图表数据源后，图表中的某些元素格式会发生变化。为了保持所有图表呈现效果的一致性，需要按标准化图表设置批量格式化其他图表，实现方法为：利用选择性粘贴和功能键 F4 批量设置格式（参见 9.3.3 节的演示过程）。

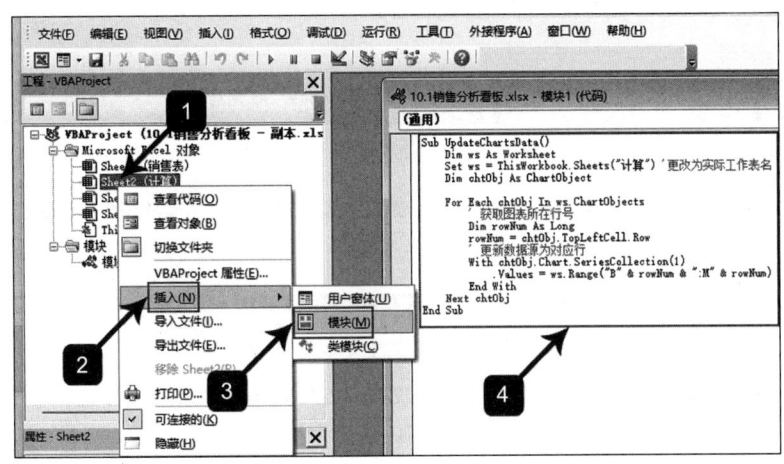

图 10-8　使用 VBA 宏批量调整图表数据源

10.1.3　看板布局框架的设计、组装及美化

看板布局框架的设计严格遵循亲密性、对齐、重复和对比四大视觉设计原则，采用网格布局式设计，基于等分栅格系统（5×4）实现图表矩阵化排布，完美平衡多产品趋势图并置展示的需求与视觉可读性。

（1）看板布局框架设计

在 Excel 中新建工作表，将它命名为"销售分析"，用于看板结果展示；根据设计思路调整工作表的行高、列宽，设置看板标题、图表标题行等，设置完成后的网格布局式看板如图 10-9 所示。

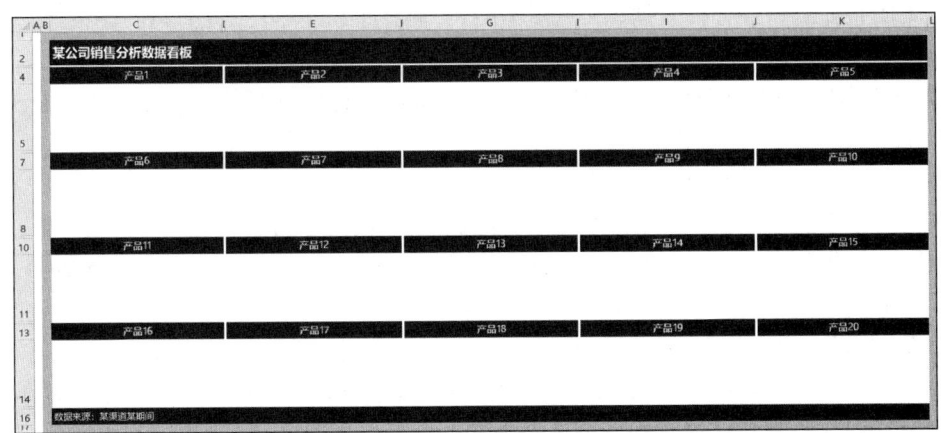

图 10-9　基于业务场景和需求设计的网格布局式看板

（2）看板组装及美化

在"计算"工作表中复制图表，粘贴到"销售分析"工作表中的对应产品区域，并将该区域锚定至单元格中，如图 10-10 所示。

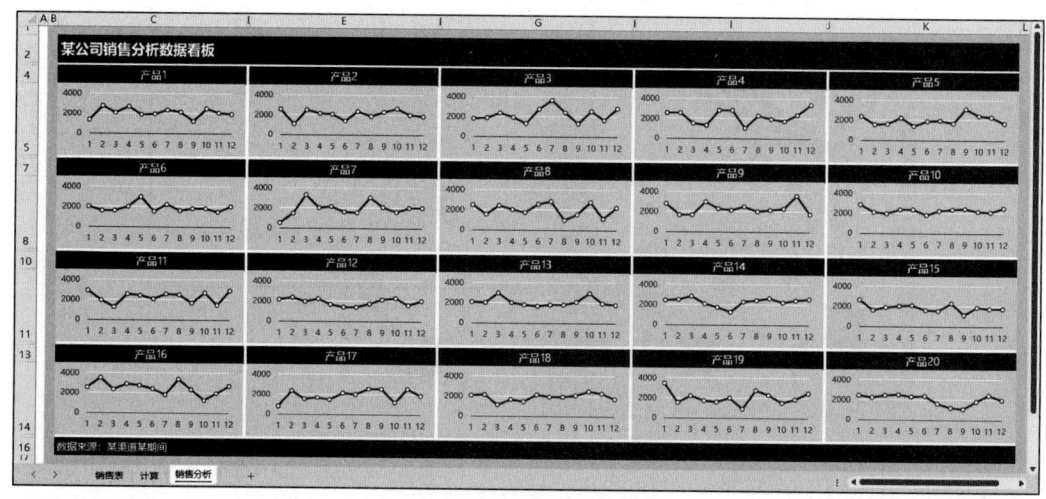

图 10-10　看板组装及美化

10.2　财务分析看板

财务分析看板是企业决策层洞悉经营态势的核心工具，本节将系统讲解从场景搭建到看板落地的全链路实现方法。

10.2.1　业务需求概述

某集团企业的财务分析数据源（见图 10-11）涵盖了旗下 20 家分公司的完整经营数据，具体包括。

- 经营成果数据：营业收入、成本、费用等关键指标的预算值、实际发生值及预算执行率。
- 盈利能力数据：利润总额及利润率。

现需要基于该数据表，对集团及旗下 20 家分公司的财务营收状况进行全面分析，重点聚焦利润盈亏情况，并深入展开收入、成本、费用的过程分析，具体包含以下 5 方面。

（1）利润分析

- 集团及分公司利润表现：分析集团及分公司的实际利润和利润率，并与预算进行对比分析。
- 分公司利润排名：按实际利润从高到低进行降序排列，清晰展示盈利与亏损情况。
- 利润对比可视化：通过柱状图或条形图直观呈现各分公司的实际利润对比，突出显示盈利与亏损单位。

	A	B	C	D	E	F	G	H	I	J	K	L
1	分公司	营业收入（预算）	营业收入（实际）	营业收入执行率	成本（预算）	成本（实际）	成本执行率	费用（预算）	费用（实际）	费用执行率	利润（实际）	利润率
2	分公司1	5005	5155	103%	1651	1391	84%	1801	3350	186%	414	8%
3	分公司2	5399	6046	112%	1457	1934	133%	2753	2660	97%	1452	24%
4	分公司3	3383	2063	61%	1014	371	37%	1962	1093	56%	599	29%
5	分公司4	6055	7447	123%	2603	2904	112%	3935	4691	119%	-148	-2%
6	分公司5	1769	919	52%	406	192	47%	849	496	58%	231	25%
7	分公司6	2765	2765	100%	995	414	42%	1244	1714	138%	637	23%
8	分公司7	5579	3180	57%	1394	1113	80%	2008	1939	97%	128	4%
9	分公司8	4360	3836	88%	1831	920	50%	2616	2416	92%	500	13%
10	分公司9	3962	4675	118%	1743	748	43%	2337	2431	104%	1496	32%
11	分公司10	3308	4399	133%	661	1363	206%	1488	2287	154%	749	17%
12	分公司11	1373	796	58%	205	246	120%	480	501	104%	49	6%
13	分公司12	3257	3517	108%	1172	1547	132%	1758	1793	102%	177	5%
14	分公司13	4132	2148	52%	991	451	46%	2189	880	40%	817	38%
15	分公司14	5406	4054	75%	810	770	95%	2540	1459	57%	1825	45%
16	分公司15	6779	8202	121%	2440	3034	124%	4202	3690	88%	1478	18%
17	分公司16	3413	3959	116%	1092	1583	145%	1228	1385	113%	991	25%
18	分公司17	2110	2468	117%	379	394	104%	928	1308	141%	766	31%
19	分公司18	3534	4770	135%	1024	2051	200%	2155	3100	144%	-381	-8%
20	分公司19	332	312	94%	109	90	83%	166	149	90%	73	23%
21	分公司20	7986	3833	48%	2076	1149	55%	3593	1609	45%	1075	28%
22	集团总体	79907	74544	93%	24053	22665	94%	40232	38951	97%	12928	17%

图 10-11　某集团企业的财务分析数据源

（2）收入分析

❑ 预算与实际对比：统计各分公司营业收入的预算值、实际值及执行率（实际值 / 预算值）。

❑ 可视化呈现：通过收入预算执行对比图（组合图）展示收入预算与实际对比，并标注出执行率。

（3）成本分析

❑ 预算与实际对比：统计各分公司成本的预算值、实际值及执行率。

❑ 可视化呈现：通过组合图展示成本预算与实际对比，并标注出执行率。

（4）费用分析

❑ 预算与实际对比：统计各分公司费用的预算值、实际值及执行率。

❑ 可视化呈现：通过组合图展示费用预算与实际对比，并标注出执行率。

（5）分析目标及业务诉求

通过以上多维度的数据对比及可视化呈现，帮助管理层实现如下目标。

❑ 快速识别盈利与亏损分公司，优化资源分配。

❑ 评估预算执行情况，分析收入、成本、费用的管控效果。

❑ 发现异常波动或偏差，为后续经营决策提供数据支持。

10.2.2　数据整理、排序及结构转换

当原始表格的结构不能完全满足计算需求时，需要对数据进行整理、排序及结构转换，

使其满足后续计算的要求。

（1）数据整理

基于当前案例的分析和计算需求，按以下步骤进行数据整理。

1）在 Excel 中将"数据源"工作表复制并命名为"财务分析"。

2）将第 22 行集团总体的数据移动到首行。

3）对分公司数据的标题行字段进行规范命名，并对长字段名称按财务科目属性进行换行显示（在需换行处按"Alt+Enter"组合键）。

4）将集团总体数据行的字号设置为 11，分公司标题行的字号设置为 10，表格中明细数值的字号设置为 9。

整理完成后的表格显示效果如图 10-12 所示。

	A	B	C	D	E	F	G	H	I	J	K	L
1	集团总体	79907	74544	93%	24053	22665	94%	40232	38951	97%	12928	17%
2	分公司	营业收入(预算)	营业收入(实际)	营业收入执行率%	成本(预算)	成本(实际)	成本执行率%	费用(预算)	费用(实际)	费用执行率%	利润(实际)	利润率%
3	分公司1	5005	5155	103%	1651	1391	84%	1801	3350	186%	414	8%
4	分公司2	5399	6046	112%	1457	1934	133%	2753	2660	97%	1452	24%
5	分公司3	3383	2063	61%	1014	371	37%	1962	1093	56%	599	29%
6	分公司4	6055	7447	123%	2603	2904	112%	3935	4691	119%	-148	-2%
7	分公司5	1769	919	52%	406	192	47%	849	496	58%	231	25%
8	分公司6	2765	2765	100%	995	414	42%	1244	1714	138%	637	23%
9	分公司7	5579	3180	57%	1394	1113	80%	2008	1939	97%	128	4%
10	分公司8	4360	3836	88%	1831	920	50%	2616	2416	92%	500	13%
11	分公司9	3962	4675	118%	1743	748	43%	2337	2431	104%	1496	32%
12	分公司10	3308	4399	133%	661	1363	206%	1488	2287	154%	749	17%
13	分公司11	1373	796	58%	205	246	120%	480	501	104%	49	6%
14	分公司12	3257	3517	108%	1172	1547	132%	1758	1793	102%	177	5%
15	分公司13	4132	2148	52%	991	451	46%	2189	880	40%	817	38%
16	分公司14	5406	4054	75%	810	770	95%	2540	1459	57%	1825	45%
17	分公司15	6779	8202	121%	2440	3034	124%	4202	3690	88%	1478	18%
18	分公司16	3413	3959	116%	1092	1583	145%	1228	1385	113%	991	25%
19	分公司17	2110	2468	117%	379	394	104%	928	1308	141%	766	31%
20	分公司18	3534	4770	135%	1024	2051	200%	2155	3100	144%	-381	-8%
21	分公司19	332	312	94%	109	90	83%	166	149	90%	73	23%
22	分公司20	7986	3833	48%	2076	1149	55%	3593	1609	45%	1075	28%

图 10-12 整理完成后的表格显示效果

（2）字段排列和数据排序

1）将最右侧的两列利润数据移动到左侧，优先展示利润盈亏情况。

2）将各家分公司的数据按"利润（实际）"进行降序排列。

排序后的表格显示效果如图 10-13 所示。

（3）结构转换

基于业务诉求中对数据进行可视化呈现的需求，按以下步骤对表格进行结构转换。

1）在"利润（实际）"字段右侧插入字段"利润盈亏对比图"。

	A	B	C	D	E	F	G	H	I	J	K	L
1	集团总体	12928	17%	79907	74544	93%	24053	22665	94%	40232	38951	97%
2	分公司	利润(实际)	利润率%	营业收入(预算)	营业收入(实际)	营业收入执行率%	成本(预算)	成本(实际)	成本执行率%	费用(预算)	费用(实际)	费用执行率%
3	分公司14	1825	45%	5406	4054	75%	810	770	95%	2540	1459	57%
4	分公司9	1496	32%	3962	4675	118%	1743	748	43%	2337	2431	104%
5	分公司15	1478	18%	6779	8202	121%	2440	3034	124%	4202	3690	88%
6	分公司2	1452	24%	5399	6046	112%	1457	1934	133%	2753	2660	97%
7	分公司20	1075	28%	7986	3833	48%	2076	1149	55%	3593	1609	45%
8	分公司16	991	25%	3413	3959	116%	1092	1583	145%	1228	1385	113%
9	分公司13	817	38%	4132	2148	52%	991	451	46%	2189	880	40%
10	分公司17	766	31%	2110	2468	117%	379	394	104%	928	1308	141%
11	分公司10	749	17%	3308	4399	133%	661	1363	206%	1488	2287	154%
12	分公司6	637	23%	2765	2765	100%	995	414	42%	1244	1714	138%
13	分公司3	599	29%	3383	2063	61%	1014	371	37%	1962	1093	56%
14	分公司8	500	13%	4360	3836	88%	1831	920	50%	2616	2416	92%
15	分公司1	414	8%	5005	5155	103%	1651	1391	84%	1801	3350	186%
16	分公司5	231	25%	1769	919	52%	406	192	47%	849	496	58%
17	分公司12	177	5%	3257	3517	108%	1172	1547	132%	1758	1793	102%
18	分公司7	128	4%	5579	3180	57%	1394	1113	80%	2008	1939	97%
19	分公司19	73	23%	332	312	94%	109	90	83%	166	149	90%
20	分公司11	49	6%	1373	796	58%	205	246	120%	480	501	104%
21	分公司4	-148	-2%	6055	7447	123%	2603	2904	112%	3935	4691	119%
22	分公司18	-381	-8%	3534	4770	135%	1024	2051	200%	2155	3100	144%

图 10-13 排序后的表格显示效果

2）在营业收入类字段右侧插入字段"收入预算执行对比图"。
3）在成本类字段右侧插入字段"成本预算执行对比图"。
4）在费用类字段右侧插入字段"费用预算执行对比图"。
5）在表格的上下方分别插入空行，左右两端分别插入空列，用于填充看板边框。
完成结构转换后的表格显示效果如图 10-14 所示。

	A	B	C	D	E	F	G	H	I	J	K	L	M	N	O	P	Q	R
2	集团总体	12928		17%	79907	74544	93%		24053	22665	94%		40232	38951	97%			
3	分公司	利润(实际)	利润盈亏对比图	利润率%	营业收入(预算)	营业收入(实际)	营业收入执行率%	收入预算执行对比图	成本(预算)	成本(实际)	成本执行率%	成本预算执行对比图	费用(预算)	费用(实际)	费用执行率%	费用预算执行对比图		
4	分公司14	1825		45%	5406	4054	75%		810	770	95%		2540	1459	57%			
5	分公司9	1496		32%	3962	4675	118%		1743	748	43%		2337	2431	104%			
6	分公司15	1478		18%	6779	8202	121%		2440	3034	124%		4202	3690	88%			
7	分公司2	1452		24%	5399	6046	112%		1457	1934	133%		2753	2660	97%			
8	分公司20	1075		28%	7986	3833	48%		2076	1149	55%		3593	1609	45%			
9	分公司16	991		25%	3413	3959	116%		1092	1583	145%		1228	1385	113%			
10	分公司13	817		38%	4132	2148	52%		991	451	46%		2189	880	40%			
11	分公司17	766		31%	2110	2468	117%		379	394	104%		928	1308	141%			
12	分公司10	749		17%	3308	4399	133%		661	1363	206%		1488	2287	154%			
13	分公司6	637		23%	2765	2765	100%		995	414	42%		1244	1714	138%			
14	分公司3	599		29%	3383	2063	61%		1014	371	37%		1962	1093	56%			
15	分公司8	500		13%	4360	3836	88%		1831	920	50%		2616	2416	92%			
16	分公司1	414		8%	5005	5155	103%		1651	1391	84%		1801	3350	186%			
17	分公司5	231		25%	1769	919	52%		406	192	47%		849	496	58%			
18	分公司12	177		5%	3257	3517	108%		1172	1547	132%		1758	1793	102%			
19	分公司7	128		4%	5579	3180	57%		1394	1113	80%		2008	1939	97%			
20	分公司19	73		23%	332	312	94%		109	90	83%		166	149	90%			
21	分公司11	49		6%	1373	796	58%		205	246	120%		480	501	104%			
22	分公司4	-148		-2%	6055	7447	123%		2603	2904	112%		3935	4691	119%			
23	分公司18	-381		-8%	3534	4770	135%		1024	2051	200%		2155	3100	144%			

图 10-14 完成结构转换后的表格显示效果

10.2.3 颜色填充及图标集可视化

为了更清晰地呈现数据看板的可视化展示效果，按以下步骤对表格进行可视化设置。

（1）隔行填充颜色并清除网格线

1）选中 B4:Q4 单行区域，设置"填充颜色"为"冰蓝色（#DBE6EB）"。

2）选中 B4:Q5 两行区域，单击"开始"选项卡下"剪贴板"组中的"格式刷"按钮；再框选 B6:Q23 区域，批量设置隔行填充颜色的效果。

3）单击"视图"选项卡，在"显示"组中清除"网格线"选项的勾选状态，隐藏表格中的网格线。

设置隔行填充颜色并清除网格线后表格的显示效果如图 10-15 所示。

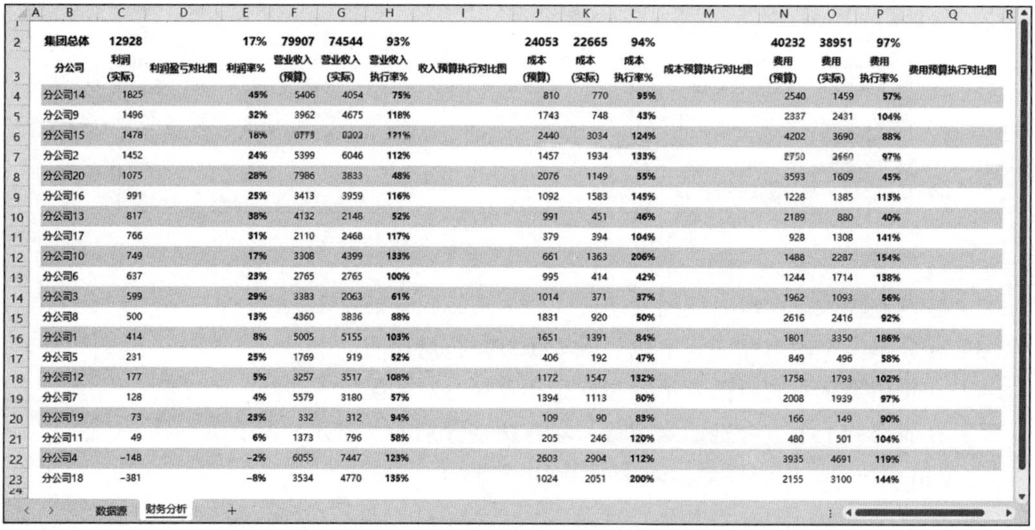

图 10-15　设置隔行填充颜色并清除网格线后表格的显示效果

（2）插入图标集并设置填充颜色

1）选中 E4:E23 区域，单击"开始"选项卡下的"条件格式"按钮，在展开的下拉列表中选中"图标集"选项，在展开的页面中单击"形状"下方的"四色交通灯"选项。

2）采用同样的方法，在"营业收入执行率%""成本执行率%"和"费用执行率%"、数据中插入图标集。

3）将集团总体数据所在区域（B2:Q2）的"填充颜色"设置为"浅青绿色（#6BCFF6）"。

4）将分公司表头区域（B3:Q3）的"填充颜色"设置为"深青色（#024F6C）"。

5）将表格四周边框区域的"填充颜色"设置为"浅灰色（#D9D9D9）"。

插入图标集并设置填充颜色后表格的显示效果如图 10-16 所示。

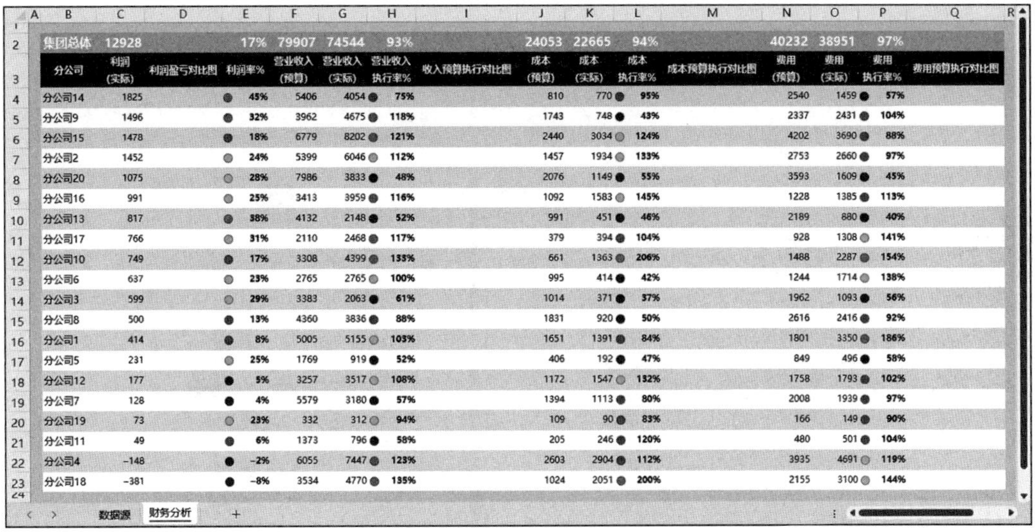

分公司	利润(实际)	利润盈亏对比图	利润率%	营业收入(预算)	营业收入(实际)	营业收入执行率	收入预算执行对比图	成本(预算)	成本(实际)	成本执行率	成本预算执行对比图	费用(预算)	费用(实际)	费用执行率	费用预算执行对比图
集团总体	12928		17%	79907	74444	93%		24053	22665	94%		40232	38951	97%	
分公司14	1825		45%	5406	4054	75%		810	770	95%		2540	1459	57%	
分公司9	1496		32%	3962	4675	118%		1743	748	43%		2337	2431	104%	
分公司15	1478		18%	6779	8202	121%		2440	3034	124%		4202	3690	88%	
分公司2	1452		24%	5399	6046	112%		1457	1934	133%		2753	2660	97%	
分公司20	1075		28%	7986	3833	48%		2076	1149	55%		3593	1609	45%	
分公司16	991		15%	3413	3959	116%		1092	1583	145%		1228	1383	113%	
分公司13	817		38%	4132	2148	52%		991	451	46%		2189	880	40%	
分公司17	766		31%	2110	2468	117%		379	394	104%		928	1308	141%	
分公司10	749		17%	3308	4399	133%		661	1363	206%		1488	2287	154%	
分公司6	637		23%	2765	2765	100%		995	414	42%		1244	1714	138%	
分公司3	599		29%	3383	2063	61%		1014	371	37%		1962	1093	56%	
分公司8	500		13%	4360	3836	88%		1831	920	50%		2616	2416	92%	
分公司1	414		8%	5005	5155	103%		1651	1391	84%		1801	3350	186%	
分公司5	231		25%	1769	919	52%		406	192	47%		849	496	58%	
分公司12	177		5%	3257	3517	108%		1172	1547	132%		1758	1793	102%	
分公司7	128		4%	5579	3180	57%		1394	1113	80%		2008	1939	97%	
分公司19	73		23%	332	312	94%		109	90	83%		166	149	90%	
分公司11	49		6%	1373	796	58%		205	246	120%		480	501	104%	
分公司4	−148		−2%	6055	7447	123%		2603	2904	112%		3935	4691	119%	
分公司18	−381		−8%	3534	4770	135%		1024	2051	200%		2155	3100	144%	

图 10-16　插入图标集并设置填充颜色后表格的显示效果

10.2.4　看板动态锚定

为了直观展示利润盈亏对比以及营业收入、成本和费用的预算执行对比情况，需要在数据看板中插入条形图或组合图，并将该图锚定至指定区域，使图表能够随看板动态缩放，具体操作步骤如下。

（1）创建盈亏利润对比图并进行动态锚定

1）选中 B4:C23 区域创建条形图。

2）在"设置数据系列格式"页面的"填充"选项中勾选"纯色填充"和"以互补色代表负值"，将颜色分别设置为"蓝色"（代表正值）和"红色"（代表负值），如图 10-17 所示。在"系列选项"中将"间隙宽度"设置为 50%；在"图表选项"中，将"填充"设置为"无填充"，将"边框"设置为"无线条"（限于篇幅，截图略）。

3）按住 Alt 键，将盈亏利润对比图锚定至 D4:D23 单元格区域。

（2）创建收入预算执行对比图并进行动态锚定

1）选中 F4:G23 区域创建条形组合图。

2）选中预算收入数据条，将它放置到次坐标轴；在"填充"选项中选择"无填充"，在"边框"中选择"实线"，设置"颜色"为"青绿色（#009EDC）"；在"系列选项"中将"间隙宽度"设置为 50%。

3）选中实际收入数据条，将它放置到主坐标轴；在"填充"选项中选择"纯色填充"，设置"颜色"为"青绿色（#009EDC）"，在"边框"中选择"无线条"；在"系列选项"中将"间隙宽度"设置为 100%。

4）按住 Alt 键，将收入预算执行对比图锚定至 I4:I23 单元格区域。

设置完成后的收入预算执行对比图如图 10-18 所示。

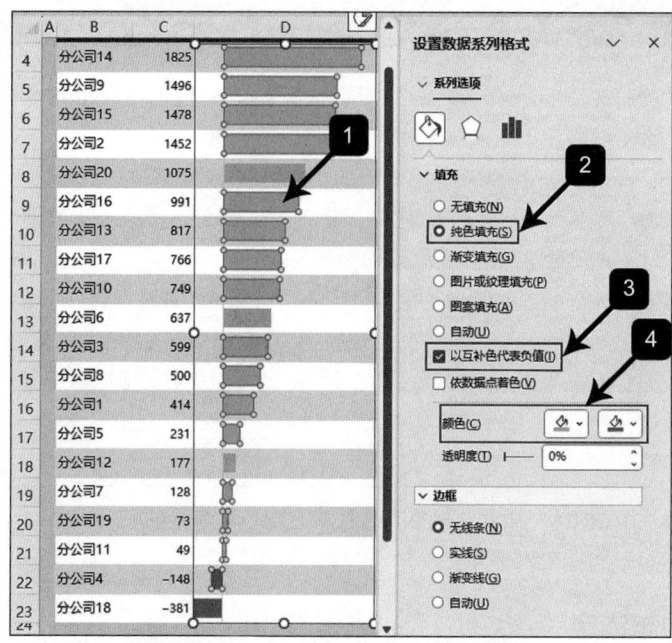

图 10-17 盈亏利润对比图的关键设置

分公司	利润(实际)	利润盈亏对比图	利润率%	营业收入(预算)	营业收入(实际)	营业收入执行率%	收入预算执行对比图
集团总体	12928		17%	79907	74544	93%	
分公司14	1825		45%	5406	4054	75%	
分公司9	1496		32%	3962	4675	118%	
分公司15	1478		18%	6779	8202	121%	
分公司2	1452		24%	5399	6046	112%	
分公司20	1075		28%	7986	3833	48%	
分公司16	991		25%	3413	3959	116%	
分公司13	817		38%	4132	2148	52%	
分公司17	766		31%	2110	2468	117%	
分公司10	749		17%	3308	4399	133%	
分公司6	637		23%	2765	2765	100%	
分公司3	599		29%	3383	2063	61%	
分公司8	500		13%	4360	3836	88%	
分公司1	414		8%	5005	5155	103%	
分公司5	231		25%	1769	919	52%	
分公司12	177		5%	3257	3517	108%	
分公司7	128		4%	5579	3180	57%	
分公司19	73		23%	332	312	94%	
分公司11	49		6%	1373	796	58%	
分公司4	-148		-2%	6055	7447	123%	
分公司18	-381		-8%	3534	4770	135%	

图 10-18 设置完成后的收入预算执行对比图

（3）创建成本预算执行对比图并进行动态锚定

1）选中 J4:K23 区域创建条形组合图。

2）选中预算成本数据条，将它放置到次坐标轴；在"填充"选项中选择"无填充"，在"边框"中选择"实线"，设置"颜色"为"深青色（#024F6C）"；在"系列选项"中将"间隙宽度"设置为 50%。

3）选中实际成本数据条并将它放置到主坐标轴；在"填充"选项中选择"纯色填充"，设置"颜色"为"深青色（#024F6C）"，在"边框"中选择"无线条"；在"系列选项"中将"间隙宽度"设置为 100%。

4）按住 Alt 键，将收入预算执行对比图锚定至 M4:M23 单元格区域。

设置完成后的成本预算执行对比图如图 10-19 所示。

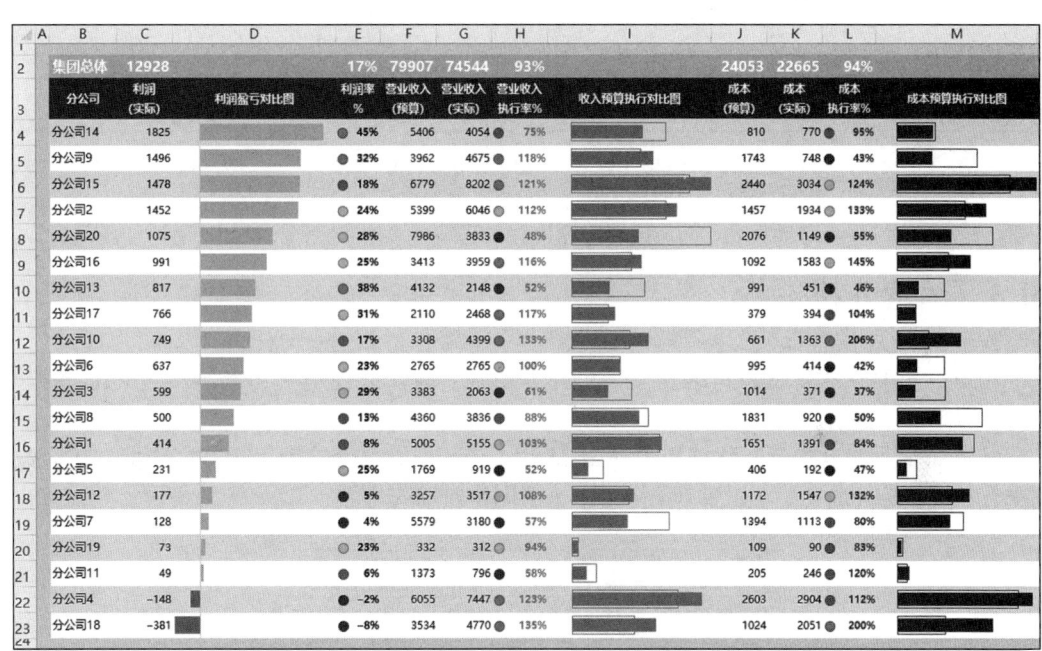

图 10-19　设置完成后的成本预算执行对比图

（4）创建费用预算执行对比图并进行动态锚定

1）选中 N4:O23 区域创建条形组合图。

2）选中预算费用数据条，将它放置到次坐标轴；在"填充"选项中选择"无填充"，在"边框"中选择"实线"，设置"颜色"为"玫瑰红色（#F09176）"；在"系列选项"中将"间隙宽度"设置为 50%。

3）选中实际费用数据条，将它放置到主坐标轴；在"填充"选项中选择"纯色填充"，设置"颜色"为"玫瑰红色（#F09176）"，在"边框"中选择"无线条"；在"系列选项"中将"间隙宽度"设置为 100%。

4）按住 Alt 键，将收入预算执行对比图锚定至 Q4:Q23 单元格区域。

设置完成后的财务分析看板如图 10-20 所示。

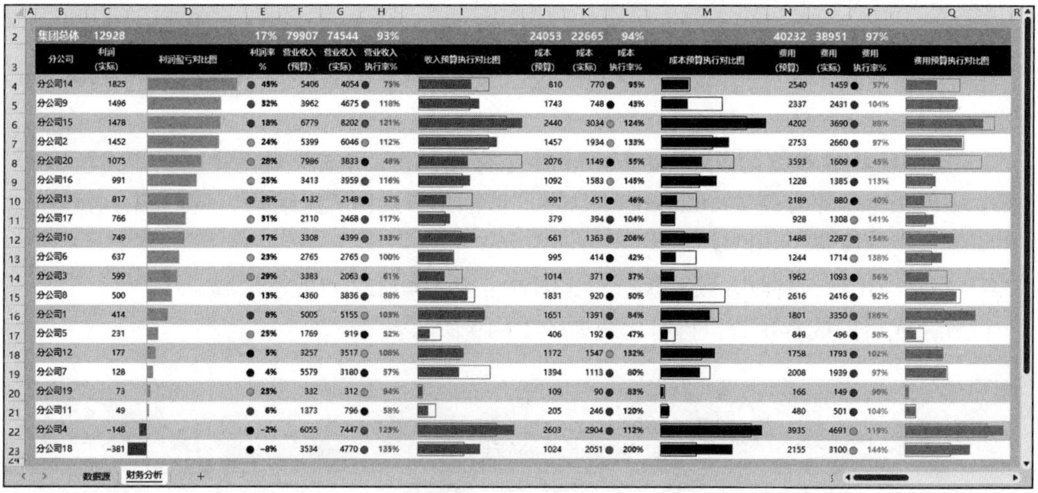

图 10-20 设置完成后的财务分析看板

10.3 运营分析看板

运营分析看板是企业数据驱动决策的核心载体，本节将系统讲解从需求分析到落地实施的全流程。

某电商企业的运营分析数据源包括 2025 年 1 ～ 5 月份每天的销售额、广告费、访客数、成交数和成交率（成交数 / 访客数）数据，如图 10-21 所示。

	A	B	C	D	E	F
1	日期	销售额	广告费	访客数	成交数	成交率
2	2025/1/1	32227	5235	3507	175	4.99%
3	2025/1/2	40064	7784	2120	551	25.99%
4	2025/1/3	38364	3728	4843	168	3.47%
5	2025/1/4	42509	6768	5210	969	18.60%
149	2025/5/28	25884	2588	3593	345	9.60%
150	2025/5/29	64702	7117	2686	540	20.10%
151	2025/5/30	21298	2555	2325	279	12.00%
152	2025/5/31	55981	2799	4694	831	17.70%

数据源

图 10-21 某电商企业的运营分析数据源

现需要基于该数据表按用户指定的月份统计每月合计销售额、广告费、访客数、成交数和月平均成交率，借助图表进行可视化呈现，并从以下 3 方面展开深入分析。

（1）广告投入与销售业绩关联分析

❑ 每日销售额动态监测。

❏ 每日广告费支出对比。
❏ 广告费波动趋势分析。
（2）广告投放与流量获取效果分析
❏ 广告费随时间变化趋势。
❏ 访客量的变化轨迹。
（3）流量转化质量分析
❏ 访客量与成交数每日对比。
❏ 成交转化率变化趋势。

10.3.1 构建动态指标及 KPI 计算体系

动态指标体系的科学构建与 KPI 计算模型的合理设计是确保运营分析结果准确性的关键所在。建议单独构建一个数据计算表，专门存储业务指标和图表数据源。在该表中，可设置交互控制区域（如年份、月份选择器），并通过动态公式关联控制区域的参数。通过这样的设计，当用户调整查询条件时，系统可自动更新所有关联指标和 KPI 计算结果，有效规避人工操作误差，保障数据传递的时效性和准确性。

构建动态指标及 KPI 计算体系的具体操作步骤如下。

（1）新建计算表并构建交互控制区域

1）在 Excel 中新建工作表，将它命名为"计算"。

2）将数据源的标题行复制到 A1:F1 单元格区域。

3）设置 H2:I2 单元格区域为用户交互控制区，调整年份、月份时即可驱动公式计算。

4）根据用户选择的年份和月份在 H4:I5 区域自动生成起始日期和截止日期。

5）设置 H7:I11 单元格区域为核心业务指标计算区，根据用户选择的年份或月份自动更新计算结果。

设置完成后的计算表如图 10-22 所示。

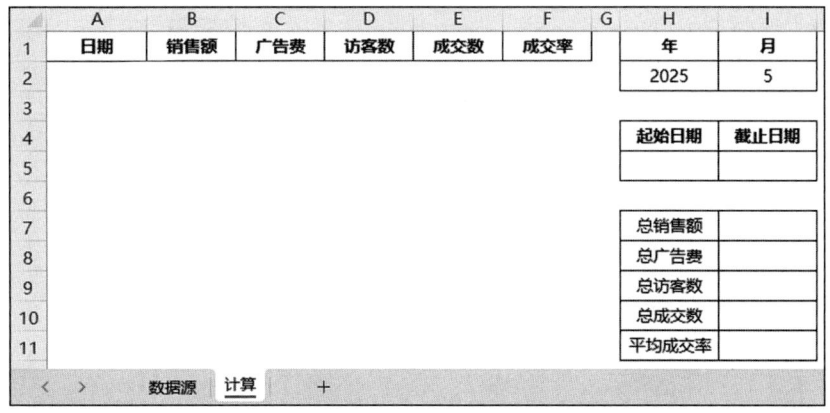

图 10-22 新建计算表并构建交互控制区域

（2）构建 KPI 计算体系

1）自动生成起始日期，在 H5 单元格输入以下公式，按 Enter 键确认：

```
=DATE(H2,I2,1)
```

2）自动生成截止日期，在 I5 单元格输入以下公式，按 Enter 键确认：

```
=EOMONTH(H5,0)
```

3）在 A2 单元格输入以下公式，按 Enter 键确认，按起始日期和截止日期自动筛选数据源，生成动态运营统计表，计算结果将自动填充至 A2:F32 单元格区域。

```
=FILTER( 数据源 !A2:F152,( 数据源 !A2:A152>=H5)*( 数据源 !A2:A152<=I5))
```

4）自动计算核心业务指标，在 I7:I11 单元格区域分别输入以下公式，按 Enter 键确认：

```
I7=SUMIFS( 数据源 !B:B, 数据源 !A:A,">="&H5, 数据源 !A:A,"<="&I5)
I8=SUMIFS( 数据源 !C:C, 数据源 !A:A,">="&H5, 数据源 !A:A,"<="&I5)
I9=SUMIFS( 数据源 !D:D, 数据源 !A:A,">="&H5, 数据源 !A:A,"<="&I5)
I10=SUMIFS( 数据源 !E:E, 数据源 !A:A,">="&H5, 数据源 !A:A,"<="&I5)
I11=I10/I9
```

设置好公式和动态计算体系的计算表如图 10-23 所示。

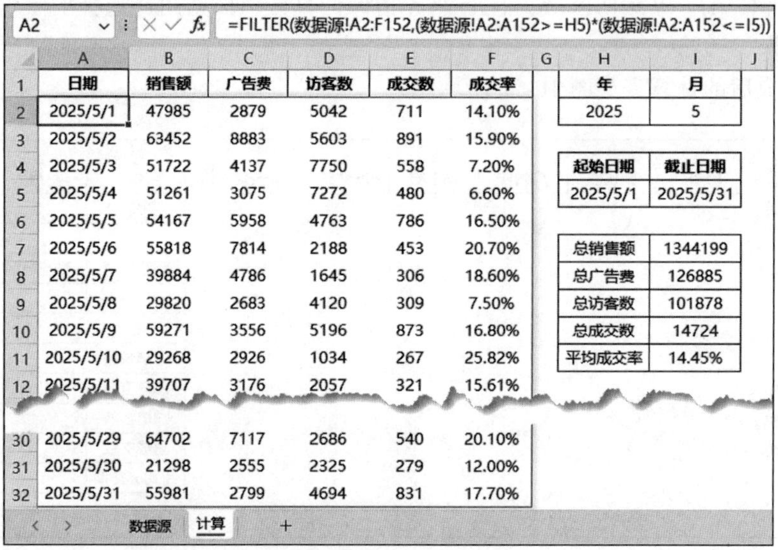

A2 =FILTER(数据源!A2:F152,(数据源!A2:A152>=H5)*(数据源!A2:A152<=I5))

日期	销售额	广告费	访客数	成交数	成交率
2025/5/1	47985	2879	5042	711	14.10%
2025/5/2	63452	8883	5603	891	15.90%
2025/5/3	51722	4137	7750	558	7.20%
2025/5/4	51261	3075	7272	480	6.60%
2025/5/5	54167	5958	4763	786	16.50%
2025/5/6	55818	7814	2188	453	20.70%
2025/5/7	39884	4786	1645	306	18.60%
2025/5/8	29820	2683	4120	309	7.50%
2025/5/9	59271	3556	5196	873	16.80%
2025/5/10	29268	2926	1034	267	25.82%
2025/5/11	39707	3176	2057	321	15.61%
2025/5/29	64702	7117	2686	540	20.10%
2025/5/30	21298	2555	2325	279	12.00%
2025/5/31	55981	2799	4694	831	17.70%

年	月
2025	5

起始日期	截止日期
2025/5/1	2025/5/31

总销售额	1344199
总广告费	126885
总访客数	101878
总成交数	14724
平均成交率	14.45%

数据源 计算

图 10-23　设置好公式和动态计算体系的计算表

10.3.2 构建复合图表系统开发及多维可视化

复合图表（组合图表）能够高效利用绘图区空间，实现数据的多维度可视化呈现。通过将不同数据系列设置为合适的图表类型，可以灵活满足多样化的分析展示需求。针对本案例的业务场景与目标，构建复合图表的具体实现方法如下。

（1）柱线组合图：广告投入与销售业绩关联分析

柱线组合图的制作方法已在 3.1.1 节讲过，此处仅说明所需的关键设置。

1）选中 A1:C32 单元格区域创建柱线组合图。

2）设置"销售额"数据的图表类型为簇状柱形图，放置在主坐标轴。

3）设置"广告费"数据的图表类型为带数据标记的折线图，放置在次坐标轴。

4）设置"销售额"数据标签的自定义格式代码为"0!.0,万"，将数值以"万"为单位进行显示。

设置完成后的销售额与广告费的柱线组合图如图 10-24 所示。

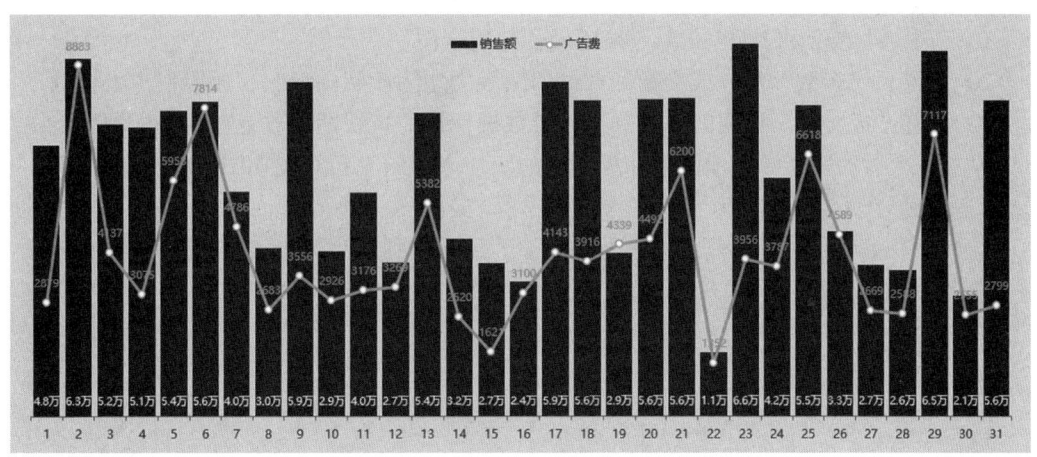

图 10-24　销售额与广告费的柱线组合图

（2）面积折线图：广告投放与流量获取效果分析

面积折线图的制作方法已在 3.1.3 节讲过，此处仅说明关键设置。

1）选中 A1:A32 和 C1:D32 单元格区域创建面积折线组合图。

2）设置"广告费"数据的图表类型为面积图，放置在主坐标轴。

3）设置"访客数"数据的图表类型为带数据标记的折线图，放置在次坐标轴。

设置完成后的广告费与访客数的面积折线组合图如图 10-25 所示。

（3）双柱嵌套图 + 折线图：流量转化质量分析

双柱嵌套图的制作方法已在 3.1.2 节讲过，柱线组合图的制作方法已在 3.1.1 节中讲过，此处仅说明关键设置。

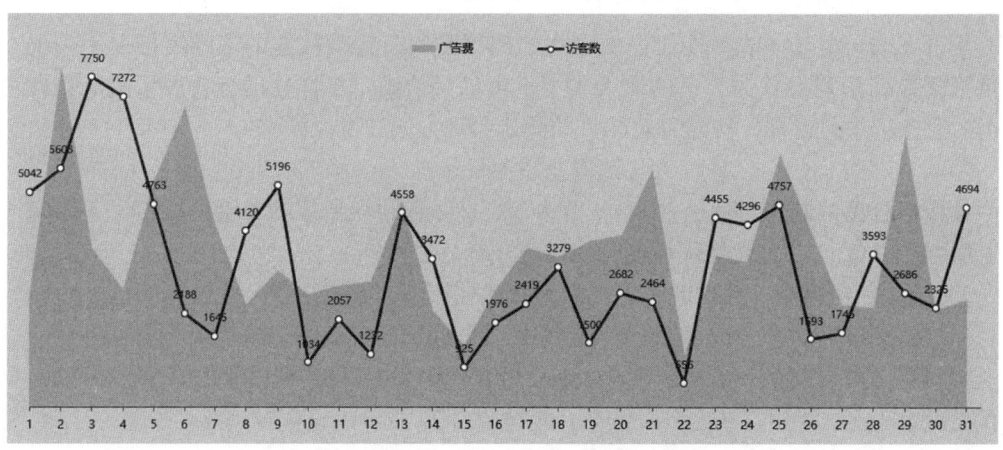

图 10-25　广告费与访客数的面积折线组合图

1）选中 A1:A32 和 D1:F32 单元格区域创建组合图。
2）设置"访客数"和"成交数"数据的图表类型为簇状柱形图，放置在主坐标轴。
3）设置"成交率"数据的图表类型为带数据标记的折线图，放置在次坐标轴。
设置完成后的访客数、成交数和成交率的双柱嵌套图＋折线图如图 10-26 所示。

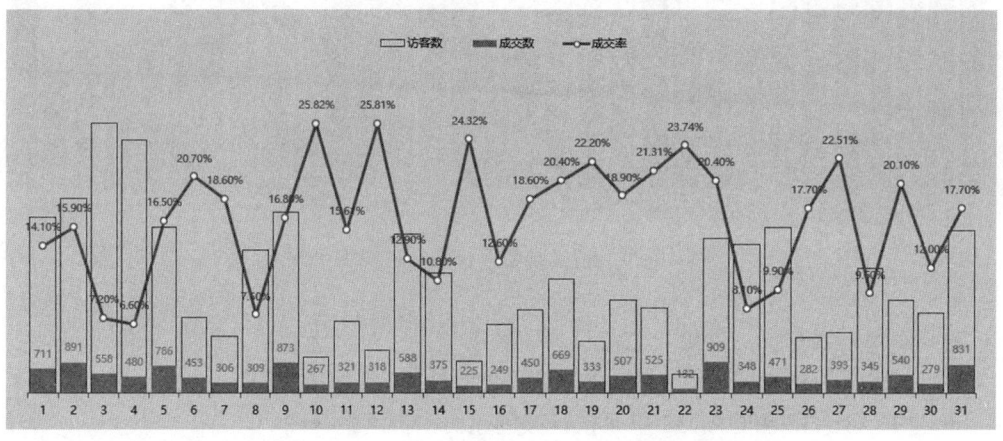

图 10-26　访客数、成交数和成交率的双柱嵌套图＋折线图

10.3.3　决策看板的空间规划、组装及美化

决策看板的空间规划设计应以业务需求为导向，根据核心指标的重要性进行合理布局，设计时需遵循"重要指标优先"原则，将关键指标置于看板上方和左侧的黄金视觉区域。关于看板布局框架的具体设计方法，可参考 7.1.2 节的详细说明。

(1)决策看板的空间规划

1)在 Excel 工作簿中新建"运营分析"工作表。

2)在左侧区域按指标的重要程度降序排列,展示核心业务指标。

3)在右侧区域采用组合图表的形式,直观呈现数据间的关联性和对比关系。

最终形成完整的运营分析看板,其布局框架如图 10-27 所示。

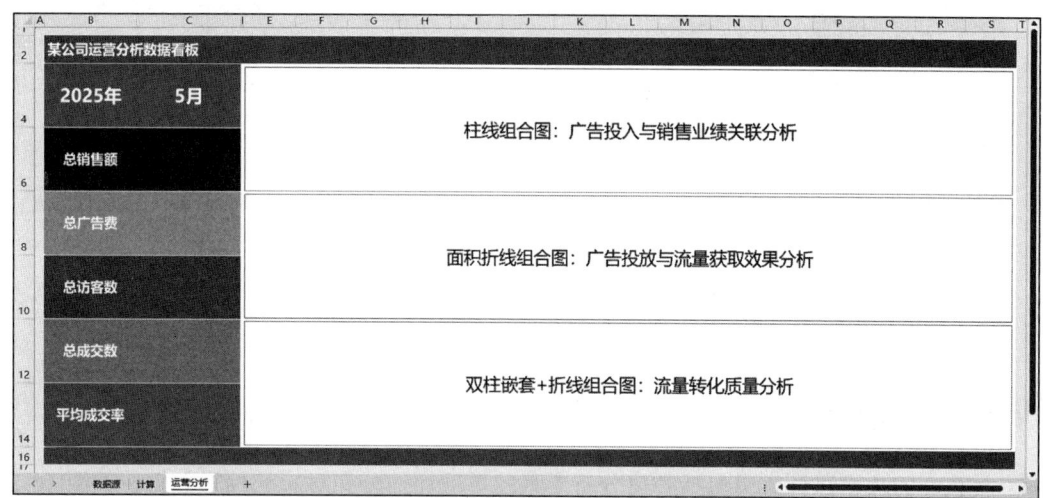

图 10-27　设计好的运营分析看板布局框架

这样的布局设计既能突出重点指标,又能通过可视化方式深入分析数据的内在联系,可为业务决策提供有力支持。

(2)组装并美化看板

1)在"运营分析"工作表中输入如下公式,引用用户选择的年份和月份,按 Enter 键确认:

$$B4= 计算 !H2\&" 年 "$$

$$C4= 计算 !I2\&" 月 "$$

2)动态引用各项核心业务指标的计算结果:

$$B6= 计算 !\$H\$7$$

$$C6= 计算 !\$I\$7$$

3)选中 B6:C6 单元格区域,将公式向下填充至 B6:C14 区域。

4)将"计算"工作表中已经完成的组合图表复制到"运营分析"工作表,将图表锚定至看板布局框架图中的指定区域。

组装并美化完成后的运营分析看板如图 10-28 所示。

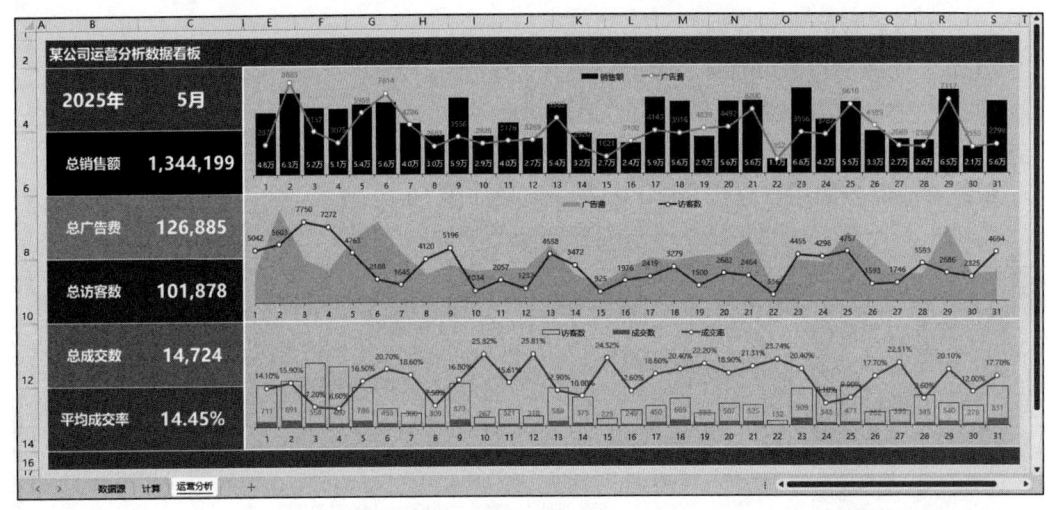

图 10-28　组装并美化完成后的运营分析看板

10.4　项目分析看板

某企业的项目评分表中包括各项分析要素的单项评估分和对应的权重数据，如图 10-29 所示。

	A	B	C
1	分析要素	单项评估分	权重
2	投资必要性	89	40%
3	技术可行性	95	30%
4	财务可行性	42	20%
5	组织可行性	54	10%

项目评估表

图 10-29　某企业的项目评分表

现需要基于项目评估表计算该项目的综合评估得分，并对各项分析要素的得分进行直观、专业的可视化呈现。

10.4.1　效能指标计算和图表数据源构建

在效能指标计算和图表数据源构建过程中，建议采用独立计算表的数据架构设计。这种方案具有以下核心优势。

（1）数据隔离与安全保障

❑ 通过独立计算表动态引用原始数据，确保数据实时更新。

❑ 避免直接修改源数据带来的风险，保护原始数据的完整性。

(2)灵活配置能力

❑ 提供专属计算区域,支持自由构建指标运算逻辑和图表数据源。
❑ 可扩展交互控制区,允许用户通过参数设置驱动数据动态更新。

(3)看板功能增强

❑ 支持在看板中集成动态元素,如标题、状态图标、说明文本等。
❑ 实现计算逻辑与展示元素的统一管理,提升看板可维护性。

这种架构设计既保证了数据处理的规范性,又为交互式看板开发提供了灵活的技术支撑,特别适合需要频繁进行指标优化和看板迭代的业务场景。

基于当前业务场景和需求,效能指标计算和图表数据源构建的实现方法如下。

(1)创建独立计算表

1)在 Excel 工作簿中新建"计算"工作表。

2)在"计算"工作表的 A1 单元格输入"= 项目评估表 !A1",按 Enter 键确认;然后将公式填充至 A1:C5 单元格区域,动态引用数据源。

3)在 F2 单元格输入以下公式,计算项目的综合评估分,按 Enter 键确认:

=SUMPRODUCT(B2:B5,C2:C5)

设置完成后的计算表显示效果如图 10-30 所示(黄色单元格处由公式生成)。

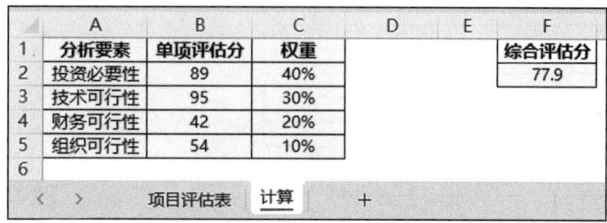

图 10-30　设置完成后的计算表显示效果

(2)创建指针仪表盘的图表数据源

1)构建表盘的图表数据源(具体方法参见 8.1.2 节和 8.2.1 节)。

2)构建指针的图表数据源(具体方法参见 8.1.3 节和 8.3.1 节)。

3)在单元格 F7 输入该仪表盘的单项分析要素名称,在单元格 G7 输入对应的单项评估得分。

4)使用公式实现动态引用和计算,包含以下 4 处单元格:

D30=B2

G7=B2

G11=0.6*COS(RADIANS(225-G7*2.7))

H11=0.6*SIN(RADIANS(225-G7*2.7))

设置完成后，第 1 项指标（投资必要性）仪表盘的图表数据源如图 10-31 所示（黄色单元格处由公式生成）。

按照该思路继续构建后续 3 项指标（技术可行性、财务可行性和组织可行性）对应的仪表盘数据源，详细过程在此不再赘述。为便于读者直观了解具体实现细节，相关数据源文件已收录于本书配套素材中，读者可通过前言提供的获取方式下载查阅完整内容。

	A	B	C	D	E	F	G	H
1	分析要素	单项评估分	权重			综合评估分		
2	投资必要性	89	40%			77.9		
3	技术可行性	95	30%					
4	财务可行性	42	20%					
5	组织可行性	54	10%					
6								
7	内圈圆环	中圈圆环	外圈圆环	刻度标签		投资必要性	89	
8	0	270	0	0				
9	27	90	27				X	Y
10	0		0	10		指针原点	0	0
11	27		27			指针终点	0.5787345	−0.158324
12	0		0	20				
13	27		27					
14	0		0	30				
15	27		27					
16	0		0	40				
17	27		27					
18	0		0	50				
19	27		27					
20	0		0	60				
21	27		27					
22	0		0	70				
23	27		27					
24	0		0	80				
25	27		27					
26	0		0	90				
27	27		27					
28	0		0	100				
29	0		0					
30	90		90	89				
31								

图 10-31　第 1 项指标（投资必要性）仪表盘的图表数据源

10.4.2　指针仪表盘动态图表的制作及美化

指针仪表盘动态图表的制作及美化方法已在第 8 章详细讲解过，此处不再赘述。
- 构建原理：参见 8.1 节。
- 表盘制作：参见 8.2 节。
- 指针控制：参见 8.3 节。

现根据 10.4.1 节中构建的仪表盘图表数据源创建指针仪表盘，第 1 项指标（投资必要性）对应的指针仪表盘如图 10-32 所示。

关于其他 3 项指标的指针仪表盘，读者可打开本书的配套素材直观查看具体实现细节。

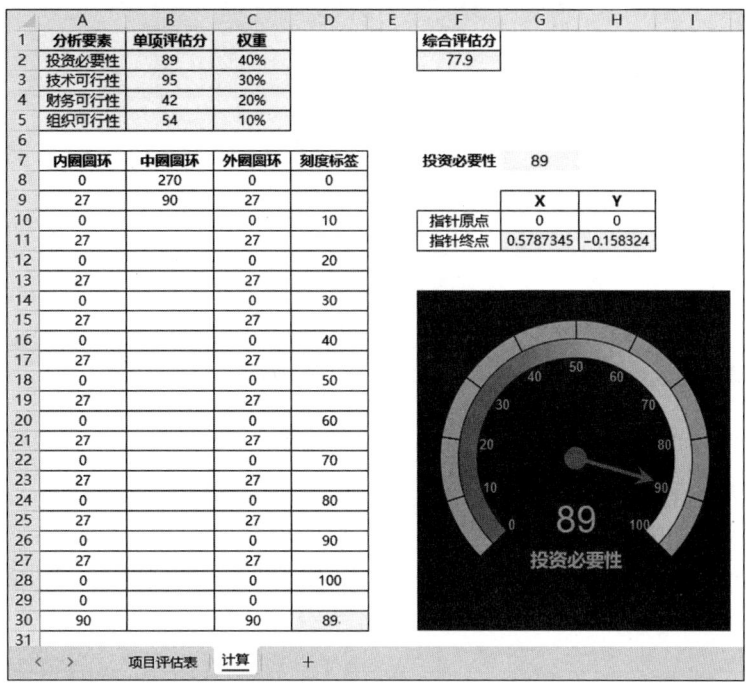

图 10-32　第 1 项指标（投资必要性）对应的指针仪表盘

10.4.3　仪表盘数据看板的组装及美化

仪表盘数据看板的布局设计思路为：将核心指标（项目综合评估得分）居中显示，其他指标仪表盘从左向右按照权重从高到低依次排列。

仪表盘数据看板的组装及美化方法如下。

（1）动态引用计算表中的指标和关联数据

1）在 Excel 工作簿中新建"项目分析"工作表，并完成看板布局框架的设计。

2）在 F5 单元格输入核心指标名称"项目综合评估得分"。

3）在 F7 单元格引用核心指标数值，输入公式"= 计算 !$F$2"，按 Enter 键确认。

4）在看板中心的核心指标下方添加单维度权重指标的得分，用于辅助说明：

F9= 计算 !$A$2&":"& 计算 !$B$2&" 分 , 权重 "&TEXT(计算 !$C$2,"0%")

F11= 计算 !$A$3&":"& 计算 !$B$3&" 分 , 权重 "&TEXT(计算 !$C$3,"0%")

F13= 计算 !$A$4&":"& 计算 !$B$4&" 分 , 权重 "&TEXT(计算 !$C$4,"0%")

F15= 计算 !$A$5&":"& 计算 !$B$5&" 分 , 权重 "&TEXT(计算 !$C$5,"0%")

设置完成后的看板布局框架如图 10-33 所示。

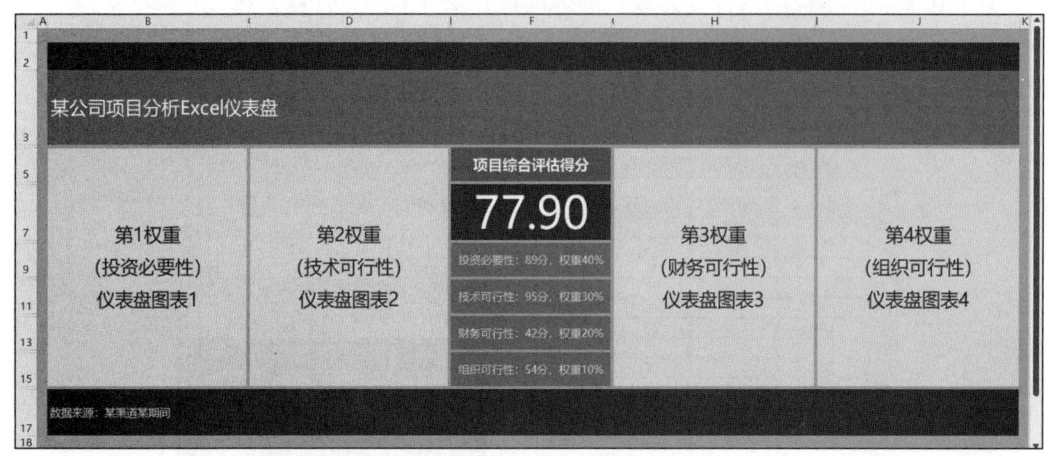

图 10-33　设置完成后的看板布局框架

（2）组装及美化看板

1）将"计算"工作表中做好的仪表盘复制到"项目分析"工作表中。

2）将 4 个仪表盘图表按照权重从高到低分别锚定至对应的区域。

组装并美化完成的项目分析看板如图 10-34 所示。

图 10-34　组装并美化完成的项目分析看板

10.5　获取更多学习资料的方法

除了本书的内容，如果你想进一步深入学习和提升数据管理、数据透视与可视化技术，我强烈推荐你阅读我的其他两本著作。

1.《Excel 数据管理与数据透视》

这本书以"实战应用"为核心,通过结构化知识体系与场景化案例设计,帮助读者跨越从"功能熟悉"到"灵活应用"的鸿沟,真正实现学以致用。

2.《数据建模与数据分析:基于 Power Query+Pivot》

这本书将帮助你掌握 Power BI 的核心组件:Power Query+Power Pivot 的强大功能,实现高效的数据建模与数据分析。

此外,为了获取更多学习资料和资源,你可以关注我的微信服务号**"跟李锐学 Excel"**。在服务号的底部菜单中,你可以找到丰富的学习资源,或者联系小助手进行具体咨询。希望这些资源能帮助你在数据管理、数据建模以及数据分析与可视化领域取得更大的进步。

推荐阅读

Excel数据管理与数据透视
ISBN：978-7-111-78610-8

1. 畅销书作者、微软MVP李锐的倾注心血之作，融合23年实战与16年教学经验，带你突破职场办公效率瓶颈
2. 一次性掌握数据工具、函数公式、数据透视技术，为决策提供有力支持，为基于AI的数据管理与应用打下坚实基础

数据建模与数据分析：基于Power Query与Power Pivot
ISBN：978-7-111-79040-2

1. 数据领域知名专家撰写，23年实战与16年教学经验总结，专业破解企业痛点，轻松打造AI时代的数据智能杠杆
2. 企业级场景全覆盖，图解每个操作，带你全面掌握数据建模与数据分析技能，实现"场景+方案+逻辑"的全面提升

Excel动态图表与看板可视化
ISBN：978-7-111-79170-6

1. 23年Excel数据可视化经验与16年办公教学经验总结，直击企业动态图表与看板可视化业务痛点
2. 基于高频企业级场景，逐步讲解"图表设计+交互开发+看板集成"方案，巧用大模型赋能可视化，让企业运营情况一目了然